福島に農林漁業をとり戻す

濱田武士・小山良太・早尻正宏

みすず書房

特定避難勧奨地点となった伊達市霊山町小国。農業協同組合発祥の地とされるこの地で、福島県内で最初の住民による放射能汚染マップが作成された。試験栽培用の水田を選定するため、小国川沿いを行く。2012年4月

同、航空写真。一部に試験栽培の稲が作付されているが、土色の田は制限・自粛中。山中に溜池が見える。中央下の黒い袋が積まれている場所が除染土の仮置き場。2013年9月

セシウムの吸収メカニズムを解明するために、地元農家の協力を得ながら、水や地形などの環境条件も加味した水稲試験栽培が実施された。
2012年6月、伊達市霊山町下小国

「土壌スクリーニング・プロジェクト」では、ベラルーシ製の測定器を用いて、JA 新ふくしま管轄の福島市内の全水田、全果樹園の放射線濃度を計測した。2013年7月、福島市飯坂

営農を中断した水田に接して広がるシイタケ原木林（中央）とスギ林。旧都路村森林組合は国内でも珍しく、広葉樹を積極的に利用する林業を生みだしてきた。2013年4月、田村市都路町

水田内に設置された除去土壌等の仮置き場。フレキシブルコンテナバッグに詰められた枯草や葉が腐敗し、発生するガスを除去するための煙突が設けられている。2014年7月、川俣町山木屋蕨平

試験操業後の選別・出荷作業に従事する漁業者。2014年10月、相馬原釜地区

復旧整備が完了した真野川漁港。震災後に建造され試験操業に参加している船曳網漁船などで混みあう。遠くに原町火力発電所が見える。2014年10月

福島に農林漁業をとり戻す　目次

はじめに

　東日本を襲った大震災、東北・北関東太平洋沿岸地域を襲った津波災害、そして被害範囲が確定できない原子力災害。さまざまな情報が飛び交っているが、原発災害がもたらしている直接的な被害がどこまで及んでいるのかはっきりとしていない。隠蔽されていることもあるかもしれないが、明確にできないことも多い。そのようななか、原子力災害の震源地・東京電力福島第一原子力発電所は今なお「災害」の副産物を生み出している。その副産物は、被災地と他の地域、罹災者と非罹災者、罹災者同士をバラバラにしていく。

　また一方で、福島での原子力災害の悲惨な実態を直視せず、原発推進を図ろうとする動きと、すべての脱原発運動ではないが、原発再稼働の阻止を目的にして放射能で汚染された福島の再生は不可能と決めつける動きがぶつかり合っている。いずれの動きも福島の復興を「疎外」するものでしかない。

　なぜこのようなことが起こるのであろうか。それはこの国の国土形成の在り方と大きく関わっている。原発などの迷惑施設はもともと経済の地域格差があって立地を可能とする。当然、経済格差の下層地域に立地してきた。この立地段階では「多少の事故があっても人への被害はない」という想定があったのであろう。しかし実情としては、都市部から経済を還元するのと同時に災害リスクまで押しつけられてきたのである。原発立地地域は想定外の過酷な事故が発生すれば使い捨てにされる運命にあったのだ。都市部の繁栄のためにである。

しかしそのような地域にも、自然と共生するなりわいがある。農林漁業である。大地、森林、海で暮らす人々はそこでしか自らを表現できない。

他方、事故により放出された放射性物質は、圧倒的に放射性ヨウ素と放射性セシウムが多く、ストロンチウムとプルトニウムが大量に放出されたチェルノブイリ原発事故とは様相が大きく異なる。また内陸に立地していたチェルノブイリ原発に対して東京電力福島第一原発は沿岸地域に立地していたことから、放射性物質が大地や森林だけでなく、海にも大量に流れ出たという違いもある。

自然界に降り注いだ放射性物質の行方はどうなるのか。このことについてはいまだはっきりとしていない。飛散した放射性物質はなにかに付着して移動することはたしかだが、林野にとどまったり、農地にとどまったりして「ホットスポット」を形成するものもあれば、海に流れ込んだりするものもある。さらに河川域から海に流れ込んだ放射性物質は海底に沈んで沖合へ移動するのではないか、また海底の窪地に溜まり「ホットスポット」を形成するのではないか、と想定されている。

一方で、これまでセシウムなどの放射性物質は、作物、樹種、魚種によって吸収されやすいものとそうでないものがあることが解明されてきた。そのことから、土壌や林野や海が汚染されていても利用できる動植物が存在することが徐々に分かってきた。

こうした科学的知見が徐々に解明されていくなかで、復興への道筋が見えてくるかもしれない。放射能を過剰に恐れることなく、また放射能を軽視することなく、復興を進める道筋が見えてくるかもしれない。

福島に暮らし、復興するしかないとする人々、福島の自然に根ざした人々、そこでしか生きていけない人々のなりわいは、いかにとり戻せるのであろうか。

本書では、原子力災害に苦しむ福島という地域に立って、「福島に農林漁業をとり戻す」という難題をひもとくことにする。

なお、本書の議論には、放射能についての基礎的知見が欠かせない。そのことから農地への放射能対策を研究している福島大学の石井秀樹特任准教授に補論として「農林漁業の再生と放射能の基礎知識」について寄稿いただいた。再生への足がかりとして放射能問題を理解するために、ぜひ読んでいただきたい。

序章　なりわいの再生への視座

1　文明社会の落とし穴

日本には、少なくなったとはいえ、まだまだ土とともに生きている人がいる。山に囲まれて生きている人もいる。そして海に向かって生きている人もいる。お天道様からの陽射し、山に蓄えられた水、山から出てくる酸素、湿気に、風に、海辺の干潟や磯場、沖の潮目、そのなかに生きるあらゆる生き物たちの営み、これらが人間の暮らしとつながっている。それゆえ、自然のなかで暮らす人々は、自然の恵みを利用しながら生計を立て、一方で自然の変異や驚異というリスクともつきあっている。

都市に暮らすわれわれはどのような環境のなかでどのように生きているのであろうか。市場の力を借りて、物資が集まる環境のなかで、電気、ガス、ガソリンなどエネルギーを浪費して、プラスティック、コンクリート、鉄などの加工された素材に囲まれて、都市の文化を享受し、さまざまな財・サービスを大量消費している。

暮らしは便利になった。楽になった。さまざまな苦労から解放されるようになった。しかし、忘れてはいけないことがある。高度に発展した文明のリスクを、である。それは人間のために人間がつくった文明を人間が管理できなくなっていることである。そのことで自然環境、もっといえば地球環境、そして人体にまで悪影響をもたらす「リスク」を抱えることになったのである。

現代社会は言うまでもなくハイリスク社会である。万人にとって難解なリスク、未知のリスクがともなう社会であり、もっといえば、その恐ろしさを理解しないまま、高度な文明を受け入れている社会なのである。発展は歓迎された。だが、われわれはリスクとの見合いで発展を受け入れた覚えはない。押し売りされた覚えもないのだが、恐ろしいリスクとともに買ってしまっているのである。しかも、文明が生みだした恐ろしいリスクは、たとえば「公害」として表出して、やがて人体へ負の影響を及ぼしてきた。

日本の四大公害を思いだそう。水俣病、新潟水俣病はメチル水銀、イタイイタイ病はカドミウム、四日市ぜんそくは二酸化硫黄。どれも地域経済の要でもあった立地企業から海や河川あるいは大気に放出された化学物質が原因で、地域住民の人体を蝕んだ例である。これら有害化学物質に冒された被害者とその家族は、肉体的にも精神的にも生涯苦しむことになった。

高度経済成長期に経験した、こうした負の歴史を教訓に、日本国内では化学物質のリスクが考慮され、有害物質の排水・排気規制が強化されて公害防止が図られてきた。昨今、日本国内では、かつてのような公害問題は見られなくなった。公害や食品汚染に対しては過剰なまでに敏感になっている。しかし、世界から公害がなくなったわけではない。海を越えて、経済発展著しい国、たとえば中国などで深刻化している。すでに人体に被害が及んでいても、公害は簡単には改善に向かわない。それはかつての日本も、現在の途上国も、経済が優先されてのことなので特別なことではない。

2　放射能と向き合わなかった日本社会

ところで、ひとたび爆発事故が起これば過酷な公害発生が想定される原子力発電は、なぜ必要とされてきたのか。

歴史を振り返ることは紙幅が足りなくなるため省くが、電力会社の立場でいうと、火力発電などの他の発電と原発を組み合わせることで安定した電力供給ができて、全体の発電コストを引き下げることができるからである。

火発は原発と比べて発電コストが高いが電力需要に応じて稼働させることが可能であるのに対して、原発は発電のオン・オフの切り替えの柔軟性に欠けるが圧倒的に発電コストが安く、ベースロード電源に向いているのである。しかも、原子力は火力と違い、二酸化炭素を大量に排出しないという点を捉えて、クリーンで安いエネルギーという位置づけになっていたのだ。

では、その安さと利便の裏側にある放射能のリスクは、いったいどう受け止められてきたのだろうか。日本では、広島と長崎の原爆投下による被爆の経験、米国のビキニ環礁での水爆実験による日本のマグロ漁船船員の被曝の経験があった。「公害」扱いはされていないが、これらの経験から、もし原子力施設から大量の放射性物質が放出されるような事故が起きたならば、悲惨な事態に陥ることは周知の事実となっていた。

原子力発電所の建設・立地をめぐっては、原発推進サイドでさえ、事故による放射能汚染という公害を想定した行動をとっていた。国内初の商業用原子力発電所（東海第一原発）も、その後の立地も、過疎地が選定されてきた。過疎地への立地が求められたのは、土地買収のしやすさや、都市住民の忌避反応も一因ではあるが、事故による公害を最小限に抑えるためでもあったという。[1]

放射能汚染の恐ろしさについては、反核運動、反原発運動を展開してきた運動家、学者、組織などによって訴えられてきた。

振り返ると、米国のスリーマイル島原発事故[2]、旧ソ連のチェルノブイリ原発事故[3]があり、国内では東海村JCO臨界事故[4]によって死亡者が出た。東京電力福島第一原発内でも火災事故[5]があった。原子力関連施設の故障や大事に至らなかった事故はたびたび発生していた。そのことが明るみになるたびに反原発運動も高揚した。

しかしそれでも、東日本大震災で東京電力福島第一原発が過酷な事故を起こすまでは、反原発運動は国民に広く受け入れられてこなかったのである。

国内では放射能汚染による公害がなかったためか、「日本の技術は安心できる、安全だ」と聞かされてきたためか、原子力の安全性を疑ってきた人は圧倒的に少なかった。疑わなかった人たちは、関心がないか、関心をもつ余裕さえもなく、日々暮らしてきた人たちが多かったのであろう。「原子力の平和利用」という原子力推進政策のもとで、過去の悲惨な被爆・被曝経験は忘却の彼方に追いやられてしまっていたのだ。

こうして安全神話が疑われなかったことで、東日本大震災にともなった原発災害発生後に、多くの国民が原子力や放射能の恐ろしさだけでなく、その「い・ろ・は」さえも知らなかったことに気づかされたのである。

3 空間分断

放射性ヨウ素、セシウム、ストロンチウム、プルトニウム、……ベクレルにシーベルト。聞き慣れない放射性核種や単位の用語がテレビや新聞のなかで飛び交った。放射能は人間の五感では感知できない。それだけにみなが慌てふためいた。恐怖感との闘いとなった。インターネット上ではあることないことさまざまな情報がばらまかれていた。筆者は震災から二週間後に調査で中国を訪問していたが、現地では、日本では肥大化した奇形の魚が見つかったなどの噂が流れていた。

事故発生後、日本に滞在する多くの外国人が帰国したり、帰国できなければ国外へ避難したりした。東京では、事故から一か月間は、外国人の姿を見なくなった。外国人だけではない。海外に避難する日本人さえいた。

事故からしばらくして、恐怖感からの逃避がやがて「空間分断」を招いていた。避難指示が出ていない地域でも住民が減り、非汚染地帯なのに「福島で暮らしている」というだけで特別扱いされた。さまざまな感情が交錯しての特別視である。差別心をむき出しにした言葉も見受けられた。得体の知れない放射能への恐怖心が引き出したのかもしれない。福島で暮らす人々の尊厳はことごとく傷つけられた。

放射性物質が飛散した地域では、被曝した人たちが甲状腺がんの可能性を抱え、その恐怖との闘いが続いている。とくに子どもの被曝については深刻である。被曝と向き合うことができなくなっている親たちも少なくない。

チェルノブイリ原発事故から二八年が過ぎているが、ベラルーシでは今も九割の人が甲状腺検査を受けており、がんのリスクと向き合って今を暮らしている。[6] がん発症のリスクは明確にできないため、検査を続けて早期発見するしかないのだ。現在の検査体制に対して多くの罹災者が不満を抱いていることから受診率は低いが、福島でもこれから何十年もそのリスクとつきあわなくてはならない。

原発事故後も福島から離れず、土、山、海とともに生き、農林水産物を供給してきた人たちはさらに悲惨である。自分たちがなりわいを続けて生きるには、放射能のリスクの知識を消費者にも共有してもらわなくてはならなくなっているからだ。

それゆえ福島県産の農産物、林産物、水産物は、たとえそれが汚染されていなくても、消費者には過剰なまでに意識されるものとなってしまった。「負のブランド」を背負わされてしまったのである。

土、山、海との関係を断ち切られただけでなく、消費との関係も切り離された。福島は県境線上にある見えない壁に囲まれてしまったのだ。

こうして福島県内外にあったあらゆる関係が引き裂かれたのである。福島県の農林漁業はいったいどうなるのであろうか。

4　見えていないリスク

あのときのことをもう一度振り返って思いだそう。二〇一一年三月一一日、東日本大震災が発生した。強い揺れのあと、巨大津波が東北地方・北関東の太平洋側の沿岸域を襲った。津波で町や集落が壊され、火災も発生した。災害の規模は最大級である。自然の驚異の前ではなす術もなかった。その後、最悪の事態が起こった。

福島県の大熊町と双葉町の境を跨ぐ沿岸域にある東京電力福島第一原発の事故である。三陸から常磐にかけての沿岸域にはたくさんの発電所が立地していて、とくに福島県沿岸に集中している。どの発電所も強い揺れと津波に襲われ被災した。なかでも、東京電力福島第一原発の被害が大きかった。

地震によって外部から原発構内に電力を送る送電線の鉄塔が倒れ、外部からの電力供給が絶たれ、次に巨大津波によって六基あるうちの一号機から四号機については非常用発電機（ディーゼルエンジン）が水没し、炉心を冷却するための電源を完全に喪失した。運転中だった一号機から三号機は、冷却機能を失ったことから炉心を冷やせなくなり、メルトダウンを引き起こした。幸いにして四号機、五号機、六号機は定期点検中であったことから、四号機は使用済み燃料プールを冷却できなかったが炉心には核燃料が入れられておらず、五号機、六号機については非常用発電機一台が津波を免れ、炉心と使用済み燃料プールの冷却機能を失っていなかったため、メルトダウンは起こらなかった。

しかし、一号機から三号機の建屋内には水素を含む水蒸気が充満し、放射性物質を飛散させる爆発事故が発生する。一号機建屋が三月一二日、三号機建屋が三月一四日に爆発した。三号機建屋と四号機建屋は排気筒への配管で繫がっていたことから、三号機建屋のベント（炉心圧力を下げる緊急措置）によって四号機建屋も水蒸気が充満した[7]。そして三月一五日に四号機建屋も水素ガスによって爆発し、火災が発生した。二号機では水素爆発はなかったものの、一号機建屋の爆発によって建屋の壁のパネルが落ち、そこから放射性物質が水蒸気とともに飛散したとされている。

この爆発事故によって放射性物質が福島県内に広く飛散した。ただし、放射性物質の飛散はこれらの爆発事故だけではなく、その後二週間も続いたという「説」がある。二号機の圧力抑制室に溜まった水蒸気を放出させるベントを何度もおこなった結果、放射性物質が飛散したというのである。放射性物質の飛散は四号機爆発までとされていたが、二号機のベントによって放出された放射性物質の量が全放出量の七五パーセントを占め、三月二九日まで続いたというのである。あくまで取材と実験検証を踏まえたＮＨＫ[8]による仮説なので確定した内容ではないが、視聴者にはかなりのインパクトを与えた。同時に、放射性物質飛散・放射能漏れのプロセスがまだ明確になっていないということを知らされる内容でもあった。

事故の全容の解明はまだまだではあるが、原発事故による放射能汚染の原因・実態が徐々に明らかになるとともに、その深刻さも時間経過とともに明らかになっている。分かっていない、見えていないリスクがこれからもあらわになるということでもある。とくに、廃炉作業が進められているなかで、明らかにされてこなかった汚染水漏洩の問題が明るみになってきた。さまざまな対策が講じられているが、海洋汚染のリスクはどうなるのかが注目されている。

5　風化との闘い

ともあれ、放射性物質が大地に、山に、そして海に飛び散り、汚染が広がったのはたしかである。東京電力福島第一原発から陸上への放射性物質の飛散分布については、第二章**図3**（一〇九頁）で示したように各地で作成された汚染マップのとおりである。もちろん、農作物、林産物からは放射性物質が検出された。しかも、海には二〇一一年四月四日に低レベル汚染水が放水されただけでなく、原発建屋内に溜まった汚染水が漏れ続け、海洋汚染は決定的になり、魚介藻類からも放射性物質が検出された。農山漁村の、福島の、「豊かさ」の象徴でもある一次産品が放射性物質に覆われてしまったのである。

しかし、時がたつにつれ、被災地への関心は弱まっていった。国難とまで表現されるほどの災害であったにもかかわらず、国難はまだ収束していないにもかかわらず、経済中心の社会が人々の心から被災地をかき消してしまっている。福島県の復興のプロセスは果てしなく続くというのに、次から次へと世間の関心事は新しいニュースによって塗り替えられてしまっている。

一九九五年一月一七日に起こった阪神・淡路大震災においても、そうだった。震災から二か月後に、地下鉄サリン事件（三月二〇日）が発生、一瞬にして大災害への関心を薄めたのだ。阪神・淡路大震災の記憶は、こうした新たなニュースの上塗りのなかで風化していったのである。

しかも、被災地神戸の復興の内実は順調ではなく、罹災者不在の大型の再開発計画が進められたことで、より弱い立場の罹災者にさまざまな軋轢を招き、仮設住宅と復興住宅に暮らしていた罹災者のうち一〇五七人が「孤独死」（二〇一三年まで）していたのである。[9] 二〇一三年だけで四六人である。たしかに高齢者が中心だが、寄り添う人がいないなかでの死であった。震災のみならず、その後の復興政策によってかぶせられた不運が罹災者に新たな災害をもたらしている。

大災害とはいえ、被災者や被災地と接していないかぎり、災害の記憶は時間の経過とともに薄れていく。これは致し方がないことである。

しかし、である。災害の記憶が風化することで、罹災者にまつわる問題が置き去りにされること、それによって新たな災害が発生していることは見逃せない。災害はつねに次へのステップに移行しながら再生産される。そしてその災害は罹災（弱）者にふりかかるのだ。このことは阪神・淡路大震災で学んだ教訓であるはず。

6 食のリスク管理とそれを妨げるもの

ところが、原発災害においては「風化」問題の捉え方は難しい。なぜなら、負のブランドを背負わされた農林漁業関係者にとってもっとも怖いのは「風評」だからである。明らかに汚染されていない農作物まで買い控えられ、価格形成力を失っているのは、福島県の農地が放射能によって汚染された事実があるからに他ならない。そのような事実の記憶については「風化」するか、正確に現状が伝わることが望まれる。だが、そうはいかない。

被災地の惨状についての記憶は風化しても、農林水産物に対する記憶はなかなか風化しないのだ。つまり、被災した人たちのことを思いやる気持ちは薄れても、自分たちの命を守ろうとする内部被曝への警戒心が子育て世代を中心に抜けきれないのである。当然のことであろう。またこうした顧客への対応を怠ることができない流通業界さらに給食業界も、「福島産」を買い控えるという方法で対応するのも無理もない。[10] 安全だと言われても、安心できないのである。それゆえ、風評は簡単には風化しないのだ。

しかも食品安全については、科学的に明確になっていないグレーゾーンが多いうえ、食する側の人間の健康状態にも影響する。だから昨今、食品安全を確保するためには健康被害が発生するリスクをどう下げるかが重要であって、その努力が供給サイドに強く求められてきた。もっといえば、ゼロリスクに近づけることが求められてきたのである。

実際に震災後、食品衛生法で定められている一般食品に対する放射性セシウムの安全基準を十分に下回っていても、少しでも放射性物質が食品から検出されると危機を煽る言説が生まれ、「風評」が生み出されやすい状況になっていた。

じつは、今では放射能汚染に関連した調査や研究が進んだことで、土壌が汚染されていても放射性物質が移行しにくい農作物がある（移行係数が作物によって異なる）、放射性物質が魚類の体内に入っても時間経過とともに抜けてほとんど検出されない魚種があるなどが明らかになり、こうした科学的知見を踏まえたモニタリングをすれば、福島産の食材でも流通が可能になっている。

だが、ごくわずかな事例であっても、基準値超えの検出結果があれば、それは必ず報道されてきた。その報道を視聴した人たちにとってはそれがすべてなので、数万分の一の事例の検出結果で、しかも基準値をわずかに超えただけでも、情報を受けた人は食への不安感がこみ上げてくる。ゼロリスクを追求してきた日本社会のなかでは、基準値を超えたか、超えていないかどころか、放射性物質が少しでも検出されたか、されていないかが、「安心」の判断材料になってしまうからだ。

さらに厄介なのは、原発推進サイドの立場に立てば、福島の惨状を過剰に引きずらないように放射能汚染の恐怖を取り払う努力をするだろうし、反原発・脱原発サイドの立場に立てば、原発推進サイドの隠蔽体質や楽観論を批判して原発事故の悲惨さを訴え続けるだろう、ということである。農林漁業の再開をめぐっては、後者から見れば前者はあたかも原発災害の記憶の風化を歓迎しているようにも見え、前者から見れば後者は農林水産物に対する風評を歓迎しているようにみえる。

こうした対立が、科学的に明らかになっている農林水産物のリスクをより見えにくくしている。これでは、消費者を惑わせるだけでなく、農林漁業の復興も進まない。

7 大地に森に海に放出された放射性物質

では、大地、森、海を汚染した放射性物質とはどのようなものなのか。詳細については後の章や補論に委ねるが、以後の章の理解を助けるために基本を整理しておきたい。

東京電力福島第一原発の事故で飛散した放射性物質の核種は、セシウム134、セシウム137、ヨウ素131、ストロンチウム90、プルトニウム241などである。原子力安全・保安院（現・原子力規制委員会）の公表（二〇一一年六月六日）によると、原発から放出した核種は三一種類もある。人体に悪影響を及ぼす核種のなかで最も多く放出されたものはヨウ素131であり、放出量は一六京《けい》（京は兆の上の単位）ベクレル、次いでセシウム134の一・八京ベクレル、セシウム137の一・五京ベクレル、アンチモン127の六四〇〇兆ベクレル、テルル129の三三〇〇兆ベクレル、バリウム140の三二〇〇兆ベクレルと続く（ベクレルは放射性物質の量を表す単位）。このなかで揮発性が高く拡散しやすいのは、ヨウ素とセシウムである。しかも、これらの核種はその他の核種と比較して放出量が圧倒している。たとえば、ストロンチウム90は一四〇兆ベクレル、プルトニウム241は一・二兆ベクレルである。

ところで、放射性物質は、放射線を放出してやがて別の原子核に変化し、放射線を出さなくなる。放射線を出す能力が半減するまでの期間は「物理的半減期」、体内に取り込まれた放射性物質が尿や排泄物に混じり体外に排出されて体内蓄積量が半分になるまでの期間は「生物学的半減期」と呼ばれている。

各核種の物理的半減期は、ヨウ素131が約八日、セシウム134が約二年、セシウム137が約三〇年、テルル129が約三三日、バリウム140が約一二日、ストロンチウム90が約二九年、プルトニウム241が約一四・四年である。

放射能汚染についてはすべての核種が原因であるが、広範囲にわたって長く放射線を放出する核種はセシウム137であることが分かる。本書で紹介する放射能汚染のモニタリングの結果がセシウムの量で記されているのは、こうした事情と、セシウムはすぐに検出できるのに対して、ストロンチウム90やプルトニウム241については正確な検出結果を出すのに時間を要し、速報が出せないということも関係している。

事故直後、最も問題になったのは放射性ヨウ素131であった。物理的半減期は八日、生物学的半減期は一二日と短いが、食品から人体に入ると甲状腺に蓄積して放射線を発し、甲状腺がんや甲状腺結節の原因となるからである。小児甲状腺がんの潜伏期間は最短でも四—五年とされている。震災直後に体内に入り被曝していたとすると、これから甲状腺がんを発症する可能性が残されていることになる。先述したが、二八年前のチェルノブイリ原発事故後のベラルーシでも今なお、がん発症の脅威が続いている。

セシウムは、生物学的半減期が二—一一〇日で体内に入ってもやがて排出されるが、化学的性質がカリウムに似ていることから筋肉・生殖巣に蓄積し、がんや遺伝子の突然変異の原因となる。セシウム134については現時点（二〇一五年一月）ですでに物理的半減期を過ぎていて、あまり検出されなくなっている。放出量、飛散範囲、半減期の長さから、最も被曝リスクの脅威となるのはセシウム137である。もちろん、ストロンチウム90やプルトニウム241などによる汚染・被曝のリスクがなくなったというわけではない。継続的にモニタリングをすることによって、そうした物理的半減期が長い核種の挙動を追う必要がある。

人間が被曝した線量はシーベルトという単位で表されている。放射線は、α《アルファ》線、β《ベータ》線、γ《ガンマ》線、X線、中性子線などいくつかあり、透過力はα線が最も弱く、中性子線が最も強く、エネルギー（遺伝子を傷つける力）はα線、中性子線が最も強く、β線、γ線という順序で弱くなる。

さて、放出量が多かった放射性ヨウ素とセシウムは、β線とγ線を発する。それゆえ、大部分の汚染地帯ではβ線とγ線が出ていることになる。大地に、道路に、建物に、農地からも、である。

汚染地帯では放射性物質が付着した作物はもちろんのこと、新規に育てた農作物でも、土壌から放射性物質が移行することがある。これを食すれば体内でβ線またはγ線を浴びることになり、内部被曝する。他方、水はすべての放射線を遮蔽できる。[11] そのため、海に飛散し流れ、海中にある放射性物質はやがて底着するものの、それによって人間が被曝することはない。海洋汚染由来の被曝は、放射性物質を含んだ魚介藻類を食べるときに起こるのである。

しかし、放射線は自然界（宇宙、大気、大地）にもあり、われわれは日々被曝している。外部と内部を併せた自然放射線による被曝は、日本では年間平均二・一ミリシーベルト、世界平均では年間二・四ミリシーベルトである。日常的に食している食品にも自然界にあるカリウム40やポロニウム210などの放射性物質が含まれており、吸った大気と併せて内部被曝の年間平均は一・四七ミリシーベルト（食べ物からは〇・九九ミリシーベルト）となっている。なお、日本人の医療による年間平均被曝は三・九ミリシーベルトとなっている。

8 安全のための厳しい基準値の設定

放射線防護の考え方によると、放射能の汚染地帯でも、外部被曝と内部被曝が日常生活の範囲内なら、多少の追加被曝があっても、がんなどの発症リスクは低いとされている。また、福島県内で生産された食材であっても、それを食べた人が年間の内部被曝を一ミリシーベルト内に抑えられるというのならば、それは通常の食材と同じという判断ができる。

そこで東日本大震災以後、国民の食の安全性を確保するために食品衛生法に基づき食品内に含む放射性物質量の基準値が設けられている。厚生労働省に設置されている食品安全委員会により設定され、二〇一二年四月一日から運用されている放射性セシウム（134＋137）の規制値である。具体的には、一キログラム当たりの放射性物質の量でみると、一般食品は一〇〇ベクレル、飲料水は一〇ベクレル、牛乳は五〇ベクレル、乳児用食品は五〇ベクレルである（**表1**を参照）。これは経口摂取からの内部被曝を年間一ミリシーベルト以内に抑えるための基準である。この基準は放射性セシウムのみの値であるが、ストロンチウム90など他の核種による年間被曝（約一二パーセント）も含まれているという仮定の計算になっている。汚染地帯ではセシウム以外の核種からの放射線量は一二パーセント以下なので、セシウムの検査だけで安全が確保されるという基準になっている。

ちなみにこの基準は、日本国内で流通している食品の五〇パーセントが放射性物質を含んだ食品であり、一番食欲旺盛な一〇代の若者の食性向をモデルにしている。われわれが食している食品の五〇パーセントが汚染されていても、基準値以下なら、追加分の内部被曝が年間一ミリシーベルト内に収まるというのである。さらに、幼児や二〇代以上は一〇代に比べ食べる量は圧倒的に少ない。

コーデックス委員会（国際食品規格委員会）、EU、米国の放射性セシウムの基準値（**表1**）を見ると、一般食品では、コーデックス委員会が一キログラム当たり千ベクレル、EUが一二五〇ベクレル、米国が一二〇〇ベクレルであり、すべて日本の一〇倍以上である。単純に比較できないが、EUも日本と同じく内部被曝を一ミリシーベルト内に抑えるようにしているので、数値の違いは食性向のモデルと、放射性物質を含む食品の割合の仮定値が、日本が五〇パーセントに対してEUが一〇パーセントであるところからきている。日本はEUや米国と比較して、食品汚染の状況を深刻に捉えて、厳しい基準値を設定しているのである。

このような数値が設定された背景には、事故直後から二〇一二年三月末までの間、原子力安全委員会が定

表1　食品中の放射性物質に関する基準値の国際比較（消費者庁『食品と放射能　Q&A』）

単位：Bq/kg

	日本	コーデックス委員会	EU	米国
飲料水	10		1000	1200
牛乳	50		1000	
乳児用食品	50	1000	400	
一般食品	100	1000	1250	
追加線量の上限設定値	1mSv	1mSv	1mSv	5mSv
放射性物質を含む食品の割合の仮定値	50%	10%	10%	30%

注1：基準値は食品の摂取量や放射性物質を含む食品の割合の仮定等の影響を考慮しており、数値だけを比べることはできない
注2：mSv はミリシーベルト

めていた「原子力災害時における飲食物摂取制限に関する指標」を、食品衛生法上の暫定規制値としていたことが関係している。このときの暫定規制値は、飲料水・牛乳・乳製品は一キログラム当たり二〇〇ベクレル、野菜類・穀類・肉・魚・卵・その他が一キログラム当たり五〇〇ベクレルであった。この数値でもEUや米国より低い。半分以下である。しかし、この規制値は年間の内部被曝が五ミリシーベルトを想定していた値だったので、被曝量の面からみて批判の的になったのである。原子力安全委員会が定めた数値だったということも関係していよう。

それゆえ、内部被曝量をより低いEU並みに基準値を低くすべきとの判断が働いたので、食品安全委員会は一般食品一キログラム当たり一〇〇ベクレルという値まで基準値を下げたのであった。

しかし、それでも震災後からの政府の事故対応が国民の不信感を募らせていたことから、基準値をもっと引き下げるべきとの根拠のない話が飛び交ったのだった。茨城県の漁業界がより信頼を得るために、自主基準を一キログラム当たり五〇ベクレルにすると、他県の漁業界はもちろんのこと、農業

団体や小売業界にまで派生して、なかには自主基準がゼロベクレルという業界まで出現したのであった。生産者と消費者を結ぶ「安心」システムは完全に壊れてしまったのである。

9　それでも復興するしかない

日本経済の発展は、都市部が農山漁村部の労働力と資源を吸い上げることでもたらされてきた。中央から地方への経済の再分配もまた外来型開発による地域開発により実現してきたので、工業都市やリゾート地が形成されたに過ぎず、農山漁村は衰退するばかりであった。

原発立地はこうした都市と農山漁村部の関係のなかで進んだ。つまり、地域間の経済格差が原発など迷惑施設の立地の推進力だったのである。

東京電力福島第一原子力発電所の事故は、こうした首都圏中心の国土構造の問題を改めて考えさせる機会をわれわれに提供したのである。戦後の国土開発がもたらしてきた「豊かさ」の裏側に、とてつもないリスクが存在していたことも、である。

だからこそ、自然と一体化してきた福島県の農林漁業は、この地でしかできない「なりわい」として復興するのが「豊かさ」の追求となる。

消費者からの安心をとり戻すための必要な基準、食品衛生法が定める食品安全基準は先述したとおりである。まず、食品安全基準を含めた安全の体制自体が疑われてはどうにもならない。食品安全基準に対する国民の信用をどうとり戻すか、これは政府の役割である。

そのうえで、現在明確になっている科学的見地に基づいて福島の農林漁業界はきめ細かく対応していく他はない。

その対応のなかで、行政のサポートはもちろんのこと、農林漁業者の相互扶助組織である協同組合陣営がどうふるまうかが問われている。生産者組織だけではない。生協など消費者組織の協力も欠かせない。

長い年月をかけて築いた人間と自然の関係、生産者同士の関係、生産者と消費者との関係をとり戻すということは、リスクに包まれた社会ではなく、「豊かさ」と「安心」が溢れた社会をとり戻すことと同義である。

本書は、農林漁業の復興の状況をとらえながら、福島になりわいと消費者との安心関係がとり戻せるのか、歴史、政策、科学的知見、実態を踏まえて考えていくことにする。

そこで第一章では、福島県の地域史を追いつつ、原発災害下の混乱する福島の状況について論じ、第二章では「農」をとり戻すための地域主体の動きについて論じ、第三章では、福島の森林・林業事情を概観しつつ、封じ込められようとする森林汚染からの林業復興を説き、第四章では今なお汚染水漏洩問題を抱えるなかでの「漁」の復興を論じて、終章では農林漁業再生に向けてのわれわれの考えを記すことにする。

1　中嶋久人『戦後史のなかの福島原発　開発政策と地域社会』（大月書店、二〇一四年）、六九―八二頁

2　一九七九年三月二八日に米国ペンシルベニア州のスリーマイル島の原子力発電所で発生した。メルトダウンを起こしていたが、爆発事故にならなかった。

3　一九八六年四月二六日に旧ソ連（現在ウクライナ）のプリピャチで発生したチェルノブイリ原子力発電所の事故。

4　茨城県那珂郡東海村に所在する住友金属鉱山の子会社ＪＣＯの核燃料加工施設において一九九九年九月三〇日、臨界事故が発生して三名の作業員が高線量被曝してうち二名が死亡した。六六七名の被曝者を出した。

5　東京電力福島第一原発の二号機で火災があったことが内部告発で発覚（一九七六年）。

6　二〇一四年一二月二六日放送『ＮＨＫスペシャル　東日本大震災「38万人の甲状腺検査」』

7　東京電力「4号機の事故の経過」『東京電力福島第一原発の事故の経過と教訓』（二〇一三年一月）、二七頁

8　二〇一四年一二月二一日放送『ＮＨＫスペシャル　メルトダウン　ｆｉｌｅ5　知られざる大量放出』

9　塩崎賢明『復興〈災害〉――阪神・淡路大震災と東日本大震災』（岩波新書、二〇一四年）、二〇―二八頁

10　学校給食においては、保護者からの要望で、福島県はおろか東北さらには関東圏の農産物を使わないでほしいという要望に応えた県、自主的な食品安全基準を一キログラム当たり一〇ベクレル（国が定める値の一〇分の一）に設定している県もある。

11　α線は紙も通り抜けず、β線は紙を通り抜けるがアルミニウムなど薄い金属板は通り抜けることができない。γ線は薄い金属板を通り抜けるが、分厚い金属板で止められる。詳細は補論を参照。

第一章　原発事故と福島

1　風化する原発事故の記憶

東京電力福島第一原子力発電所事故から四年が経過した（年表、二六—二七頁）。全国的には原発事故の記憶が希薄化されつつある。この間、原発事故関連報道は減少傾向にある。東京オリンピック、集団的自衛権、規制改革会議による農業・農協改革など新たな話題が上書きされ、原発事故関連では、汚染水問題と安倍総理の「アンダーコントロール」発言や不適切除染問題など悲観的話題が注目された程度である。

では原発事故とその後の放射能汚染問題は解決されたかというとまったく逆である。報道等において新たな原子力災害関連情報が提供されないなかで、事故初年度のイメージだけが強烈に頭に焼き付き、事故後四年間のさまざまな放射能汚染対策の取り組みや現地の実情が新たに情報として更新されない。大規模な除染予算や復興予算だけが注目されるが、それがどのように使われているのかを、ほとんどの国民は知らないのではないか。「賠償金をもらい続けているのだから、いいのではないか」「四年も待ったので、そろそろ故郷をあきらめたらどうか」「汚染地域は核の最終処分場にすべきであり、それが原発再稼働につながる」など、冷めた意見が表出するようになってきた。事故直後は憚られた意見が具体的な政策提言になりつつある。

四年が経過した被災地

国による原子力災害への対策が進まないなかで、最大の被災地である福島県では、不満の声が蓄積している。二〇一三年度は、郡山市に始まり、いわき市、福島市、二本松市と現職市長が相次いで落選した。県庁所在地である福島市では、自由民主党・公明党・社会民主党が推薦した現職が無名の新人にダブルスコアで敗れた。進まない復興と放射能汚染問題に対する市民の怒りが市長選挙の場で噴出した。これは行き場のない怒り、これまで声に出せなかった不満が顕在化したのではなかったか。

なぜ不満が蓄積されてきたのか、これまで住民の声が表明されてこなかったのか。これはまさしく、被災者・住民がさまざまな局面で分断されてきたことに他ならない。放射能のリスクに関する考え方、事故直後に避難したか、しなかったか、福島県産農産物を食べるのか、食べないのか、福島で子育てをおこなうのか、避難解除地域に帰村するのか、避難を継続するのか、賠償金をもらっているのか、もらえないのか。さまざまな場面で分断が継続・深化し、この構造が分断統治の形態となった。そのため被災地の声を一つの要求としてまとめることができなかった。

筆者が関わっているある自治体では、事故後の四年間で、原子力災害に対処するための住民組織が複数乱立し、行政側からはどれが住民の意見を代表する組織なのかが分からないという問題が生じている。組織の課題は、それぞれ賠償問題、除染問題、避難の問題、放射線と健康の問題など多岐にわたる。関係住民の属性も、若者、子育て世代、高齢者や、既住者と新住民、農業者と勤め人などさまざまであり、被曝リスクへの感度に代表されるように、それぞれ意見が異なる。これらを一つにまとめるためには時間がかかる。

また、賠償の問題に関しても、避難に関わる損害や精神的損害、営業損害や作付制限品目への賠償、風評被害など、単年度のフローの賠償についてはある程度進んでいるが、財物賠償やコミュニティの消失に関わ

2012年	4月16日	○［避難］帰還困難・居住制限・避難解除準備区域への再編開始
	5月2日	ふくしまの恵み安全対策協議会設立
	6月	相馬双葉漁協が試験操業開始
	6月20日	原子力規制委員会設置法が成立
	7月1日	再生可能エネルギーの全量固定価格買い取り制度開始
	8月26日	［検査］福島県米全袋検査開始
	9月19日	○原子力規制委員会発足
	10月25日	［出荷制限］福島県米（須賀川市旧西袋村）その後8地区へ指示
	12月9日	復興庁設置法成立
2013年	1月	農水省・福島県「放射性セシウム濃度の高い米が発生する要因とその対策について」公表
	1月29日	2013年度水稲作付再開の方針（作付制限は避難地域のみ）
	3月19日	［出荷制限］宮城県米（旧沢辺村）
	3月28日	福島県営農再開支援事業の基金造成
	5月15日	農研機構「農業放射線研究センター放射性物質分析棟」開所式
	7月31日	農水省「食料生産地域再生のための先端技術展開事業」福島県内委託先決定
	8月8日	○［避難］帰還困難・居住制限・避難解除準備区域への再編完了（復興庁）
	8月22日	2013年度産米玄米の全袋検査を開始（復興庁）
	9月6日	日本学術会議「原子力災害に伴う食と農の「風評」問題対策としての検査態勢の体系化に関する緊急提言」
	12月2日	［検査］あんぽ柿全箱非破壊検査開始（加工再開モデル地区） 福島県北地方の特産品「あんぽ柿」が3年ぶりに出荷（復興庁）
	12月6日	○福島再生加速化交付金の概要提示
2014年	2月14日	南相馬市における玄米基準値超過の発生要因調査報告会
	3月	農水省・福島県「放射性セシウム濃度の高い米が発生する要因とその対策について」第2報公表 福島県農林水産業振興計画「ふくしま農林水産業新生プラン」公表 福島県（仮称）浜地域農業再生研究センター基本計画公表
	4月1日	○［帰還］田村市20km 圏内（都路地区）
	8月18日	シンガポールへ福島県産米の輸出を再開
	8月25日	インドネシアへ福島市・伊達市の桃と梨、タイへ白河市のはと麦茶を初輸出
	10月1日	○［帰還］川内村20km 圏内一部
	10月11日	あんぽ柿加工再開モデル地区拡大（災害前5割目標）

○は福島第一原発事故関連

年表　福島県における原子力災害後の農林水産業の動向

2011年	3月11日	○東日本大震災　福島県震度6弱 ○福島第一・第二原発自動停止。［避難］半径3km圏内［屋内退避］10km圏内
	3月12日	○福島第一原発1号機建屋の水素爆発。［避難］半径20km圏内
	3月14日	○福島第一原発3号機建屋の水素爆発。［避難］半径20-30km圏内
	3月15日	○福島第一原発2号機圧力抑制プール破損。4号機火災。放射性物質の大規模放出（ベント）
	3月19日	［暫定基準値超］福島県牛乳・茨城県ホウレンソウ
	3月20日	［出荷・摂取制限］福島県牛乳［出荷自粛］福島県露地野菜
	3月23日	［出荷・摂取制限］主な野菜類
	4月6日	［土壌］福島県が土壌調査結果発表（70地点）
	4月20日	○［避難］警戒区域・計画的避難区域・緊急時避難準備区域の設定
	4月22日	水稲作付制限指示（土壌5,000Bq/kg超　主に避難地域）
	5月12日	農水省「警戒区域内の家畜の取扱いについて」殺処分等指示
	6月16日	○［避難］特定避難勧奨地点の方針
	6月20日	［暫定基準値超］福島県牛肉
	7月28日	［検査］福島県牛全頭検査開始
	8月11日	○福島県「福島県復興ビジョン」
	8月26日	農水省「農業・農村の復興マスタープラン」
	8月30日	［土壌］農水省「農用地土壌の放射性物質濃度分布図（土壌マップ）」(371地点)
	9月23日	［暫定基準値超］米の予備検査（二本松市小浜地区）
	10月14日	［加工自粛］福島県あんぽ柿・干し柿
	11月16日	［暫定基準値超］米の自主検査（福島市大波地区）
	11月17日	［出荷制限］米（福島市・伊達市・二本松市一部）
	12月5日	福島県農林地等除染基本方針を策定 果樹の除染（表皮削り・高圧洗浄）開始 水田の除染（反転耕・深耕・吸収抑制対策）開始
2012年	1月1日	○［除染］国直轄「汚染状況重点調査地域」指定
	2月10日	○復興庁発足
	3月1日	○［帰還］広野町役場
	3月23日	［土壌］農水省「農用地土壌の放射性物質濃度分布図（土壌マップ）」(2,247地点)
	4月1日	食品中の放射性セシウムの新たな基準値100Bq/kg施行 ○［帰還］川内村役場
	4月5日	水稲作付制限指示（前年度500Bq/kg超エリア） 伊達市水稲試験栽培開始（作付制限エリア）

る損害など、まだまだ解決できない課題が山積されている。

長期避難による新たな損害

原子力災害の特徴は避難生活が長期化する点である。災害救助法における仮設住宅の入居期限は二年に設定されている。しかし、原発事故にともなう避難指示区域の住民のなかにはいまだに帰村の見通しが立たない人々が存在する。勤労世代では、避難生活が長引くなかで、避難先で新たな仕事を見つけて就労するケースも増加している。そうした場合、たとえ避難解除されたとしても、新たな住居と仕事を手放すことは難しい。避難生活の時限が明確であり短期間であれば、その間を補償金でつなぎ、帰郷に向けて準備することも可能である。しかし、数十年におよぶことが想定される避難生活のなかで、新たな人生を再出発させるという選択を非難することはできまい。

子育て世代であれば、長期間の避難のなかで子どもの就学のサイクルの問題に突きあたる。二〇一一年度の避難時に子どもが小学三年生だったとする。二〇一五年度は中学一年である。その場合、子どもが避難先で引き続き中学校に就学していたとすると、中学時代に避難解除されたとしても、転校を選ぶかは判断が分かれるところである。子どもたちは多感な小中学校時代の四年間を新たな避難先で過ごし、新しい人間関係を構築している。

このように、原子力災害における避難の問題は、たんに空間線量率が下がったとか、除染が完了したから大丈夫ということではなく、避難生活自体が長期間におよぶなかでそれぞれの避難者がさまざまな人生の岐路に立たされるという点こそが、「損害」なのである。年間被曝の許容量を変更したから戻ってきなさいと言われても、この四年間の避難状況はそれぞれ異なり、複雑な生活環境のなかで判断せざるをえない。帰郷と復興を進めるうえではこの点を深く留意する必要がある。

復興予算は何に使われているのか

原発事故の被災地に投入されているとされる復興予算にも問題がある。除染のめどが立っていないのに「道の駅」建設を年内に計画するといったような、縦割り行政と年度内予算消化の問題ゆえに順序が逆転した計画の実行に、現地は頭を悩ませている。

風評対策事業では、福島県の農産物がほとんど流通していない府県やそこに立地する企業が事業を受託し、復興や風評対策とほとんど関係のないイベントに予算が使われている。筆者が所属している福島大学にもさまざまなイベント業者から依頼がくる。そのほとんどが無関係のイベントに「福島応援」と小さく銘打ったものであり、アリバイ対策として福島から人を呼ぶのである。

某県主催のイベントでは、風評対策をするから県産品の提供と人を派遣してほしいとの依頼が福島県にあった。県の担当者は、その予算規模を聞いて、県が独自予算でさまざまな放射能汚染対策や風評対策をやりくりして実施しているなかで、全国に無駄な予算がばら撒かれている実態に唖然としたとのことである。

これが国の実施している復興対策の実態である。なぜこのような齟齬が生じるのか。それは、原発安全神話のもとで原発事故が起こり、そこで生じた原子力災害や放射能汚染問題に対して、本格的な法律を整備していないからである。既存の法律を既存の省庁事業のなかで継ぎはぎだらけで運用しているから、さまざまな矛盾を抱えたまま四年の月日を浪費させる結果となるのである。

東京電力福島第一原子力発電所の廃炉も、汚染水問題が生じてはじめて国は重い腰を上げたのである。仮設住宅についても、長期間の避難が必要であるにもかかわらず、既存の災害救助法のもとで対応しているため、仮設住宅の老朽化問題などに長期的には対応できない。

賠償問題や放射性物質の検査などについて、安全神話をもとにつくられた原子力災害対策特別措置法では、空間的にも広範であり、時間軸でも長期的な対応が必要とされる今回のような事故には対応できていない。世界史的な大事故を起こしてしまったという認識があらためて必要である。

除染についても、事業実施を専門としない環境省が担当省庁として一括実施をするという手法のもとでは、現実の汚染状況に対応できていない。農地の除染は農林水産省、山林は林野庁、海洋は水産庁、道路・河川は国土交通省、学校は文部科学省など、それぞれの専門性を最大限に発揮することが求められている。「餅は餅屋」であり、こういうときこそ縦割り行政の本領を発揮できる機会であろう。

2　福島県の近代——産業構造の変化

明治期の養蚕と絹織物産業

今でこそ原発立地地域として注目を浴びている福島県であるが、もともとは明治期の繊維産業を支えた養蚕の産地、絹織物の集積産地として栄えてきた。奥羽越列藩同盟、戊辰戦争を経て明治維新後の福島県は有力な佐幕派であった会津藩・会津若松から幕府直轄領であった福島市に拠点を移し、以降中通り地方を中心とした政治経済体制が確立していくことになる。明治期の地域経済の中心は生糸であった。明治十（一八七七）年には、東北本線（上野—青森）、奥羽南線（福島—横手）の分岐点として交通の要衝となる福島市に県内最初の第六国立銀行が開業する。

昭和初期の福島駅構内。後方に見えるのが信夫山

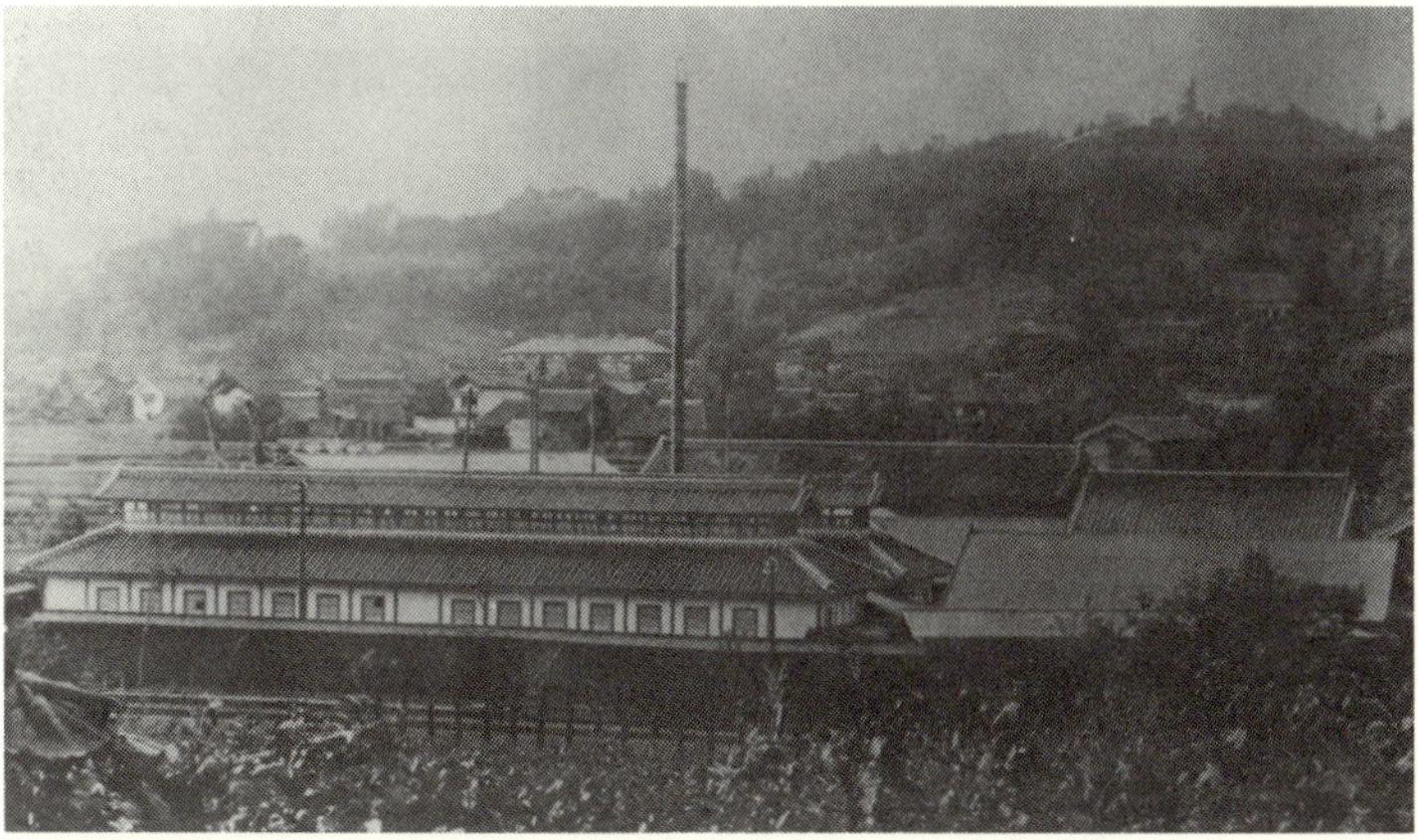

安達製糸株式会社（双松館分工場）。大正初年

明治十五（一八八二）年の東北地方の物産価額[1]によると、福島県は一九五四万円と東北全体の三八パーセント、うち生糸産額は三四四万円で東北全体のじつに六一パーセントを占めていた。明治初期の東北は水稲中心の農業地帯であり、山間部には貧しい農村を多く抱えていた。このようななか、福島県は、国策であった殖産興業のもと、輸出による外貨獲得の要であった軽工業・生糸経済の主要な産地として東北経済を牽引していた。

養蚕と生糸経済に支えられた福島県には蚕糸金融が発展し、明治三十二（一八九九）年には東北で一番早く、全国で七番目の支店となる日銀福島出張所が開設される（支店昇格は明治四十四年）。このことは、当時の福島市は仙台市よりも高い位置付けをされていたことを裏づけている。日銀開設当時、県内には三三行四二支店が乱立していたという。

当時の生糸の流通は横浜や関西の生糸問屋と生産農家の間で荷為替が利用されていた。荷主は地元の銀行に為替手形を渡し、為替金と商品預り証書を受け取るという形態であった。受取人は代金を支払い、受取書類を通して生糸商品を得、銀行は代金を受け取って手数料を得るという方式であった。しかし、問屋商人による前貸金融も多く、前近代的な取引のなかで搾取される農民が多かった時代である。

第二章で紹介する伊達市霊山町《りょうぜんまち》小国《おぐに》地区では、このような時代に、日本で最初といわれる農民の信用組合（農業協同組合）を設立した地域である。小国地区も生糸生産地であり、問屋商人から農民を守るため農民同士で資金積み立てをおこない、運用し、必要な農家に貸し付けるという信用事業を展開した。これは、当時の悪徳商人から貧農を救済するために、産業組合法成立以前に自主的に信用協同組合を設立し、域外資本と地元農民の矛盾を地域主体で解決する先駆的な取り組みであった。

純農村であった県北地域にも、商業資本が入り込み、絹織物産業が新興した。県北地域には、東北で唯一、中央競馬会に所属する福島競馬場や明治期からの歓楽地である飯坂温泉、伊達市梁川町に開設された劇場・広瀬座、闘鶏から始まり地域特産品になった川俣シャモなどがあり、当時成立した遊興の広がりが今日まで継承している。明治期の福島は、純農村の風景を残しながら、産業化が進み、金融資本が勃興し、飲食店を含む娯楽産業が発達した。これらは、大正・昭和期に継承されていく。

企業誘致とダム建設で産業振興

第二次世界大戦後の復興期、東北地方では、福島県会津地方・只見地域が地域開発政策である只見川電源開発事業の対象地域として選定された。[2] 昭和二十年代後半に入り、高度経済成長期の福島県の産業は絹織物に代わり、食品・紡織・木材・木製品といった軽工業が県内総生産額の約五割を占めていた。その後、高度経済成長期の傾斜生産方式を支えた常磐炭鉱（いわき市）や只見川電源開発などの資源開発は終息を迎える。[3]

会津地方の水力発電は、米どころ会津の豊かさを象徴する河川を堰き止めた大規模ダムの開発であった。この開発過程で地域を特色づけるいくつもの資源が失われた。

たとえば、筆者が地域づくりで関わった南会津町伊南地区には、福島県を代表する鮎釣りで有名な伊南川がある。伊南地区では、二〇〇六年の合併を機に二年かけてまちづくり協議会を開催した。その場で、さまざまな住民の方々と話をしたが、全住民が地域資源としてあげたのは伊南川の鮎であり、これをもとに地域づくりを進めていきたいとのことであった。そこで学生たちと鮎という資源について調査した結果、電源開発のために建設された複数のダムにより、伊南川には天然遡上の鮎は存在しないことが判明した。合併により事実上吸収されてしまう人口約一六〇〇人の山間地の農村で、村民たちが話し合い、その豊かさの象徴として浮かび上がった伊南川の鮎がすべて養殖・放流鮎であったという事実に驚いた記憶がある。もちろんダム建設以前は天然鮎のメッカであったという。

ダム建設中は、公共事業としての特需が地域に還元される。伊南地区の人口のピークは昭和五十年の約五千人であり、それを支えたのがダム建設事業であった。しかし、建設後のダムはほとんど人手を必要とせず、現在では複数のダムを遠隔で管理できるため、数名が常駐し、必要な際に電力会社から人員が派遣される程度である。しかも、現在は多目的ダムとして位置づけられており、発電すらおこなっていないダムも存在する。ダム建設終了後三〇年で伊南地区の人口は三分の一に減少している。この地域開発の結果としてもたらされたのが、外部依存の経済・財政構造と地域アイデンティティの喪失であった。

昭和三十年代には、全国総合開発計画（全総、一九六二年）の拠点開発方式の一環として新産業都市建設促進法のもと、常磐・郡山地域が新産業都市に指定された（一九六三年）。その後、企業誘致が福島県の産業振興の柱となる。昭和四十年代には常磐・郡山地域を中心に工場誘致が進む。四十年代後半には福島県の他地域でも企業誘致が進展した。こうしたなかで重化学工業化が進み、下請け工場としての電気機器工場などの立地が相次いだ。福島市には日本オイルシール工業、会津若松市には富士通、郡山市には松下電工、いわき市にはアルプス電気、三菱マテリアルなどが進出した。

「東電さん」——原発立地の経済効果

このような工業化のなかで、福島県は電源地帯としての性格を強めることとなる。只見川電源開発から始まった水力発電に加え、「東北のチベット」と呼ばれた浜通り地方に原子力発電所（原発）や火力発電所（火発）が立地することとなった。しかしそれは東京電力による首都圏向けの電力供給であり、立地発電所と福

かつて東北電力最大の出力を誇った本名発電所。昭和29年着工

田子倉ダムの調整ダムとして建造された滝ダム水没地の行政代執行。昭和35年

島県内への進出企業・地場企業との関係性が薄く、企業誘致と地域内産業連関の構築という地域産業振興の基本構造が形成されなかった。[4]

あらためて確認しておきたいのは、福島の電源開発は首都圏の工業地帯、首都圏住民の生活のためのものであり、福島県民が望んだものでもなければ、放射能のリスクの一方的な押し付けを了承したものでもないということである。双葉郡に立地していた原発は、「東京」電力のものであった。

山川充夫[5]によれば、原発立地は、①海岸部の人口の希薄なところに用地を求めており、②これらの地区の経済・社会状況は一般に第一次産業を主体とし、③交通なども不便な僻地性の強い地区であり、④自治体の財政力等もまた弱い、と分析されている。福島県双葉地区は東京から一五〇キロメートル程度離れ、人口密度は低く、太平洋に面しているため水の確保も容易であり、地震保険も大震災以前では日本一安かった。原発が誘致される以前の双葉地区は、福島県のなかでも、新産業都市に指定されたいわき地区や郡山地区に比べて企業進出が少なく、経済発展が遅れていた地域であった。経済的に発展し、財政的に自立するために地域は原発を受けいれたのである。

原発の建設や稼働、定期点検による地域経済効果は大きい。[6]原発の稼働が始まった一九七〇年代当時、原発立地自治体である大熊町・双葉町への固定資産税などの租税を加えた支払総額は一九八七億円にも達した。このうち地元には総額で四一〇億円が支払われた。地元への支払額のうち最も大きいのは給与・労賃であり、一八二億円（東電直接支出七四億円＋元請支出一〇八億円）であった。

経済効果は建設時だけではない。原発の雇用効果は、建設時においては建設労働者、稼働が始まると運転保守に必要な東電社員と関連会社社員の雇用が必要となり、建設労働の需要が減少するとこれに代わって定期点検のための雇用が発生する。建設労働が中心であった七四年には双葉地区全体で六千人を超える雇用があり、最も雇用が多くなった一九八三年には運転保守、建設、定期点検を合わせると一万六千人に達した。その後も各号機の定期点検を平準化することにより、常時一万人を超える雇用が発生していた。

東日本大震災直前の二〇一一年一月における双葉地区の総人口は七万二五三一であり、原発の雇用効果は非常に大きなものであった。結果として立地自治体の一つである大熊町の人口は、六五年七六二九から七五年八一九〇、八五年九九八八となり、九〇年には一万人を超えた。一人当たりの個人所得をみると、福島第一原子力発電所が立地する双葉町の場合、福島県平均を一〇〇とすると、一九六六年では九六であったのが、八〇年には一四二に達し、経済的な豊かさが実現されたことを裏づけている。

小田清[7]によると、立地町村財政における歳入に占める原発依存度の急速な高まりが確認できる。原発に関する課税には個人町民税、法人町民税、固定資産税、電気税の四つがある。大熊町の場合、六六年度の町税査定額は二三四〇万円であり、そのうち原発税収は五パーセントに当たる一二一万円であった。これが、原発税収が急増する七二年以降をみると、七五年には一〇億九千万円、八一年には二二億五千万円に達する。原発税収の比率は九〇パーセント台に達したのである。さらに、電源三法交付金制度のもと多種多様な交付金が途切れることなく、原発立地自治体に流れ込み、温泉、公民館、公園等の施設建設、公共事業へと発展していき、原発とは切っても切れない関係が構築されてしまうのである。

原発事故により避難指示区域となった双葉郡八町村の復興関連の会議に参加すると、事故後の今でも「東電さん」という言葉を耳にする。この背景には四〇年にわたり、利益を生み出してくれた電力会社への敬意がある。しかし、相馬・双葉地域の歴史をひもとくと、たとえば相馬野馬追の始まりは鎌倉開府前に遡る。地域における八〇〇年を超える歴史と四〇年間の経済発展、このことをどう考えればよいのか、福島県の復興政策を考えるうえで非常に重要なテーマである。

以上のように、戦後の福島県の産業構造の変化は、高度経済成長、企業誘致、都市開発、会津地方における水力発電、浜通り地方における原発・火力発電という電源開発を経て、第一次産業から工業化へとシフトしていく過程である。それは建設・公共事業段階から事業活動段階まで、農山漁村の労働力を総動員していく過程であった。兼業農家率の高さは出稼ぎをせずに故郷で生計を立てていることの証でもある。地域はこのような開発を受けざるをえなかったという側面もあるが、結果として残されたものは、残存するダムと数十年に及ぶ廃炉待ちの原発であった。

3 震災以前——日本農業の縮図

福島の農家

福島県は、南東北に位置し、地形や気候などから、浜通り、中通り、会津の三つの地方に分けられている。それぞれの地方の自然条件を生かし、さまざまな作物が生産されてきた。太平洋側から浜通り（相馬、いわき）、阿武隈高地、中通り（福島、郡山）、奥羽山脈、会津（会津若松）、越後山脈というように、縦系列に地域が形成されており、間に位置する山脈に沿って中山間地域が広がっている。平場（山間地と異なる平地の農業地帯であり、規模拡大が可能）、中山間地域といった条件に合わせて、稲作、園芸、果樹といった多様な品目の生産が可能であり、まさに日本農業の縮図的な県であった。米やさやいんげん、きゅうり、桃などは、全国でも上位の収穫量を誇り、主に東京方面などに出荷されているが、一方で地元で生産したものを地元で消費する「地産地消」にも積極的に取り組んでいた。

二〇一一年以前、福島県は全国各地に農産物を供給する県として重要な役割を担ってきた。二〇一〇年の県内の販売農家約七万戸のうち主業農家（農業による所得が主で、六五歳未満の農業従事六〇日以上の世帯員がいる農家）は一万一一〇〇戸、副業的農家（六五歳未満の農業従事六〇日以上の世帯員がいない農家）は三万四千戸となっており、副業的農家は販売農家の約半数を占めている。耕地面積は一四万九千ヘクタールで、全国七位の面積となっている。

農家一戸当たりの耕地面積は、約一・六四ヘクタールであり、全国平均よりやや大きい。規模の大きい農家、たとえば五ヘクタール以上の耕地を経営する農家の割合は増加傾向にあり、少数ではあるが、大規模農家が担い手として存在していた。

しかし、原子力災害と放射能汚染、風評問題は大規模専業農家ほど影響が大きかった。震災前に約六億円の売り上げがあったきのこ生産農家の販売高が半減したケースや、有機農産物の生産と直接販売を柱に営農をしていた農家が離農して他県に転居したケースなど、枚挙にいとまがない。放射能汚染問題に悲観したキャベツ専業農家や酪農家が自死してしまった耐えがたい悲劇も起きてしまった。

福島県では、消費者から食味が良いと評判の高い「コシヒカリ」や「ひとめぼれ」を中心に、約七万五千ヘクタールの水田で稲が栽培されていた。二〇一〇年の米の収穫量は、全国で約八二三万トン、県内では約四三・八万トンで、福島県は全国第四位の主要な「お米」生産県となっていた。かつては全国一位の生産過剰県であり、生産調整が進まないという問題を抱えていた。原子力災害後の二〇一一年産米は、全国約七九四万トン中、県内生産は約三五万一千トンと大幅に減少している。

福島県では、県北地方を中心として、桃、りんご、なしなどのくだものが栽培され、特産品となっていた。とくに桃は全国第二位の生産県となっており、気象条件にあった「あかつき」や、晩生種の「ゆうぞら」は、全国一の生産量であった。これは、明治期より福島県の主要な産業であった養蚕にともなう桑畑の跡地を果樹園に転換した結果であり、一九七〇年代以降の減反調整政策も相まって、一気に果樹王国の形成へと向かった。

福島県の総農家数は、二〇〇〇年に一〇万五千戸であったものが、二〇一〇年には九万六千戸と減少していた。農家数は、一九六〇年のピーク（一七万一一七六戸）以来、減少傾向が続いていた。なお、総世帯に占める農家の割合（農家率）は、一三・四パーセントであり（二〇一〇年の福島県総世帯数七二万七九四戸）、県内GDPに占める農業の割合は約二パーセントであった。これだけをみると、福島県における農業の位置づけは低くみえる。しかし、明治期の養蚕、現在の米や桃は地域を特色づける名産品であり、地域資源であり、地域アイデンティティの核でもある。農家は、その親戚縁者も含め地域の紐帯であり、農村は福島県を特徴づける風景でもある。

二〇一〇年の販売農家のうち専業農家数は一万三〇〇四戸で、販売農家の一八・四パーセントを占めていた。また、第一種兼業農家数は九三五七戸／一三・三パーセント、第二種兼業農家数は四万八一五九戸／六八・三パーセントであり、福島県は水稲農業と工場立地により安定的な兼業地帯として成立していた。

販売農家における経営耕地規模別農家数構成比は、一ヘクタール未満層が四四・七パーセント、一—三ヘクタール層が四三・五パーセント、そして三ヘクタール以上層が一一・八パーセント（うち五ヘクタール以上が四・二パーセント）で、全国平均の一一・五パーセントをかろうじて上回っているものの、東北の一六・九パーセントと比べると小規模な地域であった。

福島県における規模別農家戸数および販売金額（実数・シェア）の推移は、一九九五年から二〇〇五年にかけて、一千万円以上農家層が増加していた（一九九五年、二・六パーセント→二〇〇五年、三・四パーセント）。

トラクターによる代かき。後方は桑畑。昭和44年

桃栽培。昭和50年

また同販売額シェアは、一九九五年から二〇〇五年にかけて二五・一パーセントから三〇・九パーセントへ増加しており、上位農家層の占有率が拡大していた。その対極にある五〇万円未満層も増加傾向にあった（一九九五年、二四・四パーセント→二〇〇五年、二六・一パーセント）。一方で、多数を占める中規模層の五〇—五〇〇万円層は戸数および販売金額シェアが軒並み減少しているという特徴があった。

福島県における基幹的農業従事者の実数自体は一九九五年から二〇〇五年の一〇年間で横ばい傾向のまま推移していた。しかし年齢構成をみると、七〇歳以上が急増しており（一九九五年、一六パーセント→二〇〇五年、四〇パーセント）、六〇歳以上でみると、二〇〇五年には全体の六一パーセントを占めるに至っていた。原子力災害以前の一〇年間で農村における高齢化が急速に進展しており、大きな問題となっていた。

高齢化・後継者不足・耕作放棄地問題

六五歳以上農家で後継者がいない割合の推移をみると、全国平均、東北平均に比べ福島県の後継者なしの割合は低い。しかし、一九九五年から二〇〇五年にかけて、福島県における後継者のいない農家割合は一六・二パーセントから三〇・一パーセントと大幅に増加していた。

二〇一〇年の耕地面積は一四万九千ヘクタールであり、田畑とも道路・住宅等への転用、耕作放棄地による改廃等により毎年減少傾向にあった。耕地利用率は田畑計で八五・三パーセントであり、全国平均の九二・二パーセントより少ない。福島県の耕地利用率は東北地方では三位であるものの、全国第三四位となっており、農地の未利用問題が顕在化していた。

福島県における耕作放棄地の推移をみてみる。一九八五年には約三千ヘクタールであったものが、一九九五年には一万二三五三ヘクタールとなり、二〇〇五年には一万五六五一ヘクタール、二〇一〇年には二万二三九四ヘクタールと大幅な増加傾向を示していた。これは、福島県総農地面積の一四・九パーセントを占めていた。

ただし販売農家の耕作放棄地は近年減少傾向にあり、福島県における耕作放棄地の増加は、主に自給的農家によるものであった。福島県はもともと生糸の産地であり、桑園が広範に存在していたが、繊維産業の衰退にともない、一部は果樹園などへ転換したものの、結局、中山間地域の山付きの狭小な農地を中心に耕作放棄地化が進んでしまった。長期にわたり保全管理がおこなわれなかったケースでは、事実上山林になっている農地も散見され、農地としての再利用が困難なものも多い。

一方で、福島県における認定農業者（市町村による農業経営改善計画の認定を受けた農業者）の推移をみると、一九九四年以降順調に増加しており、二〇〇五年度末で五六一三戸、二〇一〇年度末では六七八二経営体となっていた。福島県では農業経営基盤強化促進法に基づいて、効率的かつ安定的な農業経営者を育成し、これらの農業経営者が農業生産の相当部分を担うような農業構造の確立を目指していた。原発事故は、これからの農業を担う認定農業者の育成確保および認定農業者への農用地の利用集積について、取り組んでいた矢先に起こった。二〇一〇年度の認定農業者は福島県の全販売農家の九・六パーセントに相当する規模であった。しかしこれは、水田所得経営安定対策の担い手要件を満たす農家が約一割しか存在しないことも同時に意味していた。

以上のように、福島県の農業は、小中規模の家族経営層が個別経営体として自立的に経営を継続することは困難な状況であった。担い手問題、高齢化問題、耕作放棄地問題への対処は、調整主体として集落・行政・JAなどの機能の発揮が課題となっていた。しかし現実には、自治体あるいはJAの合併問題、自治体の財政・JAの経営問題など、マイナスの要因が存在し、集落、地域（産地）のコーディネート機能の低下、あるいは地域間での偏在化が指摘されていた。

4　農業と農村の被害

震災関連死者　一三八三人

福島県は原子力災害のみならず地震・津波等による被害も大きかった地域である。農林水産省「農業・農村の復興マスタープラン」によれば、津波による流出・冠水等の被害を受けた農地の推定面積は五四六〇ヘクタールとなっており、二〇一〇年度の県全体耕地面積の四パーセントにあたる。また、震災の翌月である二〇一一年四月に福島県が実施した「東北地方太平洋沖地震による農林水産部公共施設等被害（第二報）」では、水路の破損が一一三三か所、ため池等の損壊が七四五か所（県全体の二〇パーセント）、大型ハウスの倒壊やカントリーエレベーターの損壊等が一九九件であった。

水産業では、県内の一〇の漁港すべてが被災し、産地市場や漁具倉庫等共同利用施設の損壊は二三三か所、沈没や陸へ乗り上げた漁船は八七三隻で県内の登録漁船数の七四パーセントが何らかのダメージを受けていたことが判明した（森林・林業、水産業ともに県農林水産部調べ）。

東日本大震災による農林水産部公共施設等被害のうち、原子力災害を除いた被害件数・金額は**表1**のとおりである。

震災後一か月の速報値で二七五三億円の規模であった。福島県ではこれにさらに原発事故の損害が加わることになる。

表1　東北地方太平洋沖地震による農林水産部公共施設等被害（原子力災害を除く）

		件数	被害額（百万円）
農業等被害		300 件	2,110
	農作物	101 件	805
	農業関係施設	199 件	1,305
水産被害			26,377
	水産関連施設	1,341 か所	19,068
	養殖水産物等	2,232 トン	670
	漁船	873 隻	6,639
農地等被害		4,358 か所	230,258
	農地	1,283 か所	93,507
	水路	1,133 か所	27,491
	道路	894 か所	2,966
	ため池	745 か所	23,611
	頭首工	59 か所	3,125
	揚水機	113 か所	28,624
	橋梁	4 か所	84
	湖岸堤防	2 か所	3,000
	農業集落排水施設等	105 か所	22,431
	海岸保全施設	20 か所	25,419
林業等被害		735 か所	2,362
	森林	11 か所	265
	林産物等	39 か所	146
	林産施設等	52 か所	1,162
	林道	633 か所	789
治山被害		113 か所	14,253
	林地	103 か所	10,681
	治山施設	10 か所	3,572
合計			275,360

資料：福島県農林水産部2011年4月27日
航空写真等を活用して把握した被害も含む
今後の調査により、被災箇所数および被害額の変更がある

人的被害状況は、二〇一四年一二月の段階で、福島県の震災直接死者数一六一一人であり、東日本大震災全体では一万八四八三人である。また、二〇一四年三月末の被災三県の震災関連死者数は、岩手県が四四一人、宮城県が八八九人、福島県一七〇四人となっており、福島県が半数以上を占める結果となっている。

特徴的なのは、宮城県、岩手県の震災関連死の九割が震災後一年以内であるのに対し、福島県のみ二年目以降に三五六人（二〇・一パーセント）が亡くなっており、原発事故による長期避難がいかに困難かを知らしめる。

被害額は、福島県東日本大震災復旧・復興本部県土整備班によると、公共土木施設被害報告額が約三一六二億円、農林水産施設被害報告額が約二四五三億円、文教施設被害報告額が約三七九億円、公共施設被害報告額総額が約五九九四億円となっている（二〇一一年三月）。なお、これらは県所管分の算出であり、福島第一原子力発電所から三〇キロメートル圏内は、航空写真等により推定した概算被害額を計上している。市町村所管分については、南相馬市の一部および双葉郡八町村の概算被害額は含まれていない状況である。

農業地帯への放射能汚染

福島県の農業地帯は大きく三つのブロックに分かれている。西側からＪＡ会津みなみ、ＪＡ会津みどり、ＪＡ会津いいで、ＪＡあいづを含む地域は会津地方であり、奥会津の中山間地域と平場の米作地域を抱えている。中央部を北から、県北（ＪＡ新ふくしま、ＪＡ伊達みらい、ＪＡみちのく安達）、県中（ＪＡ郡山市、ＪＡすかがわ岩瀬、ＪＡたむら、ＪＡあぶくま石川）、県南（しらかわ、ＪＡ東西しらかわ）と呼び、これらが中通りと呼称されている。果樹・野菜・米の産地である。東側の海岸線沿いが浜通りである。県中・県南とともに、阿武隈中山間地域を抱えている。原子力発電所はＪＡふたば管内に立地していた。

図1のように、福島県は大きく太平洋側から浜通り、中通り、会津の三つの地方に区分される。今回の原発事故は浜通りの中央にある双葉郡で起きた事故である。福島第一原子力発電所から放出された放射性物質は、二〇一一年三月一五日の夜半から一六日未明にかけて、南東の風に乗って拡散したと言われている。そのため、放射性物質は原子力発電所から北西に位置する中通り北部（県北地域）にかけて分布し、中通り中央（県中）まで広がっている。

浜通りの地域住民は、故郷を離れることを余儀なくされ、帰還・復旧・復興の諸段階が複雑に絡み合い、先の見えない混沌とした毎日を送っている。

中通りにおいては、営農活動に関する規制はなされず、農業生産がおこなわれたものの、次々に農作物の放射性物質による汚染が確認され、そのたびに出荷が制限されてきた。中通りは、風評ではなくまさに「実害」を被ってきた地域である。

一方、会津地方は、福島第一原発から一〇〇キロメートル以上離れており、他県と比較しても放射性物質による汚染レベルは低い地域である。収穫後の農作物を検査しても、放射性物質の含有量は検出限界以下という結果が多い。しかし、「福島県産」というくくりのなかで、いわゆる「風評被害」を受けてきた地域である。

原発事故が起きた三月以降、福島県の農産物出荷制限の問題は、園芸、畜産を中心に展開してきた。その後、主力品目である果樹（桃、なし、りんご）と米（会津コシヒカリ）が出荷の時期を迎え、同様に出荷制限、風評問題が生じた。

放射能汚染の状況は浜通り中央から中通り北部（県北地域）にかけて分布し、中通り中央（県中）まで広がっている。**図1**では避難指示区域となっている部分をA：作付制限地域とした。ここは、福島県の農業振

図１　福島県農業の地域性と放射能汚染対応区分

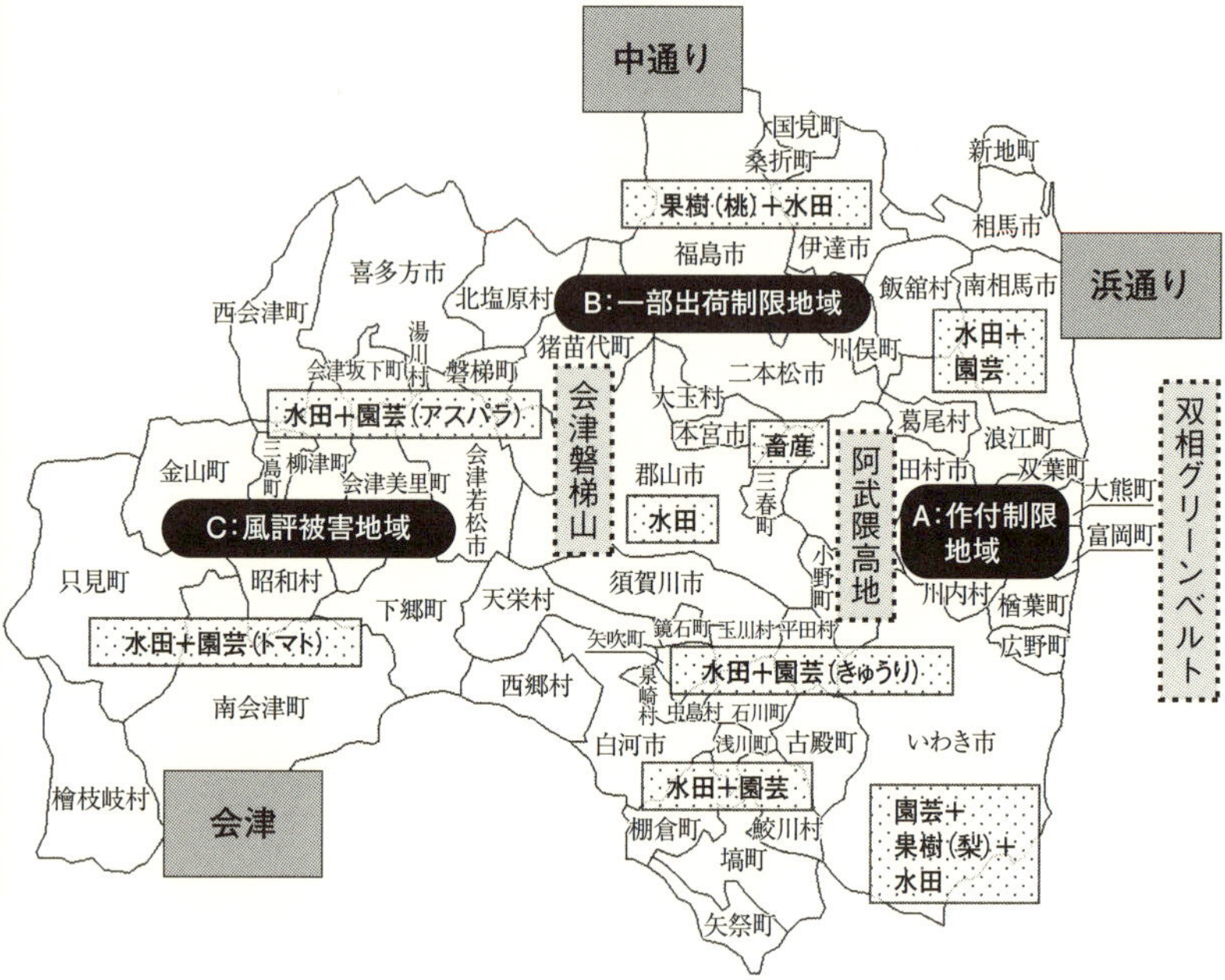

興計画では近年、園芸産地形成（相馬・双葉＝相双グリーンベルト構想）に力を入れてきた地域であり、雇用型の園芸生産法人経営が存立していた。また水田農業に関しては、近年、土地改良事業に着手し、集団転作の導入と露地野菜産地形成（トマト、ブロッコリーなど）や個別経営志向の強い福島県水田農業では珍しい集落営農の推進地域でもあった。つまり、近年、戦略的な農業投資をおこなってきた地域であったため、長期にわたる住民避難や作付制限の影響は単年度の収穫物の損失にとどまらない。

　また浜通りと中通りを分けて縦断している阿武隈高地では、畜産団地が形成されており、生乳の放射能汚染で問題となった酪農の他に、飯舘牛、川俣シャモ、伊達地鶏といった畜産ブランド化を長期間にわたる投資と努力で実施してきた地域である。飯舘村の計画的避難区域で証明されたとおり、放射能汚染は同心円状には広がらず、地形や気象条件によって分布する。これら中山間地域の畜産農業も高濃度の放射能汚染地域となってしまっている。

さらに深刻なのは、中通りの北部（福島市・人口二九万）・中部（郡山市・人口三四万）にも放射能汚染が広がっていることである。[8] これらの地域は、空間線量率一・五マイクロシーベルト（二〇一一年五月段階）程度が計測され（日本の通常値が〇・〇五―〇・〇八）、一部ホットスポットも観測されており、モザイク状に汚染物質が拡散したことがうかがわれる。土壌汚染状況は一キログラム当たり一千―五千ベクレルの地域が広範に広がり、なかには五千―一万一千ベクレルといった作付制限基準を超える農地も含まれていた。

中通り地方は、県庁等行政機関や教育機関、企業の本社機能が集中しており、東北新幹線、国道四号など交通インフラの整備と東北各地への物流のハブ拠点ともなっている。米を基盤としつつ園芸・果樹も県内一の生産を有する複合的な農業地域であり、農業生産のウェイトは高い（**表2**）。現在も一部の品目で出荷制限が実施されている。

会津地方は福島第一原発から一〇〇キロメートル以上離れた地域であり、放射能汚染状況はきわめて軽い。空間線量率では二〇一四年九月時点で会津若松市で〇・〇七という状況である。土壌中の放射性物質は一キログラム当たり一千ベクレル以下の地域である。しかし、最初の出荷規制の枠組みが県内で一か所でも暫定規制値を超える農産物が出たら全県出荷制限をするというものであったため、会津も出荷制限がなされ、その後市町村単位の規制に改められた後も風評被害にさらされている。

表２　福島県における地域別・品目別農業生産額と割合

	合計	野菜	畜産	果実	米穀
浜通り	498	115	136	16	200
中通り	1,572	330	351	237	512
会津	498	86	23	22	320
福島県	2,568	531	509	275	1,033（億円）
浜通り	19.4	21.7	26.7	5.8	19.4
中通り	61.2	62.1	68.8	86.2	49.6
会津	19.4	16.2	4.5	8.0	31.0
福島県	100.0	100.0	100.0	100.0	100.0 （％）

資料：東北農政局『農林水産統計』2005年より集計

避難状況と放射線量の推移

表3は福島県の人口推移を示している。震災・避難の影響により、人口は二〇〇万人を割り、一九四万人にまで落ち込んでいる。とくに、〇―一四歳という若年層の減少率はマイナス一一・九パーセントと大きくなっている。これは、放射能問題の影響を受け、子どものいる世帯の避難が多かったことを示している。

表4は福島県の避難者の推移を示している。二〇一四年九月時点で一二万七千人が避難をしており、うち県外避難が四万七千人、県内避難が八万人である。避難者数は減少傾向にあるが、いまだに多くの避難者が存在しており、かつ避難期間が長期化している実態がある。

県では二〇一三年一月、避難者全世帯に向けた調査を実施し、今後の生活意向を把握している（福島県生活環境部避難者支援課「福島県避難者意向調査」）。

表5は、福島県の子どもの避難状況を示している。一八歳未満の避難者は約二万七千人である。双葉郡八町村の避難指示区域（第二章**図1**、七三頁）が、徐々に避難解除の方向に向かうなかで、避難先を県外から避難元の自治体に近い県内に移した世帯が増加している。

表３　福島県の人口推移

	世帯数（千世帯）	人口（千人）	年齢別人口（千人）				
			0～14歳	15～64歳	老年人口		年齢不明
					65歳以上	75歳以上	
2011年３月	722	2,024	274	1,236	502	275	12
2012年３月	716	1,979	259	1,208	500	277	12
2013年３月	718	1,957	250	1,181	514	282	12
2014年３月	723	1,943	244	1,161	526	284	12
2014年９月	728	1,937	242	1,151	532	284	12
増減	6	-87	-32	-85	30	9	0
増減率（%）	0.9	-4.3	-11.9	-6.9	6.0	3.2	0.0

資料：福島県現住人口調査月報より作成

表４　避難者の推移

単位：千人

		県外避難者	県内避難者	避難先不明者	合計
2011年	10月	56	88		145
	12月	61	93		155
2012年	２月	63	97		160
	４月	63	98		161
	６月	62	102		164
	８月	62	101		163
	10月	60	99		159
	12月	59	99		157
2013年	２月	57	97		155
	４月	56	99	0.2	155
	６月	54	96	0.1	150
	８月	52	95	0.1	147
	10月	51	92	0.1	143
	12月	49	90	0.1	139
2014年	１月	48	89	0.1	137
	３月	48	86	0.1	134
	６月	45	82	0.1	127
	９月	47	80	0.1	127

資料：福島県災害対策本部、公表資料より作成
注：2013年４月以降、それまで集計外だった避難先不明者についても対象とした

表5　子どもの避難者（18歳未満避難者）の状況

単位：人

		18歳未満避難者数	避難先別		
			県内		県外
			市町村内	市町村外	
2012年	4月1日（A）	30,109	12,214		17,895
	10月1日（B）	30,968	3,307	10,691	16,970
2013年	4月1日	29,148	3,060	10,272	15,816
	10月1日（C）	27,617	3,226	10,242	14,149
2014年	4月1日（D）	26,067	2,862	9,897	13,308
増減数(D)－(A)		-4,042	545		-4,587

資料：福島県災害対策本部、公表資料より作成
注：2012年10月の調査以降、県内の同じ市町村内の避難者数も報告に含めている

表6　大気中の放射線量測定結果の推移

単位：μSv/h

	福島市	会津若松市	いわき市
震災前の平常時	0.04	0.04～0.05	0.05～0.06
2011年4月	2.74	0.24	0.66
9月	1.04	0.13	0.18
2012年3月	0.63	0.1	0.17
9月	0.69	0.1	0.1
2013年3月	0.46	0.07	0.09
9月	0.33	0.07	0.09
2014年3月	0.24	0.07	0.08
9月	0.25	0.07	0.08

出典：福島県災害対策本部（暫定値）

表7　水稲作付の制限と再開の状況

		面積 (ha)	割合 (%)
2011年	作付制限	8,500	11
	作付自粛	1,600	2
	合計	10,100	13
2012年	作付制限	7,300	9
	作付自粛	3,200	4
	合計	10,500	13
2013年	作付制限	6,000	7
	作付再開準備	6,200	8
	合計	12,200	15
2014年	作付制限	2,100	3
	農地保全・試験栽培	700	1
	作付再開準備	5,100	6
	合計	7,900	10

資料：2011年／12年は福島県農林水産部調べ
　　　2013年／14年は農林水産省資料より作成
注：「割合」は2010年の福島県水稲作付面積80,600haとの対比

表6は、福島県内の中通り（福島市）、浜通り（いわき市）、会津（会津若松市）の大気中の放射線量測定結果の推移を示している。震災直後、最も高かった中通り北部の福島市においても、放射性セシウム134の半減期（二年）や風雨による自然減衰、除染の成果も相まって減少傾向にあることが分かる。会津若松市、いわき市のモニタリング地点では、平常時の水準に近づいている。

農業の作付制限、漁業の全面自粛

震災の起こる前年度の二〇一〇年度の県全体の水稲作付面積は八万六〇〇〇ヘクタールであった。震災後の二〇一一年度の作付制限区域の水稲不作付面積は、八五〇〇ヘクタールである（**表7**）。これは、二〇一〇年度の県全体の作付面積の約一一パーセントに上る。また、作付けを自粛した地域

の水稲不作付面積は一六〇〇ヘクタールとなっており、二〇一〇年度の作付面積の二パーセントとなっている。よって、二〇一一年度の水稲不作付面積の合計は一万一〇〇ヘクタールであり、二〇一〇年度の県全体の作付面積の一三パーセントであった。

二〇一二年度になると、作付制限区域の水稲不作付面積は七三〇〇ヘクタールとなり、二〇一〇年度の九パーセントにまで縮小した。また事前出荷制限区域のうち、作付けを自粛した地域の水稲不作付面積は、旧緊急時避難準備区域および南相馬市で三二〇〇ヘクタールとなっており、二〇一〇年度の県全体の作付面積の四パーセントとなった。二〇一二年度の水稲不作付面積の合計は一万五〇〇ヘクタールであり、震災以前の二〇一〇年度と比較すると一三パーセントと、ほぼ二〇一一年度と同じ結果となった。

二〇一四年度では、作付制限区域は二一〇〇ヘクタールにまで減少し、双葉八町村の避難解除準備にともない、作付再開準備区域として五一〇〇ヘクタールが設定されている。問題は、作付け再開時の放射能汚染リスクをどのように低下させるか、初年度から営農を実施している地域とは異なるモニタリング体制をどのように構築していくかである。

原発事故以前（二〇一〇年度）の福島県の農業粗生産額は約二三三〇億円であり、販売農家は約七万戸であった。原発事故後（二〇一一年度）の農業粗生産額は一八五一億円と四七九億円の減少となっている（**図2**）。ただし農業にかかわる損害賠償額が六二五億円（福島県農協中央会、二〇一二年五月時点）に上ることから、年間では一千億円程度の損失があったと推計される。フローの産出額のみでこの被害規模である。二〇一三年一一月時点における農業の損害賠償請求額は一六四九億円にまで膨らんでいる。

図3より、林業に関しては、二〇一〇年の一二四八億円から二〇一一年の八七二億円と三七六億円の減少となっている（前年比七〇パーセント）。とくに栽培きのこ類の減少幅が大きい。森林の除染や放射能汚染対

図２　福島県の農業産出額の推移

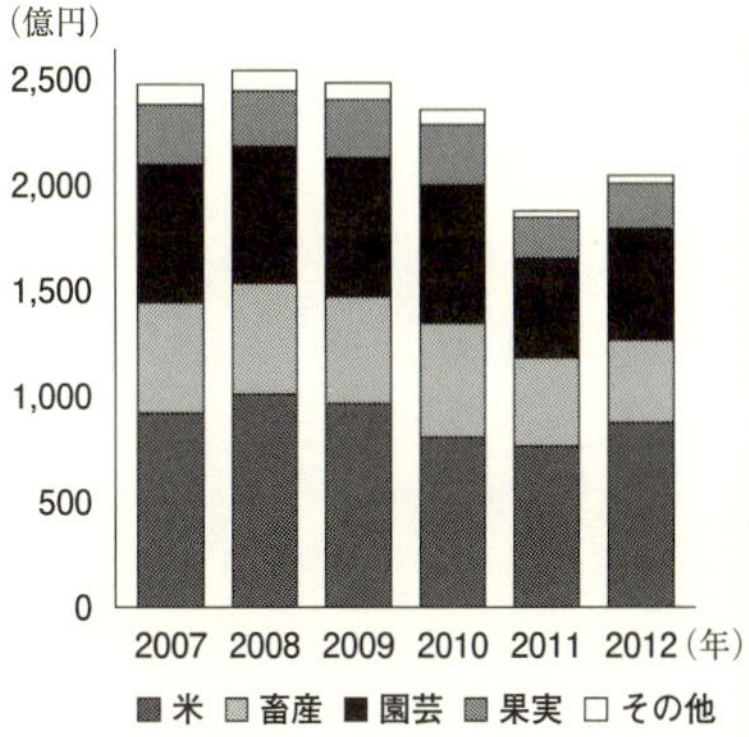

資料：農林水産省「生産農業所得統計」各年次
2011年は福島県資料

図３　福島県の林業産出額の推移

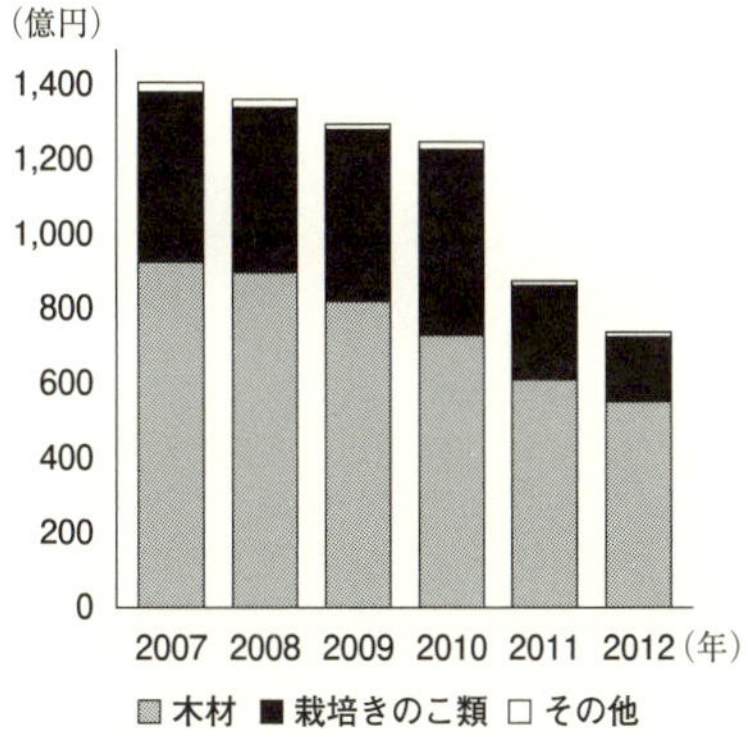

資料：農林水産省「生産林業所得統計」各年次
2011年は福島県資料

図４　福島県の漁業生産額の推移

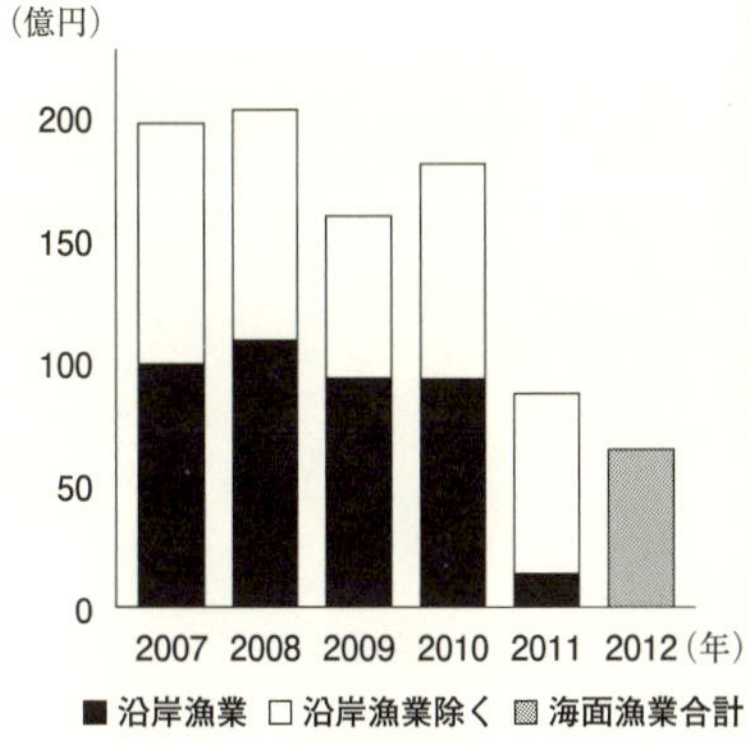

資料：農林水産省「漁業生産額」各年次

表8　避難指示区域の農業が震災以前の福島県全体に占めていた割合

	実数	県全体に占める割合（%）	基準年
農業経営体数（経営体推計）	5,400	8	2010
経営耕地面積（ha 推計）	11,000	9	2010
家畜飼養頭羽数			
肉用牛（頭）	10,836	15	2011
乳用牛（頭）	1,980	12	2011
豚（頭）	40,740	22	2011
鶏（千羽）	1,589	30	2009

資料：福島県農林水産部調べ

策が確立していないことから、二〇一二年度以降も回復の兆しがない。

図4は水産業の影響を示している。二〇一〇年の一八二億円から二〇一一年の八七億円と九五億円の減少となっている（前年比四八パーセント）。とくに、放射性物質の海洋への放出にともない、漁業を全面自粛した沿岸漁業の被害はきわめて大きい。

このような原子力災害による農林水産物の直接的被害のほかに、避難・作付制限を余儀なくされた担い手（営農意欲、後継者への影響大）、流出・損壊した生産施設・機械、破壊された畜産基盤、地域ブランド、地産地消基盤、耕畜連携など、計り知れない生産基盤への影響が現実に発生している。

表8によると、避難指示が出された地域の農業経営体数は、推計で約五四〇〇経営体あり、二〇一〇年度の県全体の八パーセントであった。また、経営耕地面積では、推計で約一万一千ヘクタールであり、二〇一〇年度の県全体の九パーセントとなった。畜産の被害では、福島県全体に対して肉用牛が一万八三六頭で一五パーセント、乳用牛は一九八〇頭で一二パーセント、豚が四万七四〇頭で二二パーセント（以上三種は二〇一一年度比）、鶏が一五八九羽で二〇〇九年度比の三〇パーセントとなった。

被災農家の作付け再開状況

続いて、復旧に向けた動きのなかで把握できた農業経営体の再開状況について見ていく。まず、津波被災農地面積五四六〇ヘクタール中、二〇一三年度までの営農再開可能な農地面積が一三五〇ヘクタールと、復旧率は約二五パーセントに上っている。

二〇一三年三月、被災農業経営体数一万七二〇〇のうち、営農を再開した農業経営体が一万一〇〇〇と、再開率は過半数の五九パーセントとなった。これに対し、避難指示区域等を含む一二市町村の状況は、被災農業経営体数七一三〇中、営農を再開した農業経営体数が五七〇と、再開率は八パーセントにとどまっている。

加工用トマトは、二〇一〇年に一六八ヘクタールあった作付面積が、二〇一一年には県内全面積で作付け休止となっていた。作付けの再開状況は、二〇一二年で三三ヘクタール、二〇一三年で二七ヘクタールとなっている。

葉たばこ生産は二〇一一年に契約面積が二九〇四ヘクタールあったのに、二〇一一年は福島県全域で作付け見合わせとなっていた。作付けの再開状況をみると、契約面積が二〇一二年は三二一ヘクタール、二〇一三年は三三三ヘクタールとなっており、JTによる廃作募集もあったことから大幅な減少となっている。

あんぽ柿、干し柿等は、二〇一一年に主力産地である福島市、伊達市、南相馬市、桑折《こおり》町、国見町において加工自粛となり、二〇一二年には福島市、二本松市、伊達市、南相馬市、桑折町、国見町、川俣町、広野町が自粛対象となった。二〇一三年は県北地域であんぽ柿の全品検査体制が確立したことから、加工自粛が解除され、出荷・販売に至っている。

福島県の復興計画は、①原子力に依存しない、安全・安心で持続的に発展可能な社会づくり、②ふくしま

図5　福島県農林水産部一般会計当初予算額の推移

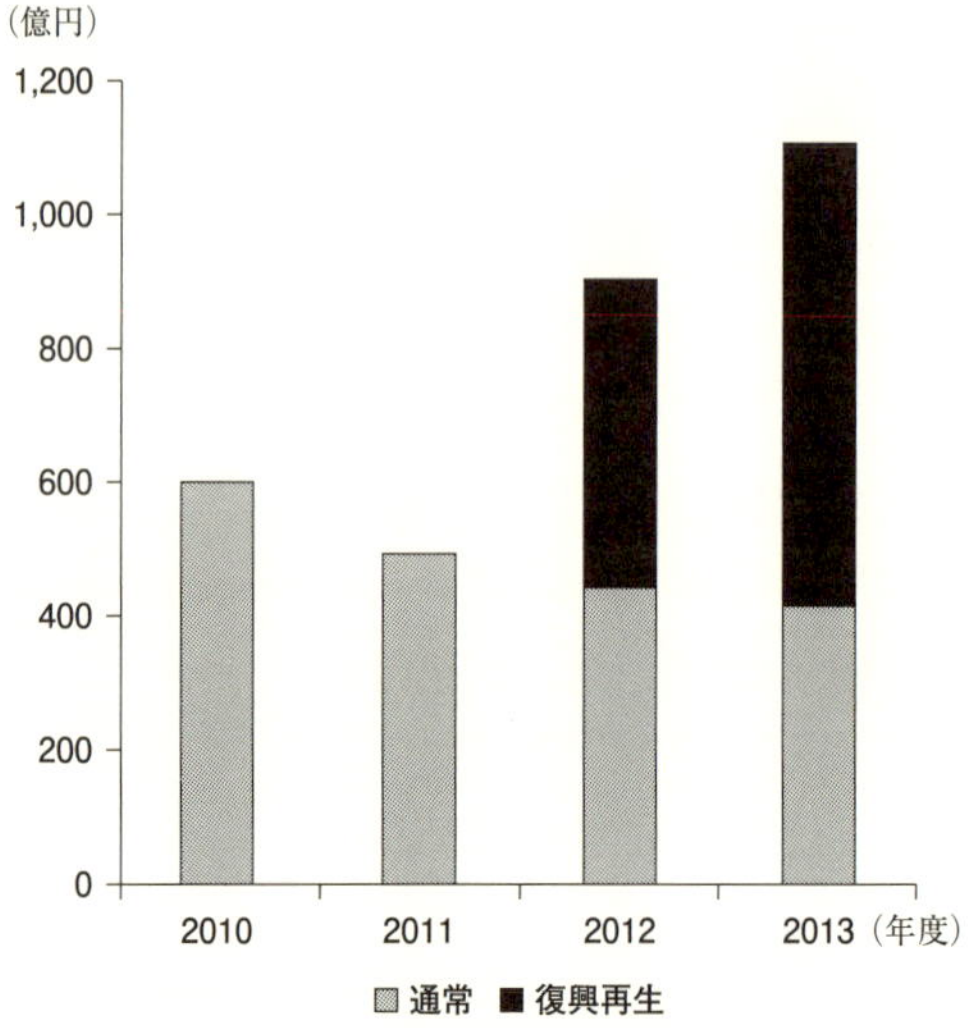

資料：福島県農林水産部資料

を愛し、心を寄せるすべての人々の力を結集した復興、③誇りあるふるさと再生の実現、の三つを基本理念としている。これを担保するために復興再生予算が措置されている。福島県全体では、一兆七三二〇億円（二〇一三年度当初予算）の規模であり、震災・原子力災害対応分（復興再生予算）は九一六八億円となっている。

図5で福島県農林水産部一般会計当初予算額の推移をみると、二〇一〇年度当初予算額が五九七億円、二〇一一年度が四八八億円（前年度比マイナス一八パーセント）、二〇一二年度が八九八億円（前年度比プラス八四パーセント、うち復興再生予算四五一億円）、二〇一三年度が一〇九四億円（前年度比プラス二二パーセント、うち復興再生予算六七八億円）となっている。

5　原発事故と損害の構造

三種の損害――フローとストックと社会関係資本

福島県では、作付制限地域の問題、一部残る出荷制限品目に加え、「風評」被害も継続している。生産現場では営農意欲の減退から離農問題が顕在化している。

前節で述べたような数字上の損害だけではなく、農村自体も問題を抱えている。農村内部には、自然の恵みに加え、地域の営農を支えるさまざまな資源、組織、人間関係が構築されてきた。このような農村内部の関係性（社会関係資本）により、日本の農業は維持・形成されてきたのである。今回の原子力災害の最大の問題は、放射能汚染により農産物が売れないといった経営面に限った事柄ではなく、生産基盤である農地、ひいてはそれを維持する農村という共同体それ自体も大きく毀損したことである。福島県では、地域の担い手や集落での営農方式などが受けた損害からどのように地域農業を再生させるのかが大きな課題となっている。

放射能汚染による損害は、①フロー、②ストック、③社会関係資本の三つの枠組みで捉えられる。

①「フローの損害」とは、出荷制限品目となった農産物、作付制限を受けた農産物など、生産物が販売できなかった分の経済的実害と風評等による価格の下落分であり、現在、損害賠償の対象となっているのがこれである。

②「ストックの損害」とは、物的資本、生産インフラの損害であり、農地をはじめとした生産基盤の放射能汚染、避難による施設・機械の使用制限などが含まれる。現状では、これらの損害調査は未了である。農地の損害などの計測には、正確な放射性物質分布マップの作成と圃場《ほじょう》ごとの土壌分析が必要となる。

表9　震災前後の農産物価格の推移

		価格（円／kg）				指数（2010年基準）		
		2010年	2011年	2012年	2013年	2011年	2012年	2013年
桃	全国	483	406	455	478	84	94	99
	福島	439	222	340	356	51	77	81
きゅうり	全国	294	286	282	304	97	96	103
	福島	268	269	189	300	100	71	112
肉牛（和牛）	全国	1,784	1,627	1,722	1,919	91	97	108
	福島	1,708	1,266	1,359	1,655	74	80	97

資料：東京都中央卸売市場ホームページ市場統計情報より作成

最も重要なのは、③社会関係資本の損害である。これまで地域で培ってきた産地形成投資、地域ブランド、農村における地域づくりの基盤となる人的資源、ネットワーク構造、コミュニティ、文化資本、農村景観など、多種多様な有形無形の損害を被っている。しかも、避難指示区域では十数年におよび、これら資源・資本を利用することができなくなる。

福島県農業の再生には、これらの損失分をどのように測定するか、対策としてどのように穴埋めするかがきわめて重要な課題となる。

東電への損害賠償請求

問題の一つは、風評による価格下落分の損害である（**表9**）。園芸作物に関しては、二〇一一年四月段階で出荷制限・摂取制限品目の公表により市場が混乱した。五月以降は、各地での復興支援フェアや出荷制限品目の解除がなされるなか、市場での取り扱いも順調に回復してきた。しかし、七月に福島県産牛肉問題が起こり、「本当に福島県産は安全なのか」との問い合わせが急増した。風評被害が表面化したのが八月以降であり、他県産の農産物に代替される傾向が強くなる。大手スーパー等での福島県産品の売り場が確保できず、ますます厳しい販売環境に陥った。九月になると豪雨や台風により各産地での被害が発生し、全体的な卸価格は上昇傾向に転じている。

ＪＡ全農福島の販売実績を見てみると、主力品目の桃では生産費を割り込むギリギリの水準にまで落ち込んでいる。

ＪＡグループ福島では、二〇一一年四月二六日に「東京電力原発事故農畜産物損害賠償対策福島県協議会」を設立した。福島県内の全ＪＡほか全農県本部、県酪農協、県畜産振興協会、県農業経営者組織連絡会議、県きのこ振興協議会など三五団体で構成している。事務局は福島県農協中央会が担っている。設置以降毎月、県協議会総会を開催して損害賠償請求額を決定し、東京電力に請求をおこなっている。これまでの請求総額（二〇一四年一一月段階）は、二〇四八億円となっている。損害賠償受取額を請求額で割った賠償率は九〇・〇パーセントとなっている。

表10で米穀の賠償請求額が少ないのは、規制値超え・出荷制限分が隔離対策として別途措置されていることと、作付制限分は不耕作・休業補償に含まれるためである。

東電への損害賠償請求に関しては多くの問題点が指摘されている。福島県農業・農協が直面する問題としては、①支払いの遅延（本払いは三か月単位）、②請求額に対する満額本支払いがなされない、③生産や出荷を自粛した場合の賠償をめぐる問題、④資産にかかわる損害賠償、⑤廃業補償、⑥終期の問題（賠償期間）、⑦ＪＡなど構成団体の営業損害、⑧原子力損害賠償紛争審査会による指針に明記されていない被害への対応、などがあげられる。

問題はこの枠組みに入らない賠償問題をどのように進めていくかという点である。作付制限地域の賠償は一〇アール当たり一律の賠償額が基本であるが、実際には単収の違いや営農方法の相違（有機農業など）、付

表10　福島県協議会による損害賠償請求の内訳

請求内容	金額（億円）	比率（%）
米穀	136	6.6
園芸	411	20.1
果実	116	5.7
原乳	25	1.2
家畜の処分	100	4.9
その他家畜被害	237	11.6
牧草	94	4.6
不耕作（休業補償）	784	38.3
営業損害	143	7.0
合計	2048	100.0

資料：JA福島中央会資料
2014年11月30日現在

加価値額の高低など、一律賠償では問題点が存在する。別途賠償請求の交渉をおこなうことになってはいるが、個別農家が単独で交渉することは現実的に困難である。

たとえば、二〇一二年度作付制限地域（水田農業のみ）として新たに指定された地域では一〇アール当たり五万九千円が措置されることとなったが、実際に自家消費用米分を購入し、保全管理を自己で実施した場合、赤字となるケースがあった。これではとても「賠償」とはいえない。

避難指示区域における生活資産も含めた賠償問題についても同様の問題点が指摘されている。

自然の循環サイクルと里山の役割

では、放射能汚染対策には何が必要か。日本の自然循環の仕組みを考慮した対策を考えなければならない。

一九八六年におきたチェルノブイリ原発事故の影響を受けたベラルーシ共和国やウクライナ共和国と比較して、日本は土壌条件・地形などの自然条件がまったく異なっている。当該地域は、牧草地・畑地を中心とした平坦な地形、降雨量は少なく、山間地もほとんど存在しない。日本のように四季があり、降雨量も多く、人口密集地域・立体的地形（中山間地域）・水田農業という条件下で起こってしまった原子力災害に対しては新たな対策を模索していく必要がある。

日本の水田農業の特徴は、海洋から水が蒸発し雲となり、降雨が山林を潤し、それが沢水となり里山を通じて棚田水田、平地水田に注ぎ、さらには河川となり市街地を通り、海洋へと注ぐという水の循環サイクルのなかで、有機物、栄養素を補給し続けることで農業という人の営みを可能としてきた点である。今回の放射能汚染の問題は、この自然の循環サイクルのなかに放射性物質が混入してしまったということである。そのため、農地の表土を剝ぐといった物理的な除染だけでは、汚染問題を根絶できない。

水田のセシウムの土壌汚染度と、その水田で生産される玄米に含まれるセシウム含有量には相関関係が見いだせないという報告が農林水産省から出されている（『放射性セシウム濃度の高い米が発生する要因とその対策について——要因解析調査と試験栽培等の結果の取りまとめ』二〇一三年一月）。玄米には土壌から移行する放射性物質もあるが、それに加えて、山林から容脱し用水などを通じて付加される水溶性セシウムや、圃場の有機物が分解されることで付加されるセシウムなど、作物に放射性物質が移行するプロセスは複数あることが解明されつつある。

流域全体の除染、もしくは圃場への放射性物質の移入を食い止める対応が必要であり、部分的な除染のみでは、十分な対策とはならないのである。用水や有機物からの二次的なセシウム付加をコントロールする可能性を考えるうえで、里山の存在は重要な鍵となる。里山は、自然界と人間界をつなぐ結節点である。それは自然の循環サイクルにおいて、自然物質が農業という人の営みに接合する場として機能している。この循環のなかに放射性物質が混入しているという問題に対して、里山の管理を放棄することは放射性物質のコントロールを放棄することと同義である。

現在、福島県の中山間地域における里山周辺は空間線量が高く、外部被曝の問題から人の手が入らずに荒廃が進んでいる。落ち葉や枝葉の管理が行き届かず、このような有機物に放射性物質が固定されている。しかし有機物はやがて腐敗し、放射性物質を放出する。それが数年後に水田に流入する可能性もある。また、地下水への浸透も地形的条件によっては早期に生じる可能性もある。

現在おこなわれている天地返しや表土剝ぎなどの除染、カリウムの施肥による吸収抑制対策だけでは根源的な問題解決につながらない。除染以外のアプローチも複合的に取り入れながら、福島の農業の再生を図っていくことが必要である。自然と人間を結びつける里山の機能と役割を再認識することから始めなければならない。

山林に関しては、いくつかの研究機関が放射性物質の吸着形態を調査し、樹木の表面や落ち葉に多くが残存していることを突き止めた。木材に関しては、どの部位に多く吸着しているのか、山林全体の汚染度合いと合わせて分析し、その結果をもとに利用可能性を追求していくことが必要である。直近の問題としては、採取農産物のきのこや栽培用の原木、あるいは自家用に供される薪とその残灰の処理であろう。チェルノブイリ原発事故後のベラルーシ共和国では、採取協同組合を新設し、採取作物を専門的に調査・検査する機関を設けて対応している。林業に関しても、森林の汚染マップというべき基礎資料をもとに利用の可否を認証している。日本においても山林の放射能汚染調査を早急に進め、山林における汚染マップをもとに体系立てた対策がほしい。

自然循環における農業と放射能

筆者は福島第一原子力発電所事故後、「福島大学うつくしまふくしま未来支援センター」を中心に関係研究機関と連携しながら原子力災害の損害構造の解明、食料・農業生産の再生に向けての試験研究を実施してきた（二〇一一年五月―）。①農地放射性物質分布マップの作成、②作付制限地域における試験栽培の実施と作物への放射性セシウム移行メカニズムの解明、③吸収抑制対策の効果の検証、を組織的に推進してきた。放射能汚染地域における食と農の再生には、自然の物質循環サイクルにおける放射性物質の挙動の分析と農地・営農環境・作付作物ごとの移行メカニズムの解明が必要である。そのうえで作物ごとのリスク評価、リスクレベルに合わせた吸収抑制対策の実施と検査態勢を設計し、それを認証する仕組みが求められている。[9]

現在、課題となっている食品と放射能に関する「風評」被害問題は、一方的に安心してくださいと情報を押し付けることではなく、消費者が安心できる「理由」と安全を担保する「根拠」を提示することでしか解決できない。安全の根拠は、①営農環境における放射能汚染実態、②植物体への移行メカニズムの解明とそれに合わせた吸収抑制対策の実施状況、③リスクに応じた検査体制の確立と認証制度をもとに構築するべきであろう。

二〇一二年度の作付制限地域における試験栽培では、農産物への放射性セシウム吸収のメカニズムの解明、土壌分析と施肥設計によるセシウム低減資材の検証、移行しやすい水田環境の特定（里山、沢、地質など）がおこなわれ、現在も検証過程にある。

つまり、農地ごとに、放射性物質による汚染状況や土壌の特性が判明すれば、そこで生産される農産物に応じた放射性物質の吸引材の活用法等を確立できるのである。この実施のためには、各農地の放射性物質分布マップの作成が必要となる。営農環境ごとのリスクの相違に基づく検査体制の構築と国レベルでの認証システムの設計が求められ、そのためには放射能汚染と物質循環に関する研究成果の統合が必須である。現在、農地ごとの土壌分析と作物への放射性物質移行メカニズムの解明や吸収抑制対策の実験等の個々の研究成果は各々が発表するという場合が多い。既存の研究成果を統合し、被災地で効果的に運用する仕組みづくりを急ぐ。

1　河北新報福島県内版「阿武隈の山並み　養蚕王国は今（9）」一九九〇年八月二〇日
2　山川充夫「高度成長期における東北地方の電源・製造業立地政策」（政治経済学・経済史学会春季総合研究、二〇一三年六月二九日）
3　真木実彦「福島県産業構造の変化と問題点」（山田舜編『福島県の産業と経済』日本経済評論社、一九八〇年）八九―一〇八頁
4　北村洋基「電源開発と福島県」（山田舜編『福島県の産業と経済』日本経済評論社　一九八〇年）、一〇九―一二八頁
5　山川充夫「原子力発電所の立地と地域経済」（『地理』第三二巻第五号、一九八七年）
6　山川充夫「地域経済とポスト電源開発――福島県双葉地区の場合」（日本科学者会議編『地球環境問題と原子力』リベルタ出版、一九九一年）
7　小田清「原発立地と地方財政の影響について（1）」（『開発論集』第三〇号、北海学園大学開発研究所、一九八一年）
8　文部科学省・米国DOA放射線空間線量航空モニタリング調査より。
9　日本学術会議「原子力災害に伴う食と農の「風評」問題対策としての検査態勢の体系化に関する緊急提言」二〇一三年九月六日

第二章　地域主体で食と農の再生を

1　原子力災害からの復興過程

原発事故、原子力災害、放射能汚染の問題は、そもそも「想定外」で、定義も曖昧で、大規模な事故に対応する法律や制度が用意されていなかった。そのため、事故後に生じたさまざまな事象に対症療法的に対応することで凌いできた感が否めない。それに翻弄されたのは被災地であり、結果として、ふりかかる課題に地域が自力で取り組まざるをえないことが多かった。

問題は事故から四年が経過した現在、被災地福島県の取り組みが全国的にも国際的にもほとんど知られていないという事実である。筆者自身もこの四年間、学生の避難と大学再開問題、放射能汚染の実態調査、放射能検査体制と食の安全性の確保、農地の汚染マップの作成、作付制限地域における米の試験栽培と吸収抑制対策、風評問題、帰村と営農再開など、多岐にわたる課題に対応してきた。ふりかえると、これまでの過程は五つの段階を経てきたと思われる（**表1**）。

第一段階：原発事故と避難・防護

原発事故直後は、放射能汚染から身を守るために初期段階の避難が必要であった（予防原則）。しかし、

表1　福島原子力災害からの復興過程

		1年目	2年目	3年目	4年目	5年目以降
第1段階	原発事故と避難・防護	━━━	━━━	━━━	━━━	━━▶
第2段階	放射能測定と汚染対策	━━	━━━	━━━	━━━	━━▶
第3段階	損害調査と賠償		━━━	━━━	━━━	━━▶
第4段階	食の安全性の確保と風評被害対策		━	━━━	━━━	━━▶
第5段階	営農再開・帰村と復興			━━	━━━	━━▶

SPEEDI（緊急時迅速放射能影響予測ネットワークシステム）は公開されず、放射能の拡散状況も不確かなまま避難指示区域の指定がなされた。こうしたなかで、避難指示区域以外でも自主的な避難やそれを支援する取り組みがおこなわれた。

　原発事故の当初、同心円状の避難区域の指定がなされたが[1]、避難の指示や実際の誘導が自治体に任されたため、双葉郡八町村のなかで対応差が生じた。このことは、避難範囲が随時拡大するにつれて避難所を複数回移動したり、避難先がバラバラになったりした原因となった。

　村を挙げて避難を指示した葛尾村（住民約一六〇〇人）では、近郊の三春町の仮設住宅に住民の大半が避難することができた。一方で原発周辺の自治体では、住民が自己判断で避難先を探さざるをえなかった結果、分散して避難生活を送ることとなった。また新たに避難指示区域に追加された自治体（飯舘村）や特定避難勧奨地点となった地域では、初期避難の遅れがのちの避難生活の不安につながった。

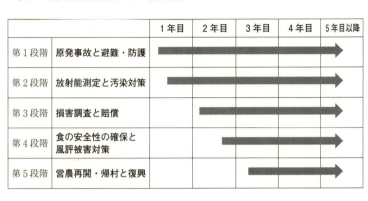

第二段階：放射能測定と汚染対策

原発事故により、放射性物質が広範囲に拡散した場合、本来ならば、まずは放射能飛散状況を確認し、どの地域にどの程度放射性物質が降下したのかを把握しなければならない。初期避難のためには、航空モニタリング調査などで空間線量率（一時間当たりのマイクロシーベルト）の早期の把握が必要である。次に、平方メートル当たりのベクレルなど地表に降った放射性物質の量を把握することにより、詳細な避難計画の策定や除染の判断をおこなう。被曝による人体への影響が大きいガンマ核種であるセシウム以外にも、ベータ核種であるストロンチウムなどの測定も必要である。

本来、避難計画はこのような放射性物質拡散状況をもとに設計しなければならない。しかし、今回は事故の原因が分からないなかで安全宣言を出したり、放射能汚染状況を把握せずに、原発からの距離や市町村の境をもとに避難計画を作成したりしたため、さまざまな混乱が生じたのである。

そのうえで、土壌中の放射性物質の含有量をBq／kg（キログラム当たりベクレル）の単位で測定するべきである。たとえば土壌一キログラム中に一千ベクレルのセシウムが存在し、そこで生産される作物からキログラム当たり一〇ベクレルが検出されたとすると、移行率一パーセントということになる。試験結果から移行係数が判明している農作物の場合、どの程度の土壌汚染レベルであれば栽培可能かを作物の移行特性から逆算することもできる。

チェルノブイリ事故後のウクライナやベラルーシではこのような数値を利用し、基準値以下の農産物の生産を可能としている。[2]

福島県内の自治体、農協、生協、住民組織も、独自の土壌測定とマップ化事業を実施することで、汚染実態の可視化、除染・吸収抑制対策の効果的な実施を目指してきたのである。

第三段階：損害調査と賠償

損害調査と賠償とは、原子力災害による損害状況を調査しそれに基づく賠償方式を構築することである。現在の賠償方式は政府の示した賠償指針に基づき「原子力災害対策特別措置法」の下、事故当事者の東京電力が個別に賠償（廃業補償も含む）をおこなうという枠組みである。裁判以外にもADR（裁判外紛争解決手続）という手段が用意されている。しかし、この考え方では、まず賠償の枠組みがあり、その枠組みの下で損害を認定せざるをえない。つまり、賠償範囲外の損害は無視されてしまう。この枠組みの下ではそもそも原発事故により何が毀損されたのか、原子力災害の現状を把握することができないのである。

二〇一四年一一月に福島県中通りの稲作農家たちが、農地の土壌中放射性セシウムを事故前の濃度以下まで減らす原状回復の裁判を起こした。すでに土壌汚染の原状回復費用などをADRによって東電に求めてきたが、請求が認められなかった。原発事故後、避難にともなう精神的賠償や検査費用の一部負担、風評による価格下落分の補塡などは実施されてきたが、そもそも放射性物質の拡散により、土地がどの程度汚染されたのか根本的な対策がとられていない。汚染された土地の原状回復を願うのは当然のことである。

しかし、今回の裁判の範囲では、数戸の農家の農地の原状回復に三〇億円規模の賠償が必要であることが示された。これを汚染地域全体に適用すると膨大な額になる。そのためか、原発事故後の放射能汚染問題では、風評対策、健康調査、復興事業などはあるものの、放射能汚染の現状把握、損害規模調査は積極的におこなわれていない。事故対応の基本は、被害状況を調査し、損害規模を把握したうえで、復旧可能かどうか、無理ならばどのような復興過程が描けるのかを現状分析をもとに考える必要があるが、原子力災害ではこのようなプロセスがとられていないのである。

また、作付制限や単年度の価格下落分（三種の損害のうちフローの損害）については、福島県農協中央会が事務局を務める「東京電力原発事故農畜産物損害賠償対策福島県協議会」が東電に賠償請求することで補償されている。農地などストックの損害については、一部補償が実施されている。しかし、社会関係資本の損害については、いまだ損害状況を把握することもできていないのである。

第四段階：食の安全性の確保と風評被害対策

風評対策は、検査体制の体系化にともない食の安全性の確保ができてはじめて可能となる。しかし、事故当初、国のモニタリング検査は一市町村一検体というように、きわめて粗い検査体制であったため、基準値超えのものが相次いで検出され、国民の信頼を損ねる結果となった。

一方で、「食べて応援」をスローガンに風評対策イベントに予算措置がなされるという矛盾した政策が打ち出され、現地は困惑した。「食べて応援」は、検査体制が確立した結果、食品中の放射性物質が基準値を大幅に下回ることが確認されてはじめて可能な取り組みである。

福島県ではこの間、自治体、地域の生協、農協、直売所などが広範に自主検査や陰膳《かげぜん》調査などを実施した。二〇一四年現在、福島県の安全検査体制は、汚染状況が不明のまま安全宣言を出した二〇一一年の原発事故初年度とくらべ、相当高度になっている。

しかし、初年度のイメージが強すぎて、「ウソかもしれない」「信用できない」という状況が買い控えを生み出している。現在、検査をしている主体からすれば、これだけ検査して野菜からも放射性セシウムが検出されないのに誰も買ってくれないのは「風評だ」となる。しかし、これは信頼の問題なので、「風評」という用語では適切に現象を説明できない。

この問題に関しては、事故当時の政策が失敗だったことを認めることからスタートするしかない。表明しにくいことではあるが「一年目の政策は不備があった」と総括して、そのうえで「全袋検査もしているので、あらためて信頼を獲得したい」と検査体制の変化を説明し、どこまで安全性を確認できるのかについて消費者と話し合う必要がある。

第五段階：営農再開・帰村と復興

これらの段階を踏まえてはじめて第五段階「営農再開・帰村と復興」が可能となる。段階的な避難指示区域再編にともない、避難地域では汚染度の低い地域から段階的に帰村が始まっている（**図1**）。①避難指示解除準備区域は年当たり二〇ミリシーベルト以下、空間線量率が時間当たり三・八マイクロシーベルト以下であり、早期帰還が可能な地域である。楢葉町、南相馬市、葛尾《かつらお》村の一部がこれにあたる。②居住制限区域は年当たり二〇―五〇ミリシーベルト、空間線量率が時間当たり三・八―九・五マイクロシーベルトの地域であり、日中に立ち入りが可能である。飯舘村、富岡町の一部がこれにあたる。③帰還困難区域は年当たり五〇ミリシーベルト超、空間線量率が時間当たり九・五マイクロシーベルト超であり、長期間の避難継続が余儀なくされる。原発立地町村である双葉町、大熊町と浪江町の一部などがこれに当たる。

二〇一二年四月に最初に帰村宣言を出した川内村では、村人口二七五八人のうち一五四三人（五五・九パーセント、二〇一四年一〇月一日）が帰村した。帰村宣言から二年をかけて徐々に帰村者が増えている。しかし、村内生活者のうち、六五歳以上の帰村率は約七割を超える一方、六五歳未満は約三割を下回っており、若年層の帰村が進んでいない。

避難指示区域の指定を解除するに当たっては、①先行して帰村した高齢者が幸せな生活を営んでいるか（医療・福祉、買い物など）、②農村生活の豊かさの象徴である自然の恵み（山菜やきのこなど里山の幸）を享受

図１　双葉地区の避難地域指定

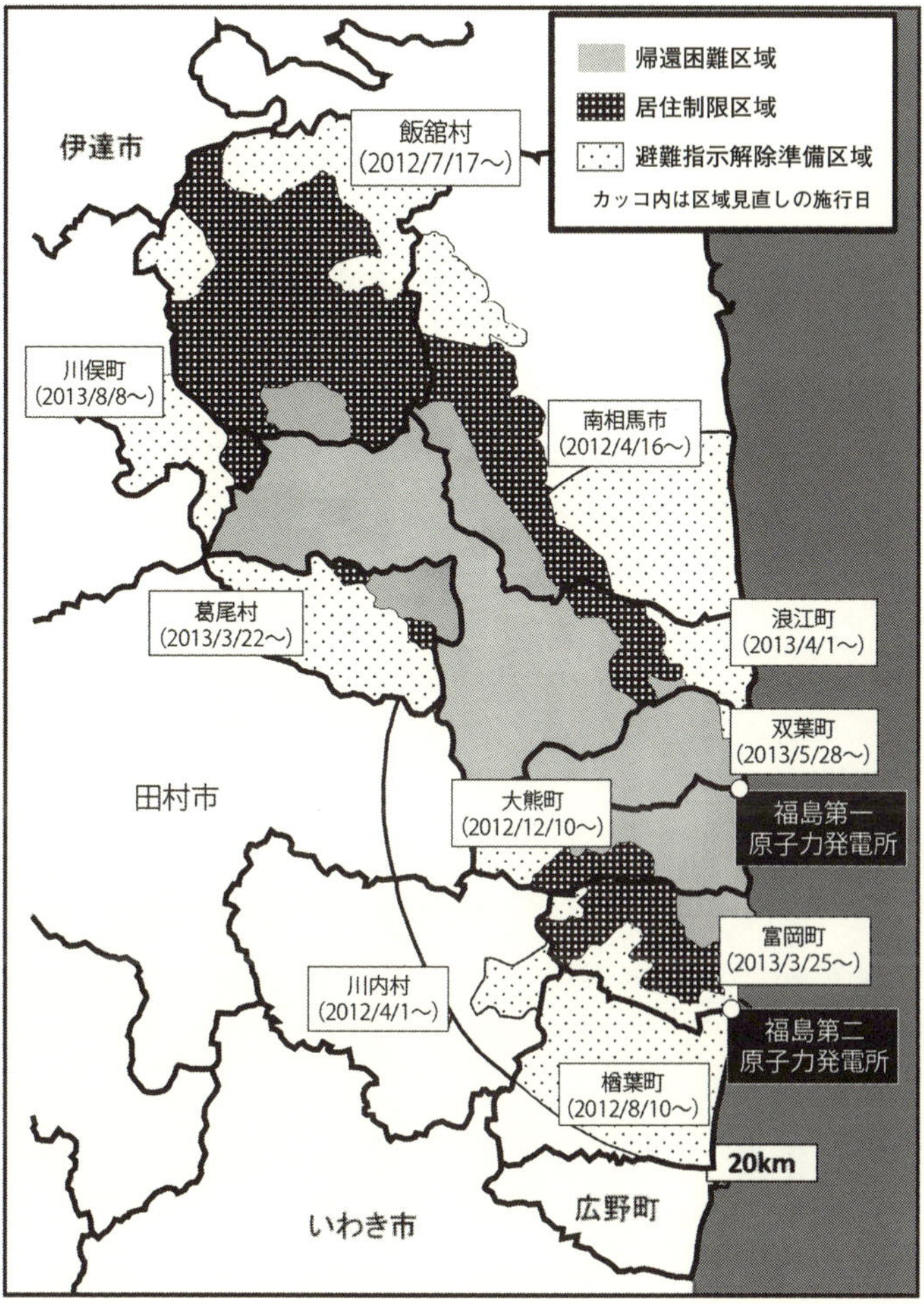

できるか、③自給的であっても畑仕事ができ自家製農産物を食べることができるか、という点が重要となる。そのうえで、④勤労世代の雇用の場の確保、⑤子育て世代の教育環境の整備が必要であり、これらが総合的に達成できなければ復興につながらない。現状では、高齢者は帰村、勤労世代は避難先（仮設住宅や借上げ住宅居住）との二地域居住、子育て世代は避難継続というケースが多い。

つまり住宅の周りだけ除染し居住空間の線量率だけを下げても、それだけでは帰村後の生活は元に戻らない。周辺の山林や里山が利用可能か、農業を再開し自給することが可能かどうかという点が重要なのである。帰村の判断を保留している避難者は先行して帰村した住民の現状を詳しく見ている。農村の生活のサイクルを考慮した復興政策が必要である。この意味において、地産地消における安全性の確保、地域での食と農の再生が復興の鍵となるといえる。

2　放射能汚染と農作物

米の全量全袋検査

福島県では二〇一四年度から、「避難指示区域」（避難指示解除準備区域、居住制限区域の一部）での米の作付け再開を目指す実証栽培が始まった。原発事故後、これまで手を入れることのできなかった農地で作付けを再開するのにともなうリスクの確認が目的である。一度は放射能汚染にさらされた農地も除染後、セシウムの吸収抑制剤が散布され、試験栽培がおこなわれるなど、さまざまな取り組みが続けられてきた。

二〇一二年から「ふくしまの恵み安全・安心推進事業」として、福島県内各産地に全袋検査機器を導入し

表2　福島県米・放射性物質検査情報（玄米）

スクリーニング検査

		測定下限値未満（<25）	25〜50 Bq／kg	51〜75 Bq／kg	76〜100 Bq／kg	計
2012年	検査点数	10,323,432	20,317	1,383	72	10,345,204
	割合	99.78%	0.20%	0.01%	0.00%	99.99%
2013年	検査点数	10,999,101	6,478	224	1	11,005,804
	割合	99.93%	0.06%	0.00%	0.00%	99.99%
2014年	検査点数	10,625,671	1,848	11	0	10,627,530
	割合	99.98%	0.02%	0.00%	0.00%	100.00%

詳細検査

		25未満 Bq／kg	25〜50 Bq／kg	51〜75 Bq／kg	76〜100 Bq／kg	100超 Bq／kg	計
2012年	検査点数	144	40	295	317	71	867
	割合	0.0014%	0.0004%	0.0029%	0.0031%	0.0007%	0.0084%
2013年	検査点数	68	6	269	322	28	693
	割合	0.0006%	0.0001%	0.0024%	0.0029%	0.0003%	0.0063%
2014年	検査点数	22	0	1	0	0	23
	割合	0.0002%	0.0000%	0.0000%	0.0000%	0.0000%	0.0002%

資料：ふくしまの恵み安全対策協議会より
地域：福島県全域（市町村別）
期間（検査日）：2012年８月25日—11月８日、2013年８月22日—12月９日、2014年８月21日—12月18日

た。「全量全袋検査」によって、福島県内のすべての米（約一千万袋・三五万トン）を検査しているが、二〇一三年産米で基準値（キログラム当たり一〇〇ベクレル）を超えた米は全体の〇・〇〇〇三パーセントに過ぎない（**表2**）。しかもそれらはすべて隔離され、市場には流通しない体制である。また全体の九九・九三パーセントは測定下限値（キログラム当たり二五ベクレル）未満であり、基準値を大幅に下回っている。二〇一四年産米では基準値超えはゼロである。

これは二〇一一年・一二年に基準値を超え高い数値を示した地域を作付制限地域にし、全地域に吸収抑制対策を施した結果である。

二〇一三年産米で基準値を超えた玄米二八袋のうち二七袋が、事故後初めて作付けした一部地域（南相馬市太田地区）[3]で生産されたもので、市場には流通していない。

現在、流通している福島県産の米の安全性は、原発事故当初に比べ、あるいは汚染が広がった他地域に比べても、格段に高まったと言ってよい。

検査主体は各地域協議会（主に農協）で、全袋検査機器の費用は一台当たり二千万円程度であり、同事業予算約五〇億円のうち、三〇億円を購入費に充て、二〇一二年一〇月時点で一九三台のスクリーニング検査器が各地域に導入されている。福島県産米三五万トン・約一千万袋を、一分間に三—四袋で処理する。これにより、少なくとも基準値を超える米が流通することは避けられる。

問題は、たとえば検査を待ちきれない農家が全袋検査前に出荷してしまったり、自給用米・縁故米を検査せずに消費してしまったりするようなケースで、さらに、流通・消費地段階の検査で基準値を超えてしまった場合である。仮にこのようなことがあったとしても、原発事故初年度の二〇一一年度のように産地全体の米価が大幅に下落したり、全県的に取引停止が相次いだりすることは避けられる。このように、流通段階における検査体制には原子力災害初年度と異なり一定の前進を見せている。

初年度の失策

その一方で、福島県内の農家には「風評」問題が今も重くのしかかっている。事故から四年が過ぎてなお風評被害が続く原因の一つには、二〇一一年初年度の対応の失策がある。原発事故による汚染地域では、一キログラム当たり五千ベクレルを超える農地での米の作付制限がおこなわれたが、それ以外の地域では作付けが認められた。しかし、実際には制限地域以外でも高い放射能汚染を示した地域があった。その結果、基準値を超える米が検出され、福島県産の作物の安全性は大きく揺らいだ。

二年目以降、作付制限の対象地域を拡大し、全量全袋検査を実施するなどの安全対策が講じられたが、原発事故の報道を繰り返し視聴し、一度であっても基準値を超える米が出た印象は非常に強く、二年目以降の安全対策の情報が消費者には伝わりにくくなっている。

県域を超えた対策がなされていないことも風評被害の原因の一つとなっている。吸収抑制対策を施し、全量全袋検査を実施しているのは、現在でも福島県のみである。その結果、福島県産からは基準値を超える米は検出されなくなった。しかし、福島県以外の地域では、過去に基準値を超えるものが確認されているにもかかわらず体系立てた対策がとられていない。もちろん福島県以外でも自主検査を徹底的に実施している市町村や直売所なども存在するが、問題は検査に体系性があるかどうかなのである。

営農環境における汚染状況の確認や吸収抑制対策等が体系的に実施されていない状況では、汚染地域全体の安全性を保証することができず、他県で基準値を超えるのだから福島県産はもとより汚染されているのではないかと疑念を抱く消費者も存在する。放射能汚染による風評被害には、県域を超えて放射能汚染地域全体を網羅する吸収抑制対策、検査体制が必要なのである。

「汚染マップ」の作成から作付け認証制度へ

日本学術会議では、「風評」問題への対策として、農地一枚ごとの放射性物質や土壌成分などの計測と検査体制の体系化を提言している。[4] 風評被害を防ぐためには、まず消費者が安全を確認できる体制と安心の根拠を担保することが必要である。そのためには、現行の出口対策（全量全袋検査など）にのみ頼るのではなく、生産段階（入口）における対策が必須である。具体的には、放射性物質の分布の詳細マップを作成し、さらに土壌からの放射性物質の農産物への移行に関する研究成果を普及し、有効な吸収抑制対策を実施することであろう。

震災後、チェルノブイリ原発事故で被害を受けたベラルーシとウクライナを視察した際、[5]多くの放射線関係の専門家が語る放射能汚染対策は、農地一枚ずつの汚染マップの作成であった。汚染の実態を明らかにし、生産段階（入口）で放射能汚染を限りなくゼロに近づける対策を講じることが消費者に安心してもらえる方法である。福島県では、生産段階の吸収抑制対策を二〇一二年から推進している。

福島県産農産物から放射性物質が検出されなくなった

二〇一三年・二〇一四年産の福島の農作物からは、放射性物質がほとんど検出されていない。国の基準値（一キログラム当たり一〇〇ベクレル）を超える放射性物質が検出されたのは、山菜など山で採る作物や乾燥食品など、特定の品目に限られている。

検出されない要因は大きく三つある。一つ目は、放射性セシウムは土壌に吸着し、土壌から農作物にほとんど吸収されないという事実である。[6]原発事故当初は、空気中に放出された放射性物質が葉に付着し植物体に吸収された（葉面吸収）ため、基準値を超える農産物が検出された。土壌から植物体に吸収される放射性セシウム濃度の比率を「移行係数」と呼ぶが、園芸作物・野菜類の「移行係数」は、〇・〇〇〇一―〇・〇〇五と、とても小さい値であることも解明されている。[7]

二つ目は、吸収抑制対策や除染の効果である。福島県では二〇一二年度から、土にカリウム肥料を施肥する取り組みを推進している。土壌中のカリウムはセシウムと似た性質を有するため、植物体への吸収過程で競合が起こり、セシウム吸収を抑える効果がある。[8]また果樹では、高圧洗浄機の使用や、樹皮をはぎ取る「除染」対策を施している。

三つ目は、原発事故から三年が経過し、放射性物質が自然に減少してきている点である。今回の原発事故で放出されたセシウム総量の半分を占めるセシウム134は半減期が約二年である。放射線量は、理論的にも、実際の測定値としても、二〇一一年の四分の三以下まで減少している。

表3は、福島県における農林水産物の緊急時環境放射線モニタリング実施状況を示している。全体傾向として、基準値超過の農産物は減少傾向にある。二〇一三年段階では、水産物、山菜・きのこといった採取性の産物から基準値超過の検体が出ているが、営農時点で吸収抑制対策をとるなどのコントロール可能な農産物に関しては、沈静化傾向にあることが分かる。

福島県は岩手県に次いで全国で二番目に面積の大きな県である。このような地域条件のなか、放射能汚染対策に関して、生産段階の「入口」対策に加えて、県内全域で出荷時の「出口」対策をおこなっている。具体的な「出口」対策は、米に対する全量全袋検査である。特産物の「あんぽ柿」も出荷するものはすべて検査をしている。野菜は、一部を抽出するサンプル調査であるが、一農家一品目というサンプル抽出を基本に、膨大な量を検査している。この窓口は地域の農協と自治体、あるいは両者の協議会である。自治体農政の必要性[9]が指摘されるなかで、放射能汚染問題という新たな課題に対して福島県では、自治体における農業政策推進の新しい体制が動き出そうとしている。

世界一安心でおいしいものを生産する県というヴィジョン

ここで強調したいのは、生産者や産地が自主的に検査や汚染対策などの対策をとり続けているという事実である。農家も漁師も自ら生産するもの以外は商品を購入している「消費者」である。またその子どもや孫などの家族も消費財を購入して生活している。この意味でも「一番安全なものを届けたい」という強い思いは他の消費者と変わらない。その思いから自ら動いて対策をとり続けているのである。

	食品群	検査件数													基準値超
		4月	5月	6月	7月	8月	9月	10月	11月	12月	1月	2月	3月	合計	
2014年度	野菜・果実	236	584	950	1,081	636	560	847	520					5,414	0
	原乳	32	32	40	32	32	40	32	32					272	0
	肉類	396	321	389	367	351	345	364	534					3,067	0
	鶏卵	11	11	11	12	12	12	12	12					93	0
	山菜・きのこ	172	436	164	39	40	228	243	74					1,396	80
	水産物	883	980	832	1,012	739	763	884	708					6,801	214
	牧草・飼料作物	0	151	475	249	130	176	166	106					1,453	19
	玄米	0	0	0	0	0	0	0	0					0	28
	他穀類	2	1	1	48	76	117	276	582					1,103	39
	その他	0	1	36	1	0	8	17	3					66	0
	合　計	1,732	2,517	2,898	2,841	2,016	2,249	2,841	2,571					19,665	380

資料：福島県農林水産部資料

※玄米と原乳は、食品衛生法の経過措置により、2012年９月30日までは、暫定規制値500Bq/kg（セシウム134、セシウム137の合算値）が適用される

※2012年４月１日から９月30日までに100Bq/kgを超過し、500Bq/kg以下であった件数は２件

※他穀類は、食品衛生法の経過措置により、2012年12月31日までは、暫定規制値500Bq/kg（セシウム134、セシウム137の合算値）が適用される

※2012年４月１日から12月30日までに100Bq/kgを超過し、500Bq/kg以下であった件数は15件

※海藻の取扱い：2011年度の検査結果では野菜として集計したが、2012年度は品目別試料採取基準に従い水産物として集計した

※食品衛生法における食品の基準値（セシウム134、セシウム137の合算値）は、一般食品100Bq/kg、牛乳50Bq/kg

表 3　農林水産物の緊急時環境放射線モニタリング実施状況

	食品群	検査件数														基準値超
		3月	4月	5月	6月	7月	8月	9月	10月	11月	12月	1月	2月	3月	合計	
2011年度	野菜・果実	115	376	404	608	720	730	733	1,008	708	294	110	135	180	6,121	145
	原乳	121	46	63	46	40	50	40	45	45	40	50	40	40	666	15
	肉類	14	23	17	18	65	77	712	763	666	656	510	723	757	5,001	0
	鶏卵	7	20	1	11	11	11	11	11	22	22	33	31	30	221	0
	山菜・きのこ	21	103	214	92	55	81	197	220	25	42	10	9	14	1,083	127
	水産物	2	18	80	221	248	282	338	420	495	237	186	581	449	3,557	227
	牧草・飼料作物	0	7	63	36	172	58	129	220	8	3	0	76	163	935	162
	玄米	0	0	0	0	0	44	1,073	607	0	0	0	0	0	1,724	0
	他穀類	0	0	0	0	43	60	97	195	192	22	0	1	0	610	3
	その他	0	0	1	1	23	4	9	11	4	0	0	0	0	53	2
	合　計	280	593	843	1,033	1,377	1,397	3,339	3,500	2,165	1,316	899	1,596	1,633	19,971	681
2012年度	野菜・果実		692	736	1,006	1,149	945	691	867	673	220	131	96	65	7,271	7
	原乳		40	45	36	36	45	32	40	32	32	39	32	32	441	0
	肉類		573	546	556	492	498	561	470	540	571	447	440	616	6,310	0
	鶏卵		12	12	12	12	12	12	12	12	12	12	12	12	144	0
	山菜・きのこ		132	310	55	38	31	97	295	123	16	14	21	48	1,180	90
	水産物		504	560	559	556	626	516	524	629	588	564	617	673	6,916	879
	牧草・飼料作物		0	103	347	102	196	249	422	251	37	5	0	0	1,712	48
	玄米		0	0	0	0	1,880	5,586	22,715	3,970	1,158	0	0	0	35,309	71
	他穀類		0	0	0	45	97	73	572	644	645	80	11	12	2,179	10
	その他		0	0	36	6	0	2	18	5	1	1	0	0	69	1
	合　計		1,953	2,312	2,607	2,436	4,330	7,819	25,935	6,879	3,280	1,293	1,229	1,458	61,531	1,106
2013年度	野菜・果実		272	443	871	983	781	693	822	432	297	104	36	72	5,806	0
	原乳		32	40	32	40	31	39	32	32	32	31	24	40	405	0
	肉類		455	488	406	470	438	376	397	557	321	332	310	338	4,888	0
	鶏卵		11	11	11	12	11	11	11	11	11	11	11	11	133	0
	山菜・きのこ		142	437	151	42	25	163	274	128	33	12	25	25	1,457	80
	水産物		642	777	684	852	593	703	835	708	636	622	624	843	8,519	214
	牧草・飼料作物		2	202	684	603	152	209	285	150	78	21	1	0	2,387	19
	玄米		0	0	0	0	0	0	406	23	199	0	1	0	629	28
	他穀類		0	0	360	209	679	112	371	483	811	645	532	281	4,483	39
	その他		0	5	30	3	0	4	10	9	1	1	0	0	63	0
	合　計		1,556	2,403	3,229	3,214	2,710	2,310	3,443	2,533	2,419	1,779	1,564	1,610	28,770	380

伊達市霊山町《りょうぜんまち》小国《おぐに》地区では、住民組織をつくって自分たちで放射線量分布マップを作成し、暮らしと営農の再開にむけての基礎データとしている。[10] 二本松市の旧東和町では、農家やNPO法人が土や作物を検査することで、地域の有機農業や直売所の継続に努めている。[11]「ふくしま土壌クラブ」[12] では、若手果樹生産者を中心に土壌の測定を実施し、除染、安全検査、情報の共有と消費者への提供を進めることで、新たな販路の拡大を目指している。生産現場は、放射性セシウムを含まない安全な農産物の生産を目指している。

元来、福島県は生産力の高い豊かな農業地帯であり、生産量全国一〇位以内の農作物が複数ある総合産地という強みを有していた。福島県は、実直に放射能汚染対策を進めるなかで、多品目の農水産物を生産しているトータルなブランド性、安全性、高品質性を武器に新たな市場を開拓していくための基礎づくりをしているといえる。

福島県では、生産から流通・消費まで、放射能検査リスクを統一的に管理するための対策をとっている。それは放射能汚染対策にとどまらず、農薬などのリスクを含めた管理体制づくり、さらには農産物の食味を向上させる取り組みにまで広がる可能性がある。「おいしくて安全なものを統一的につくろう」という機運が高まりつつある。

これまで、福島県の農家の誰が、どんな汚染対策を施したかを把握することは困難であったが、米では、全量全袋検査という全販売農家が参加したデータベースが整備されている。これを活用すれば、将来的には、放射能汚染対策を超えて、世界一の管理体制のもと安全でおいしいものを生産している県であることを打ち出していくことも可能となる。

原発事故直後から、福島では地域住民や農業者を主体とする地域再生に向けた先進的な取り組みが実施されてきた。汚染や土壌成分のマップが整備されれば、将来的に、その農地に合った農作物をつくる希望も生まれる。こうした地域の取り組みを後押しするための法律制定など、インフラ整備に行政は取り組むべきである。

3 「風評」問題

なぜ「風評」が続くか

福島県は津波・地震による被害に加えて、原子力災害とその延長上にある「風評」問題にさらされ続けている。「風評」問題は収束するどころか、ある面では拡大すらしている。

農産物に関する「風評」問題とは、当該農産物が実際には安全であるにもかかわらず、消費者が安全ではないという噂を信じて不買行動をとることによって、被災地の生産者（農家）に不利益をもたらすことを意味している。とくに原発事故にともなう原子力災害において、「風評」問題という用語を安易に用いることは、放射能汚染を「生産者」対「消費者」の問題に矮小化することにつながるので、不適切である。必ずしも客観的根拠に基づいたわけではない「安全ではない」という噂によって農産物購入の選択肢を狭められる消費者も、「風評」問題の被害者であるからである。原子力災害においては、生産者や消費者など放射能汚染対策の不備に翻弄される関係者すべてが、「風評」問題の被害者なのである。

食品の放射能安全検査体制への消費者の不安は、内部被曝の影響が解明されていない点、基準値自体の評価や見解が分かれる点、検査がサンプル調査による点などがもとになっている。サンプル調査では、消費者が直接手にする個別の農産物にどれだけの放射性物質が含有されているのかはわからない。そのためこれまでの検査体制では消費者と生産者の不安を根本から拭い去ることができなかった。

突然の放射能汚染によって営農計画を例年どおり遂行することを許されない生産者は、原子力災害の完全な被害者である。また「風評」問題対策の不作為により、農産物出荷を断念せざるをえなかった生産者のみならず、農産物購入の選択肢を狭められた消費者も被害者である。

「風評」問題がなお続く主たる要因は、影響評価をおこなう前提になる基準が明確でないこと、現行の基準値により個別の評価や判断をおこなうための調査精度の水準の評価が分かれることにある。農産物に関する「風評」問題を克服するためには、食品を通じての追加的内部被曝を避ける仕組みを確立することが必要である。原子力災害後、四年が経過している今でも、各農地の放射性物質含有量の測定に基づく詳細な放射性物質分布マップを国はいまだに作成していないのである。

実際に安全であることが確実であって、食品中の放射性物質の基準値を超える農産物が流通しないことが前提であり、そのうえで「噂」を信じて不安になり、不買行動をとる場合に、はじめて風評被害となるのである。しかし、現段階の消費者行動がこの定義に当てはまるかというと、そうとは言えない。

「風評」と消費者行動

消費者庁消費者安全課「食品と放射能に関する消費者理解増進チーム」による『風評被害に関する消費者意識の実態調査――食品中の放射性物質等に関する意識調査（第四回）結果（二〇一四年八月）』によると、「食品中の放射性物質の検査の情報について、知っていることを教えてください（複数回答、N＝五一七六）」という質問において、食品中の放射性物質の検査情報について、「基準値を超えた食品が確認された市町村では、他の同一品目の食品が出荷・流通・消費されないようにしていることを知っている」が、五四・一パーセントであった。

また、「検査は厚生労働省のガイドラインに従い、地方自治体が作成した検査計画により行われていることを知っている」が一六・八パーセントである一方、「検査が行われていることを知らない」が二五・九パーセントであった。厚生労働省が検査結果を公表していることを知っている人は一四・二パーセントに過ぎなかった。つまり、三年半以上経過しても、検査方法や結果を認知している消費者は全体の二割弱であり、検査をしていること自体を知らない消費者が二五・九パーセントも存在しているのである。

以上を踏まえ、消費者行動を四つのタイプに仮説的に類型化してみる。これは、安全性の認識の相違を示している（**表4**）。

タイプAはゼロリスク追求型であり、食品に放射性物質が含まれる可能性のみで反応する層である。原発事故が起こった地域、具体的には福島県という地域名だけで、検査の有無、精度、結果にかかわらず、購買・消費に懸念を示す。

タイプBは基準値認識型である。現行の一キログラム当たり一〇〇ベクレルという食品中放射性物質の基準に基づき、これなら安心、あるいは基準値が高すぎるから不安といったように、基準値の高低によって反応が変化する層である。

一般食品では、一キログラム当たり米国の一二〇〇ベクレルやEUの一二五〇ベクレルよりも低いならば安全と考える消費者もいれば、ベラルーシの四〇ベクレル、ウクライナの六〇ベクレル（ともにジャガイモ）よりも高いから危険と考える消費者もいる（二〇頁の**表1**、および次頁の**表5**参照）。ベラルーシやウクライナなどの原発事故の被害地域では、食品ごとに基準値を変えている。年間摂取量の多い食品は低く、摂取量が少ないものや摂食時に水で戻す乾燥食品は高い。これは、その国の食生活に合わせて年間総量としての被

表４　風評被害の形態

消費者行動の四類型／安全性の認識の相違
A：ゼロリスク 放射性物質が含まれる可能性のみで反応
B：基準値の認識 100Bq/kg の基準に反応。基準によって反応が変化
C：検査体制の問題 出荷前・流通段階・サンプルという検査体制自体に反応 検査機関自体への疑問、信頼の欠如
D：気にしないで購入。応援のため購入

表５　ベラルーシとウクライナにおける食品中のセシウム137最大許容値の推移

単位：Bq/kg

	ベラルーシ					ウクライナ
種類＼制定年次	1986年	1988年	1992年	1996年	1999年〜	1997年〜
水	370	18.5	18.5	18.5	10	2
ジャガイモ	-	740	185	74	40	60
パン	-	370	370	100	60	20
野菜	3,700	740	185	100	40	40
果物	3,700	740	185	100	70	70
牛乳	370	370	111	111	100	100
バター	7,400	1,110	185	-	100	100
チーズ	3,700	370	-	-	50	100
牛肉	3,700	2,960	600	600	500	200
鳥肉・豚肉	7,400	1,850	185	185	40	200
きのこ（生）	-	-	370	370	370	500
きのこ（乾燥）	-	11,100	3,700	3,700	2,500	2,500
ベリー類	-	740	185	185	185	500
幼児食品	-	1,850	-	-	37	40

資料：ベラルーシ共和国緊急事態省資料より。長谷川浩『ベラルーシ視察報告』2012年より引用

曝量を下げることを企図した基準値の設定である。また、ベラルーシでは事故後の経過にともない、基準値を段階的に下げている。つまり、国内に汚染源を抱えている国と、主に輸入時の制限を目的とした国（米国・EU）では対策が異なる。日本でも、食品中の放射性物質に関する基準はチェルノブイリ原発事故の経験を参考に、段階的、品目別の対策をとってほしいと望む声が存在している。

タイプCは検査体制認識型である。生産段階検査か出荷前検査、流通段階か、あるいはサンプル検査か全量全袋検査かといった検査体制次第で購買行動を変化させる層である。この層では検査機関自体への疑問、信頼の欠如も問題になってくる。

タイプDは無意識・応援型である。放射性物質について、気にしないで購入したり、より積極的に応援のために購入したりする層である。

先述した消費者庁調査によると、「あなたは、放射線による健康影響が確認できないほど小さな低線量のリスクをどう受け止めますか」（単数回答、N＝五一七六）という質問において、「現在の検査体制の下で流通している食品であれば受け入れられる」が三四・六パーセント、「十分な情報がないためリスクを考えられない」が二三・七パーセント、「放射性物質以外の要因でもがんは発生するのだから、殊更気にしない」が一八・九パーセントであった。これを上記の四類型に当てはめると、タイプDに分類される層が一八・九パーセント、タイプCのうち検査結果を前向きにとらえる層は三四・六パーセントいると考えられる。また同じタイプCのうちリスク判断のための情報不足を指摘する人が二三・七パーセントいると考えられる。

詳細な調査分析結果がないので仮説的にしか言えないが、タイプAやタイプBは数・割合は少なく、多くの消費者はタイプCの検査体制認識型に含まれる。しかし、検査情報を受ける機会の差や検査結果の受けとめ方の相違によって、行動様式が異なっている。

上記の四類型のなかで、多くの消費者はタイプCの検査体制認識型だと推計され、そのなかでも検査情報の不足、検査内容（精度、認証制度、情報公開機関の信頼性）により判断が難しくなっている現状がうかがえる。つまり、「風評」対策には、放射能に関して情緒的な安心を唱えたり、応援キャンペーンの宣伝をおこなったりしても効果は薄く、検査体制をめぐる情報を求めている消費者に正確な情報を発信することとあわせて、消費者が求めている真に安全性が確保できる検査体制を構築することが必要なのである。

農産物価格の低下問題

第一章表9（六〇頁）で見たとおり、福島県産の桃や牛肉の価格が震災前より低下しており、全国動向に比べ、福島県産の価格低下が大きく、検査体制が高度化した二〇一二年以降もその傾向がみられることが問題である。

風評被害対策は重要な課題であり、福島県の安全検査体制の説明や検査情報の提供、広告宣伝活動、消費者との交流事業など多方面に及ぶ対策を施している状況である。

いわゆる「風評」ではなく、取引慣行による問題も指摘されている。[13] たとえば福島産米のシェアが高かった沖縄県では、原発事故直後、販売店がいったん品ぞろえを他道県産米に置き換えた。すると翌年、福島産米の全袋検査が始まり安全性が高まったにもかかわらず、米販売の棚に福島産を戻しにくくなったという事例がある。

こうした場合、福島の生産者側は、あらためて市場を開拓する必要に迫られる。その際の新たな「売り」とは何かを考えざるをえない状況になっているのである。この点で、福島県の農家や農協の自主的な取り組みは将来の可能性につながるものにもなる。

真の「安全性」を確認できる根本的対策を

現行の国の「風評」問題への対策はリスクコミュニケーションを基本としている[14]。これは消費者が実際に売られている農産物を買うか買わないかを判断ために必要な「安心」情報を提供するというものである。しかし、これには以下のような構造的な問題がある。

第一の問題は、米以外の農産物の検査はあくまでもサンプル検査である点である。サンプル検査における代表性を高め、検査の精度を高めるためには、農地の汚染状況の把握、および農産物ごとの移行率を体系的にまとめ、これに基づく検査体制を構築することが必要である。個別にリスクコミュニケーションをおこなっても、検査体制全体の精度と体系性に不安があれば、流通業者は特定産地からの買い付けを避ける傾向にあることが知られている[15]。

第二に、地産地消が福島県で十分には受け入れられていない状況下で、農作物を県外に移出するという矛盾である。福島県内では生産者や住民（消費者）が県産農産物を食べないとか、福島県の学校給食では県産農産物を使用していないといった状況がいまだ存在するにもかかわらず、福島県産農産物を首都圏等の被災地以外の学校給食に卸売りしたり、あるいはスーパー等に販売したりしたいと思っても、福島県外の住民（消費者、保護者）の理解を得ることは難しい。まずは現地で地産地消が浸透し、真の「安全性」が確認できるような検査体制を構築することが重要である。

第三は、品目ごとに違うはずの基準値と検査方法が同一であることに対する不安である。土壌の核種別分析が可能な農産物と汚染状況の把握が困難な海産物、全袋検査をしている米とサンプル検査しかしていないきのこ、畑で栽培された農産物と林地等で採取された山菜、米のような年間摂取量が多く日常的に食する農産物と累積摂取量が少なく季節限定の旬の農産物、これらが同一の基準で安全性が決められている。実際の食生活に合わせた基準と、その測定を可能とする検査体制の構築が求められる。

以上を総括すると、「風評」問題対策は、消費者に対して情緒的な安心を求めるものではなく、放射性物質の分布マップの作成、移行率の確認を踏まえた合理的な検査体制の構築といった、生産段階からの根本的対策を講じ、農産物の安全性を消費者が客観的に確認できるようにしなければならない。

放射能汚染問題は福島県に限らない

二〇一二年四月一日から、放射性セシウムの基準値は、暫定規制値であった米など一般食品は一キログラム当たり五〇〇ベクレル（以下、たんにベクレルと表示）から一〇〇ベクレルに引き下げられた。しかし検査体制の再整備の方向性を国が示さないなかでの引き下げであったため、生産地では新基準への対応に追われた。農産物（米を除く）の出荷前検査の見直しに関して、福島県は独自にサンプル数を増やし、徹底した調査をおこなう体制を目指してきた。しかし放射能汚染は福島県外にも広がっているにもかかわらず、国の明確な指針がないため、放射能汚染の測定は地域ごとに異なった検査の精度や体制で実施されている。たとえば、福島県のN.D.（Not Detected：検出限界）はおおむね一〇ベクレル以下であるが、他の地域では採用されている機器や検査体制によってまちまちである。このように基準に統一性のない状況が、消費者の農産物の安全性への不安感を払拭できない原因の一つとなっており、これが「風評」問題につながっている。

放射能汚染問題は福島県に限らないことをあらためて認識することが必要である。県ごとに別々の対策をとっている状況を改めるために、まず法令を整備し、国の一元管理の下で体系立てた検査体制を構築すべきである。この法令では、現在おこなわれている各自治体や各農協が実施している自主検査と、国・県がおこなうモニタリング検査の関係を整理し、役割分担を図る必要がある。たとえば、農地は自治体が、簡易測定器による農産物のスクリーニング検査は農協などの地域の協議会が、出荷の可否を決めるモニタリング検査は県や国がおこなうといった、役割分担を考えるべきである。

役割分担が進めば、現在おこなわれている同じような検体を複数の機関が測定するという重複検査の回避につながるだけでなく、検査機器の有効活用と効率的稼働を実現することができる。国・県・自治体・農協の間での役割分担が明確になり、スクリーニング検査とモニタリング検査との位置づけが適切に整理されれば、業務負担を増大させずに検査精度を向上させることが可能となる。なお、自主検査においては各検査主体によりサンプル数、検査機器、精度が異なっているので、正確な比較検討ができる統一された検査マニュアル作成が急務である。

風評問題とメディア災害

メディアでは、汚染水問題など放射能汚染「問題」は報道されるが、放射能汚染「対策」については、四年が経過した今、ほとんど報道されない状況となっている。また、放射線のリスクと安全性については詳細に説明されるが、検査体制やそれを担保する法令についての説明が十分でないことも問題である。

これに関連して、二〇一四年五月に生じた「美味しんぼ問題」では、濱田武士が指摘したメディア災害[16]の側面が混乱を助長したと考えている。四月二八日、五月一二日発売の小学館『ビッグコミックスピリッツ』に「美味しんぼ」が掲載され、登場人物による「放射線によって鼻血がでる」「福島には住めない」等の発言がクローズアップされた。発売日当日に記者会見がおこなわれ、その後、官邸、自治体、大学までもが遺憾のコメントを発表した。それにより、福島市内の温泉旅館のキャンセル等の実害が発生したという問題である。

しかし、当該の漫画自体を読んで福島は危ないから旅行をやめようと判断した観光客や、この漫画自体の影響で福島県産の農産物の購入を控えた消費者が何人いるのであろうか。多くは、加熱する報道のさなかに、静かに静養したいのに今わざわざ話題となっている福島市に行くことはやめておこうなど、メディア報道を受けての判断だったのではないか。同じ週には国会で集団的自衛権について議論がおこなわれるのに、メディア報道はただの一漫画の表現についての議論に終始した。政府にとっては、体のよいスケープゴートとなったのではないか。今求められているのは、事件性がなく注目度は低いが、放射能汚染への対策を一歩ずつ進めている現地の努力を真摯に報道する姿勢ではないか。

「福島はひどく汚染された」という意見と「大した影響はない」という極端な二つの意見の狭間で、脱原発という政治運動も揺れている。清水修二[17]が指摘しているように「放射能の被害は大きい方が脱原発運動が進む」という、悪意はないにせよある種の論調が形成されている。一方で「原発再稼働、賠償金の節約のために被害は小さい方がいい」という政府方針があり、両者の対立がある。故郷に帰りたい、住みたいと思う被害地域の住民は、このような対立に翻弄され続けているという現実にあらためて思いをはせてほしい。

4　検査体制の体系化

「風評」被害の構造

原発事故が起きた二〇一一年度は農産物の安全性を確認することが困難であった。安全神話に基づく原発政策のもとで原発立地地域にも検査機関が少なく、汚染度も測定できず、わずかなサンプル数によるモニタリング調査のみで、「安心してください。福島を応援してください」と「安全宣言」を出した。その後、基準値を超える農産物が流通したことが明らかになり、信頼を失ってしまった。

完全に安全性が担保できる状態になったうえでも「福島県産は汚染されている」と指摘されたら、そこではじめて風評被害となる。風評対策の前提は安全性の担保であることをしっかりと認識する必要がある。その点で初年度は安全性が確実に確認できない状態であったため、噂による「風評」ではなく、生産者にとっても消費者にとっても「実害」であったといえる。

当時と比較して現在の検査体制は大きく変わった。一千万袋という米の全袋検査は世界初の試みである。農地や周辺環境に関しても、大学、民間、自治体、県も測定を実施している。作物の品目ごとの移行係数も実証実験のデータがまとまり、公開されている。どういう品目にリスクがあるのか、あるいはないのかが解明されてきている。

福島県では現状分析がある程度終わり、生産段階での吸収抑制対策に移っている。カリウムを散布するなど放射性物質を吸収しない農業生産対策が実施されている。二〇一三年度以降はリスクがある農産物は大幅に減少している。測定数値もすべてリアルタイムで福島県のホームページにあげているので情報操作もない。

問題は福島県以外の汚染地域では同様の対策がとられていない点である。たとえば二〇一二年一二月末に他県で一〇〇ベクレルを超える米が発見され出荷制限になった。一方の福島県では米の出荷制限地域はない。にもかかわらず福島以外の県で汚染度の高い農産物が検出されれば、原発事故現場に近い福島県はもっと危ないとみなされる。福島県だけ検査体制を整えても意味はない。県を超えて汚染が広がっている状況下では、汚染された場所を国の責任で重点的に検査していく体制をつくるべきである。

検査体制の四段階

消費者の安心を確保するためには、放射性物質の検査体制の体系化と組織体制の整備が必要である。[18] 現行の出口対策だけではなく、生産段階（入口）における放射性物質を移行させない政策に重点を置くことで、より安全性を高め、消費者の安心を担保する対策である。すなわち、HACCP[19]のような食品の原料の受け入れから製造・出荷までのすべての工程において、放射性物質の混入リスクの発生を防止するための重要ポイントを継続的に監視・記録する衛生管理手法の具体化である（**図2**）。

第一段階：農地の放射性物質分布マップの作成

空間線量、作物検査、土壌のサンプリング調査等によってリスクが高いとされた地域においては、農地一枚ごとの放射性物質分布の詳細マップを作成し、それを踏まえた精緻なゾーニングをおこなうべきである。これは、作物生産に不可欠な対策である。土壌、作物、人体の放射性物質の含有量を継続的に測定することで、外部被曝から内部被曝までを包括的に把握する体制の基盤を構築することができる。

とくに水田農業に関しては、土壌の放射性物質のみならず、土壌成分や地質、用水を含む「栽培環境」の影響も考慮し、農地一枚ごとの放射性物質分布の特定と併せて「土壌の成分分析マップ」を整備する必要がある。これは、放射能汚染対策という当面の対策だけではなく、将来の汚染地域農業の復興に向けて新たな生産基盤を整備することにもつながる。

こうした放射性物質分布と土壌成分に関する詳細マップを基礎資料として用い、将来的には、生産段階で放射性物質を移行させない農業の確立を目的とした農地レベルでの認証制度（「特別栽培農産物に係る表示ガ

図2　食品の安全検査体制の体系化

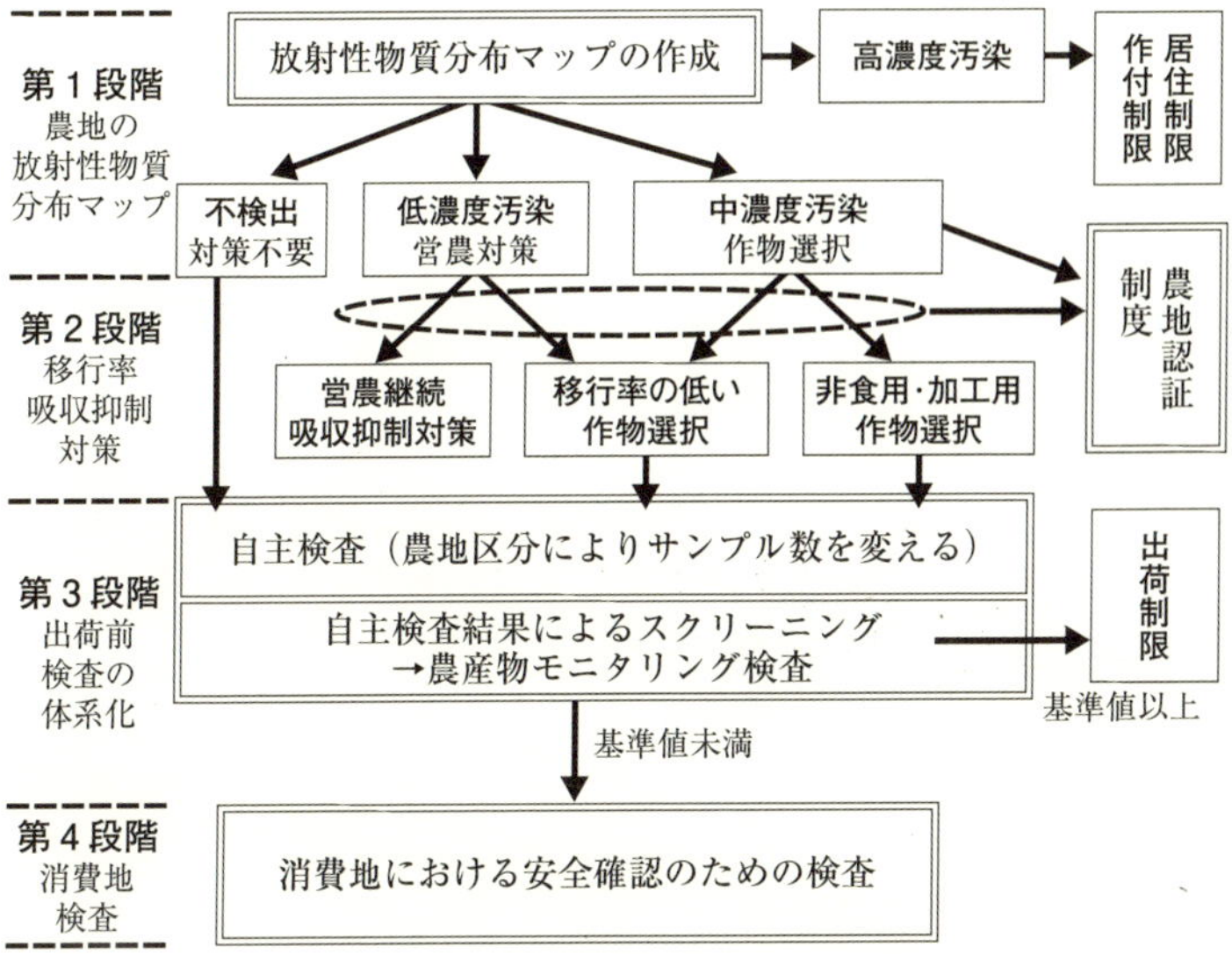

※高濃度は2011年の作付制限基準の5000Bq/kg以上の汚染、中濃度は1000Bq/kg以上5000Bq/kg未満、低濃度1000Bq/kg未満を想定
※高移行率、低移行率は移行率と土壌分析の結果により判断するが、現在研究段階にあり、具体的な数値は未確定
※基準値は「一般食品」は100Bq/kg、新設の「乳児用食品」と「牛乳」が同50Bq/kg、「飲料水」は10Bq/kgとする新基準値案を想定

イドライン」に基づき各地で実施されている認証制度に準ずるもの）を設けることを視野に入れるべきである。すでに福島県内では一部の地域が先行して農地一枚ごとの放射線量分布マップの作成を進めているが、放射線量分布と土壌成分にかかる統一的な測定方法を構築するという課題克服に加えて、放射能汚染問題に直面する他地域への拡大適用をおこなう。

第二段階：移行率のデータベース化とそれに基づいた吸収抑制対策

第一段階のマップをもとにした農地ごとの放射性物質の「作物への移行率」のデータベース化とそれに基づいた吸収抑制対策が必要である。農地の放射性物質の濃度と土壌成分等の栽培環境に加え、そこで栽培される作物の特性によって放射性物質の移行率が決まる。現場のデータを収集・分析することで、吸収抑制対策の影響も考慮に入れたうえで、将来の移行率を事前にシミュレーションすることが可能となる。これにより、その圃場とそこで栽培する作物に合わせた吸収抑制対策（カリウム対策など）が適切におこなわれ、放射性物質が移行しにくい農業生産をおこなうことが可能となる。

第三段階：自治体・農協のスクリーニング検査と国・県のモニタリング検査との連携

二〇一二年八月より福島県産米に対しておこなわれているような、生産者団体や消費者団体による全袋検査と、その全袋検査で数値の高かった米をサンプルとする県や国のモニタリング検査からなる二つの検査体制の構築と連携を、米以外の作物に対しても整備するべきである。米以外の農産物についても、放射線量分布のマップで濃度が高い圃場に関して同様の体制を整えることで、より丁寧な出口対策をおこなう。また福島県以外であっても、放射線量分布マップで濃度が高い圃場においては、同様の体制を構築する。

第四段階：消費者自身が放射能測定を実施できる機会の提供

消費者自身が放射能測定を実施できる機会を提供するべきである。ここで提唱する消費地段階での検査は、あくまで消費者が自ら測定できる機会を選択肢として用意するということである。この一連の流れを、生産段階から消費段階までの四段階検査体制として構築することが求められる。

5　原子力災害に立ち向かう地域の協同

福島第一原発事故以後、国の放射性物質対策は、なにか問題が起きると対策を講じるという対処療法だけを進めてきた。小手先の対策ばかりをえんえんと続けていても、根本的な解決にはならない。そもそも、現状分析をして、何がどう汚染され損害を受けたのかをはっきりさせるところから始めなければ、対策も打ちようがない。

福島県の人々は地域で生きていくために、自治体や住民組織、農家のグループ、そして生協や農協などがさまざまな取り組みをおこなってきた。

ここでは震災後の「協同」の実践を紹介する。

子どもの支援態勢を

県内の子どもたちを短期間でも空間線量の低い地域で「保養」をさせ、外遊びをさせる目的で、ＮＰＯや地域の協同組織が「子ども保養」を実践している。福島県生協連による「福島の子ども保養プロジェクト」[20]は、セシウム137の生物学的半減期（成人の場合、七〇日程度）による内部被曝軽減を目的とした長期間の保養ではなく、安全な外遊び機会の提供とそれによるストレスの軽減を目的としている。[21]現在は、周辺環境を測定し放射性物質が少ないことが確認された福島県内（南会津や猪苗代など）の山荘などを利用して、本来あるべき自然とのふれあいを取り戻す機会を提供している。

一方で、福島の子どもの甲状腺がんをはじめとする放射線の影響に関して、さまざまな問題が顕在化している。県民健康調査、甲状腺検査の受診率の低さなどは、まさしく不信感の表れであろう。県民健康調査では、子育て世代の不安解消のためと称し、「安心」を優先して全体検査を急いだ結果、判定結果のみの通知がより不安を増大させた。甲状腺がんに結びつく放射線の影響には、初期被曝の状況が大きく関与する。そのため事故当初の行動を把握する必要があるが、県民健康調査の回収率は二二・一パーセントと低い。甲状腺検査では、がんとがんの疑いがあるケースが報告されている。[22]放射線による確定的な影響は確認できないというのが公式発表である。

大事なことは、現に困っている、不安に思っている人々にいかに寄り添った対応を現実の地域社会のなかで組み立てるかである。地元の検査医師だけでは対応できないのは明らかである。福島県や県立医科大学附属病院のみに責任を押しつけている現状でよいはずがない。全国的な応援体制を組むのであれば、政府の対応が不可欠である。地元行政、教育関係者、学校現場からの声が少ない。この問題を扱うことに困難がともなうのであれば、それをサポートする体制を具体化しなければならない。

外部から声高に「子どもの避難を」と呼びかけても、信頼関係のないところでの抽象的な声は届きにくい。また、甲状腺に関して詳細検査をおこなった結果、本来であれば見落としてきた「がん」がたまたま見つかったと説明されても、現に原発事故と放射線被曝の問題に直面している当事者からすれば、容易に受け入れることは困難であろう。この問題を心配するのであれば、憶測を交えて原因や責任を追及するだけでは解決できない。現実の子どもたちと家族の立場に立って処方箋を描くことが重要である。

地産地消ふくしまネット

「コープふくしま」では、現行の放射能検査の結果である実際の食卓の食事を、陰膳調査の形で測定し結果を公表している。通常の流通食品をもとに調理した食事からは、基準値を超える放射性物質は検出されないことが確認されている。福島県生協連では県下の会員生協に食品用ベクレルモニター[23]を整備した。現在では移動式で非破壊方式の測定器を活用し、出前測定を実施している。[24]これにより流通品以外の採取作物（山菜やきのこなど）も測定可能となり、生活している地域の自然の恵みが食べられるかどうかを判断することが可能となった。

また福島県農協中央会（JA福島中央会）、福島県生協連、福島県森林組合連合会（県森連）、漁業協同組合連合会（福島県漁連）も参加する「地産地消ふくしまネット」は、風評対策として「ふくしま応援隊」を組織、他地域の消費者に向けて、福島県の検査体制や検査結果について情報提供と相談をおこなってきた。これらは検査体制が確立した結果、食品中の放射性物質が基準値を大幅に下回ることが確認されて初めて可能になった。原発事故初年度とは状況が大きく変わっているのである。

福島県以外の放射能汚染が確認された地域でも、自主検査の動きは広まっている。問題は、検査の体系性の確立である。統一の法令の下で、汚染地域全体を包含した検査体制が求められており、福島県における地域主体の取り組みをそのモデルとして位置づけていく必要がある。

二〇一四年七月五日、福島県国際協同組合デーに「地産地消ふくしまネット」は「二〇一二年国際協同組合年福島県実行委員会」の後継組織となることが決まり、専任研究員二名を採用し常設機関として活動することを目指している。

農地一枚一枚を検査——「どじょスク」プロジェクト

新ふくしま農業協同組合（JA新ふくしま）、福島県生協連、福島大学うつくしまふくしま未来支援センターは二〇一二年、共同事業として「土壌スクリーニング・プロジェクト（通称、どじょスク）」を立ち上げ、福島市内のすべての果樹園と水田を一枚一枚調査した（**表6**、**写真1**）。

まずは放射性物質の詳細な分布図（汚染マップ）の作成が急務である。それも全県的、全国的に取り組まなければ意味がない。汚染度合いが分からないのに効果的な対策をとることは難しい。福島県では生産者や関係者の努力で、作物ごとにセシウムの移行メカニズムが分かってきた。作物ごとの移行係数が解明され、土壌成分や用水など農地をめぐる周辺環境の状況が分かれば、この先の作付け計画を立てられるのである。

生産者にとって目の前の田畑の現状を知るには、測定して放射能汚染の実態を把握するしかない。測ったうえで、放射性物質の特徴や吸収抑制対策の効果を理解すれば、「なぜ自分の田畑から数値が出ないのか、なぜこの農産物からは放射性物質が検出されないのか」を実感できる。自らが「実感」できなければ消費者や流通業者に「説明」できない。この考え方は営農指導の基本である。

現在、新ふくしま農協の汚染マップ作成事業に福島県生協連（日本生協連の会員生協に応援要請）の職員・組合員も参加し、産消提携で全農地を対象に放射性物質含有量を測定して汚染状況をより細かな単位で明らかにする取り組みを実施している。二〇一四年一二月段階で、延べ三六一人の生協陣営のボランティアが参

表6　土壌スクリーニング・プロジェクトの測定状況

	調査期間	調査筆数	計測ポイント	達成率（%）
水田	2012年4月－2014年12月	24,480	63,256	98
果樹園	2012年5月－2013年11月	10,158	27,308	100
畑（大豆）	2014年2月－10月	566	1,465	-
合計		35,204	92,029	-

資料：JA新ふくしま資料より作成

写真1　「土壌スクリーニング・プロジェクト」
JA新ふくしま管内の全農地の放射線量を測定した
2012年、福島市花見山付近

加した。福島市を含むＪＡ新ふくしま管内は、水田で一〇〇パーセント、果樹園地で約一〇〇パーセントの計測が完了し、マップを作成している（**表6**）。

二〇一四年六月にはこのプロジェクトはＪＡグループ福島として、全県に拡張することが決まった。[25] 企画・立案、事務局機能は福島県農協中央会である。

ただし、この汚染マップ事業は公的なものではない。今後は国が主導して、全国のデータを集約し公表するべきである。

今回の原発事故では放射能汚染問題に直面し、「どじょスク」プロジェクトを進めるうえで、大きな障壁となったのが、原発事故対策に特化した法律がないことである。「原子力災害対策特別措置法」は一九九九年の東海村ＪＣＯ臨界事故を受けて制定された法律であり、今回の福島原発事故のような規模と範囲は想定されていなかった。「災害救助法」も、地震、火山の噴火など自然災害に対応した法律であり、長期間の避難を余儀なくされる原子力災害を想定しなかった。大規模・長期間の影響を考慮した「原子力災害基本法」[26] のような、原発事故対応への基本理念を示した上位法の制定が求められる。法制度が整備されないなかで、現地の努力に頼ることには限界がきている。

現状に落胆していても事態は進まない。協同組合間の「協同」をベースとしたボトムアップ型の制度設計と政策提言が始まろうとしている。

福島大学の役割

今回の原子力災害の最大の問題は、放射能汚染により農産物が売れないといった経営面に限った事柄ではなく、生産基盤である農地、ひいてはそれを維持する農村という共同体それ自体も大きく毀損したことである。福島県では、地域の担い手や集落での営農方式などが受けた損害からどのように地域農業を再生させるのかが大きな課題となっている。このような状況に対応するために、福島県唯一の国立大学である福島大学では「うつくしまふくしま未来支援センター」を設立した（二〇一一年五月）。

同センターの取り組みの第一は、「汚染実態の把握」であり、先述した「土壌スクリーニング・プロジェクト」を実施している。

第二は、「生産段階での対応」であり、特定避難勧奨地点となった伊達市霊山町小国地区において水稲試験栽培を実施した。ここでは稲の汚染メカニズムを解明し、ここで得られた効果的な吸収抑制対策は、実際の政策として採用され、汚染米の減少に寄与している。

第三は、「風評被害対策」であり、汚染マップ、試験栽培で得られた科学的なデータと専門家の助言をもとに、真の安全性を確認できる体制をどのように構築すべきかを検討している。

このような生産段階でのリスク対策の費用対効果に関して、「土壌スクリーニング・プロジェクト」を実施しているJA新ふくしま管内では、水田二万八八三二圃場に対し約一四億円をかけて、塩化カリウム施肥等による吸収抑制対策を実施している。しかし、すべての圃場に放射性物質が基準値を超える米が生産されるリスクがあるわけではない。農地のベクレル計測を実施していない段階では、リスクが高いのはどの圃場なのかを特定することができないため、無駄なカリウムの施肥もおこなわざるをえない。二〇一三年度の福島市の全量全袋検査で詳細検査にまわった米は九袋であり、最小限その地点だけでも土壌診断を実施すれば、わずか九万円（一回一万円）の費用で移行要因分析につなげることができる。管内全農地を測定する土壌スクリーニング調査の費用は約三八〇〇万円（三三五日間、二〇一二年四月二四日—一三年一一月三〇日）にとどまっている。

原発事故直後から現地で試行錯誤のなかで展開されてきた対策を合理的に体系化する必要があった。消費者に対するより科学的で説得的な説明と、対話を促す前提をつくる検査体制と放射能汚染対策の構築が求められていた。ここに福島大学「うつくしまふくしま未来支援センター」の役割があったと考えている。

また、福島県農業・農村の再生には、将来の福島を支える人材育成、教育環境の拡充が必要である。震災後、福島大学の受験者は増加傾向にある。福島のためになにかをしたいという思いを寄せる学生が全国から集まってきている。将来の帰村の希望を抱く避難指示区域の進学者も存在する。こうした学生が福島で学び、その知見を復興へと還元するために、東北で唯一農学部を有しない福島県において、農林水産に関わる人材育成は重要な課題であると受けとめている。

6 伊達市霊山町小国地区——農協発祥の地の住民活動

五人に一人だけ補償——住民の分断

伊達市霊山町《りょうぜんまち》小国《おぐに》地区は、特定避難勧奨地点[27]として放射能汚染と避難・賠償問題の矛盾が凝縮された地域である。福島県北部の中山間地域であり、稲作を中心に園芸、酪農、あんぽ柿などを生産してきた福島の風景を典型的に表す農村であった。周囲を山に囲まれ、谷合を流れる小国川筋の狭小な平地部に棚田が連なる。経営耕地面積一五三ヘクタール、田地六一ヘクタール（水田率四一パーセント）ときわめて小規模な農業地域である（二〇一〇年農林業センサス）。

小国地区の形成は合併の歴史でもある。一八七七（明治十）年に下小国村が誕生し、一八八九（明治二十二）年の町村制施行にともない上小国、大波村と合併し小国村となった。一九五五年（昭和三十年）には近隣の掛田町、霊山村、石戸村と合併して霊山町になり、二〇〇六年には伊達町、梁川町、保原町、月舘町と合併し、伊達市霊山町小国地区となった。

興味深いのは、小国村となって一〇年が経過した一八九八（明治三十一）年、産業組合法（一九〇〇年）が施行される前に日本で最初の農業協同組合が設立された歴史をもつ。具体的には、小国村の佐藤忠望《ちゅうぼう》を中心に上小国信用組合を創設し、協同金融事業を展開することで零細農家の経済的自立を促したと記録されている。[28]さまざまな放射能汚染対策の活動拠点となった小国ふれあいセンターには、農業協同組合発祥の地の記念碑が建立されている。原子力災害以降の小国地区の住民活動に、このような歴史的背景が何らかの影響を与えていたのではないかと推測している。

震災前の小国地区の人口は一三二八名、世帯数四一三世帯（国勢調査、二〇一〇年一〇月）、農家人口六一七人（全体の四六・五パーセント）、総農家戸数二二五戸（同五四・五パーセント）であった。このうち販売農家戸数は一五五戸であり、自給的農家が多い。認定農業者は二〇人（同三・二パーセント）と少数である。水稲作付面積五二ヘクタール、稲作付戸数一四〇戸であり、稲作と畜産、果樹、野菜の複合経営が多い。水稲作は自家消費用が中心であり、水稲作業受託組織が地域の水田農業を支えている。総面積一六五九ヘクタール中、林野率六五・五パーセントと未整備圃場が多く、きわめて小規模な農業を営んできた地域である。六〇歳以上の農家が四四パーセントを占め、高齢化が進んでいる。

小国地区は原発事故後、飯舘村のような計画的避難区域の範囲外となり、地域単位での避難はおこなわれず、玄関先の測定結果により個別に避難を勧奨するという「特定避難勧奨地点」とされた。避難はあくまでも勧奨であり、避難は勧めるが居住を続けてもよい、その場合も賠償対象となるという構造的な矛盾を抱える制度である。勧奨地点とされた九〇世帯（全体の二一・八パーセント）、二一五人（同一六・二パーセント）のみが支援対象となり、現実に隣り合わせた家の一方が勧奨地点となり、片方は賠償対象外となるという事態が生じた。

このことが地域内の矛盾を深化させることとなった。小国地区は全体的に空間線量率が高かったにもかかわらず、①地域的な汚染実態が把握されていない点、②日々の生活は道路、農地、里山、公民館、学校などさまざまな空間のなかで営まれており、放射線防護という視点で考えれば、家の測定結果により避難勧奨されること自体が矛盾である点、③賠償金は一人当たり月一〇万円であり、ほぼ五人中一人は受け取れるが、残りの四人は放射線量が高いなかで自己責任で放射線防護を施しているにもかかわらず、なんの手立ても施されない点、などである。

まさしく地域の分断を深める施策であったといえる。①世代間（子育て世代、勤労世代、高齢者）、②農家・非農家（生産者と消費者）、③避難者と居住者、④賠償ありと賠償対象外といった分断構造が生まれ、なにもしなければ、地域内に抱える対立構造は深刻化し、やがて分断から分散へとつながりかねない危機であった。

住民組織による日本初の汚染マップ

小国地区には、小学校区一（小国小学校）、自治会二（上小国区民会・下小国区民会）、農業集落が一〇という既存の地縁型共同体があった。しかし、地点ごとの避難勧奨がなされたため、地縁型共同体の機能が著しく損なわれた。自治会や集落構成員、小学校生徒の一部のみが自主避難ではなく制度として避難を勧奨されるという状況は、否応なく協同性を損なわざるをえない。そこで地縁型共同体の機能を補完すべく、原子力災害の課題と復興過程に合わせて目的型組織が結成されることとなった。**表1**（六八頁）に示した原子力災

表7　伊達市霊山町小国地区における原子力災害からの復興過程

第1段階	**原発事故と避難・防護**	「小国からの咲顔」による子育て世代・避難者支援（2011年6月）
第2段階	**放射能測定と汚染対策**	「放射能からきれいな小国を取り戻す会」による農地・農作物の測定（2011年9月）
第3段階	**損害調査と賠償**	「小国復興委員会・ADR訴訟」で非指定者による原発賠償集団申し立て（2012年9月）
第4段階	**食の安全性の確保と風評被害対策**	食の安全性の確保と風評被害対策「小国からの咲顔」による「食の安全プロジェクト」 「放射能からきれいな小国を取り戻す会」による「おぐに放射能測定所」（2012年2月）
第5段階	**営農再開・帰村と復興**	「小国地区復興プラン提案委員会」が行政からの委託による住民の復興プランを作成（2013年12月）

害からの復興過程と小国地区の取り組みを照らし合わせてみる（**表7**）。

二〇一一年六月、小国地区の保護者が中心となって「小国からの咲顔《えがお》」が結成された。年二回、他団体とともに子どもたちの保養キャンプを実施、また保護者の情報交換の場としてサロン形式の交流の場を主催し、放射能の不安のなかで個々の家庭を孤立させないよう心をくばり、子育て世代の地域内での分断を防いできた。

つづいて、「放射能からきれいな小国を取り戻す会（以下、取り戻す会）」が結成された。二〇一一年九月一六日に小国小学校体育館で開催された設立総会では、「放射能汚染対策とこれからの地域づくり」と題し、筆者が基調講演をおこなった。会員数三〇〇名、世帯数二六〇戸が参加し、地域住民の参加率六二・九パーセントとなり、避難している世帯もあることを考慮すると、いかに関心が高かったがわかる。

会の主たる目的は、震災初年度に政府や行政が実施しなかった放射能汚染の実態調査であり、具体的には農地の汚染マップ作成および農作物の検査である。**図3**は、会が作成した小国地区放射線量測定マップである。最初の測定は二〇一一年一〇月一七―二三日であり、日本で最初に可視化した地域レベルの汚染マップである。

国が作成したものは二キロメートル四方を一つのマス（二キロメッシュ）にしたマップであった。伊達市独自のマップは五〇〇メートル四方であり、そのうちの代表地点の空間線量をもとにマップが色づけされていた。一辺が二キロメートルのマップだと、小国地区は四マス程度で色分けされてしまい、日常生活上の実態を反映していない。そこで実際に目で見わたせる範囲である一〇〇メートル四方（一ヘクタール、一〇〇メートルメッシュ）を一マスとした測定とマップ化を住民自らが実施したのである（**写真2、3**）。

測定とマップ作成に当たっては福島大学「うつくしまふくしま未来支援センター」農業復興支援担当（当時筆者が責任者）が協力した。[29] このマップは毎年四月に測定され、現在第四版まで作成されている。

汚染マップ作成の効果は三つある。第一は、放射能の汚染実態は分散したモザイク状であるため、二キロメッシュでは粗すぎる。一〇〇メートルメッシュの詳細な汚染マップでは、より実生活に即した活用につながった。第二は、定時定点観測を続けることで、空間線量率の減衰がよくわかり、今後避難先から戻ろうか、子どもを小学校に戻そうかと迷っている住民に、一つの判断材料を提供することが可能となった。第三は、原発事故初年度から汚染状況を把握し続けたことで、損害の把握とそれに基づく賠償へとつながったことである。

これが、第三段階「損害調査と賠償」であり、小国復興委員会・裁判外紛争解決手続（ADR）訴訟（二〇一二年九月）の組織化であった。避難勧奨世帯と非指定世帯の財政的格差を埋めるため、非指定者による原発賠償集団申立てを実施した（周辺住民も含め三三〇世帯、一〇〇八人）。結果として、二〇一三年一二月に和解案が提示され、二〇一四年二月に東京電力が受諾したことで、特定避難勧奨地点設定と同期間の二〇一一年六月から二〇一三年三月まで、一人当たり月額七万円の慰謝料を賠償することとなった（避難勧奨世帯

図3　伊達市小国地区放射線量測定マップ
（第一回調査　平成23年10月17日―23日実施　地上100cm）

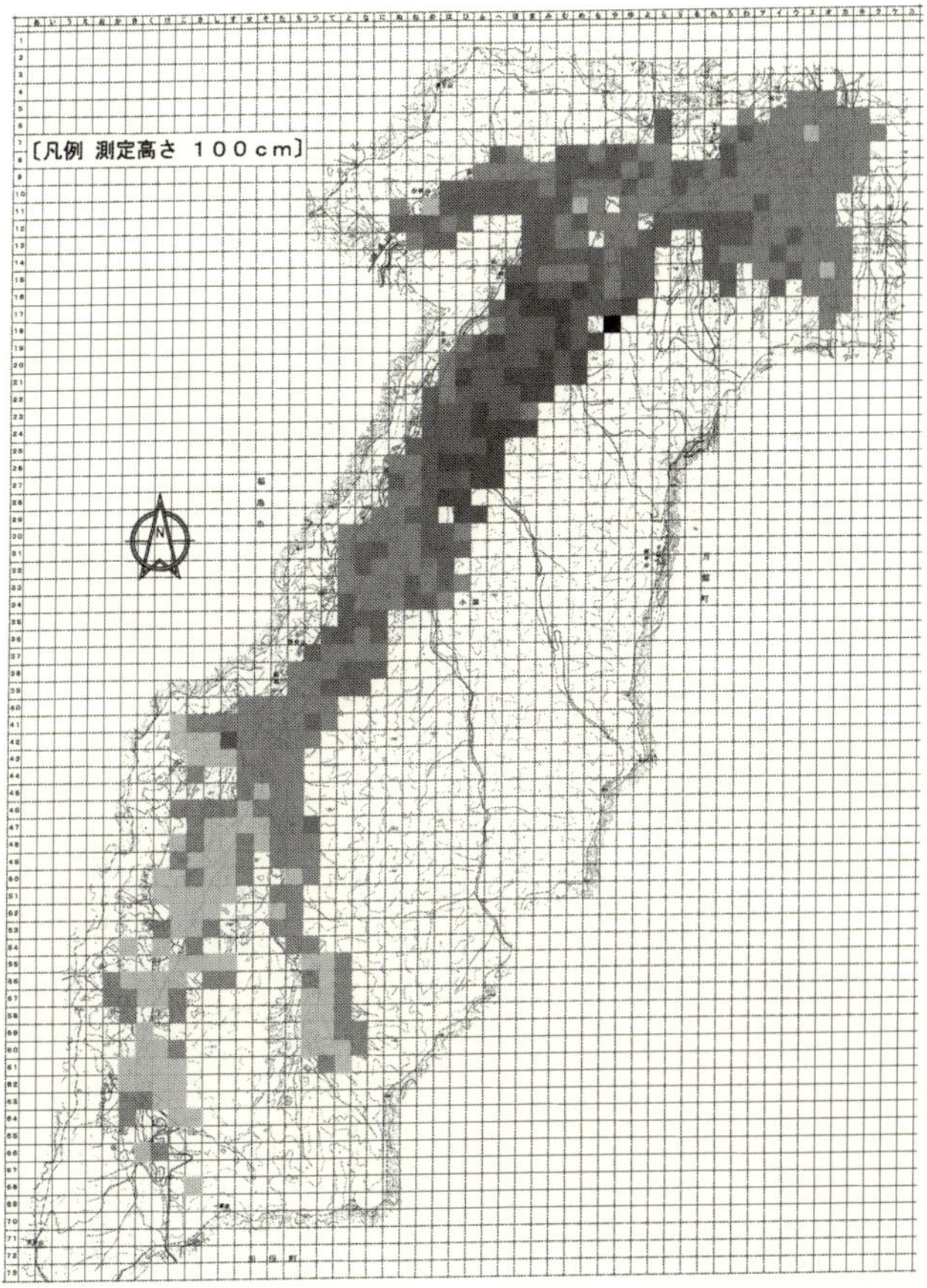

は一〇万円)。

この訴訟において、勧奨地点の非合理性を証明する一つの手立てとなったのが「取り戻す会」が作成した汚染マップであった。事故当初に作成されたこともあり、当時のデータを生々しく残していたのである。測定データは地域全体の損害状況を証明する手段となった。このことからもわかるように、原子力災害の損害構造を把握する最初の手立ては、放射能汚染実態の把握、すなわち汚染マップの作成なのである。

農地・生活空間の測定をもとに、第四段階「食の安全性の確保と風評被害対策」としては、小国地区では「小国からの咲顔」による「食の安全プロジェクト」、および「取り戻す会」による「おぐに放射能測定所」の運営につながる。小国地区唯一の直売所「かぼちゃ」においても自主検査が可能となっている。

以上を踏まえて、第五段階「営農再開・帰村と復興」では、「小国地区復興プラン提案委員会」(二〇一三年一二月)を発足させた。行政からの委託を受け、住民主体で地域復興プランを作成するための組織である。当委員会は、これまで設立されたさまざまな目的型組織に地縁型共同体としての位置づけを持たせ、地域の代表であることを示すために、規約上自治会の下部組織となっている。委員長と副委員長は下小国・上小国の二自治会の会長とした。活動資金の一部は市の負担であり、県・市の担当職員も出席しており、行政との連携を強化している。最大の特徴は、委員会のメンバーである。①行政区選出の地区住民に加え、②小学校PTA、農協女性部、農業生産法人など既存の目的型組織、③小国からの咲顔、取り戻す会、小国復興委員会などこれまで小国地区の復興に向けた取り組みをおこなってきた団体の代表者らを組み込んでいる。

原子力災害からの復興過程で生まれたさまざまな組織を内包することで、行政の下請け的存在の地縁型共同体と、どちらかといえば行政と対立関係にあった復興関連の目的型組織が一堂に会し、これまでの取り組みと現段階の課題の分析をもとに真の復興に向けた議論が可能となった。このことにより、原子力災害によ

写真 2　山間部を開墾した農地が広がる小国地区。2012年

写真 3　放射線測定のため、集落の地図を検討する小国地区の人々

って生じた地域における分断構造が地域住民の分散化につながることを防ぎ、再度、共同体としての機能を発揮するための土台をつくった。社会関係資本の再構築ともいえる過程である。

7 新しい農村をどのようにつくっていくか

市場評価・ブランド価値の低下問題

二〇一三年度、福島県漁業の試験操業ではじめて基準値超えの魚が検出された。米に関しても作付けを再開した一つの集落から基準値超えの米が検出された。ほとんどの福島県産農産物の安全性が確保されているなかで、いまだ原因が解明できない基準値超えの問題が顕在化している。最も重要な課題は、福島県産農林水産物のブランド価値の低下である。

現行の原子力賠償制度においては、出荷しなければ賠償を受けられず、そのために「売れる・売れない」にかかわらず農産物が出荷されてしまうという現実がある。現在、出荷量は回復傾向にあるが、このように出荷量が維持できているのは、さまざまな努力が組み合わさった結果である。すなわち福島県内の農業生産者や農協および流通業者が、原子力災害およびその風評によって失われた販路を再開拓し、出荷量を維持すべく「福島応援」などさまざまな「風評対策」イベントを打ち、必死に売場を確保しようとした積み重ねがある。総量として買え控えがないことから風評被害はなくなったと考えることは短絡的であり、流通現場の実態を反映していない。

原発事故とそれにともなう放射能汚染問題によって、現実に福島県産農産物のブランド価値が低下している。そのことを反映する「市場における評価」は、取引総量や取引価格にとどまらず、取引順位にもあらわれている。[30] 市場では他県産の農産物が豊富にあるときはそちらを優先し、他県産の出荷が減少したときにやむなく福島県産が取引されるのである。これはまさしく福島ブランド（産地評価）が毀損されたことを示しており、流通過程における実害である。この市場における産地評価を回復するためには、震災前以上の厳しい安全性を担保する仕組みを提示することが求められる。

震災以前の福島県農業はエコファーマー認定数が全国一位であったが（二〇一〇年、二万一八八九戸）、震災後には全国順位が下がっただけでなく、認定数も減少している。[31] また福島県は全国に先駆けて農林水産部環境保全農業課を設置しており、持続可能な農業生産や安全・安心な農産物への取り組みを先行して実施してきた。その基本理念は土づくりにあったが、放射能汚染によって大きなダメージを受けた。

このように福島県産農産物のイメージ向上を図るためには、流通段階だけでなく生産段階での取り組みは必要不可欠であり、「農地の復興」は適正取引の推進の決定打としても重要な意味を持っている。

今後、飯舘村や双葉八町村などでの住民の帰還が本格化するが、そうなればより高濃度に放射能に汚染された地域において、どのように農業を再開していくのかが問題となる。農産物生産におけるトラブルやリスクを避けるためにも、放射能汚染度に応じた土地利用計画を策定すると同時に、栽培時の農産物への放射性物質移行の低減対策を普及・定着することにより、生産段階から放射性物質の移行を抑止することが決定的に重要となる。生産段階から流通段階までの放射性物質のチェックに関する根本的対策をおこなわず、現状のままで問題はないと認識して風評被害の問題を消費者の理解の低さだけに求めるような考え方には、疑問を持たざるをえない。

たしかに食の安心には心理的な要素があり、安心の基準については多様な考え方もある。しかし消費者が福島産の農産物が安全であるという確信が持てず、安心できない状況のなかでは、安心を押しつけず、安全性を示す情報を提供しつづけることが大事であろう。

　福島県産農産物のイメージ向上を図るためにも、出口検査だけではなく生産段階、農地を含めた安全性の確保が重要な意味を持つ。これは、林業、漁業においても共通の課題である。

第三の道と新たな条件不利地対策の設定を

　二〇一三年一二月に政府から出された復興加速化の指針に沿って二〇一四年四月、田村市都路《みやこじ》地区の避難指示解除準備区域の指定解除がおこなわれた。積算線量が年間二〇ミリシーベルトまでは帰還を促すという復興政策の転換である。解除区域は解除の一年後に賠償が打ち切られる。

　原発事故に関わる費用は、立命館大学の大島堅一の試算によると、損害賠償額四・九兆円、事故収束・廃炉費用二・七兆円、除染など原状回復費用三・六兆円、国の原子力災害復興関係経費一・八兆円など一三兆円にも及んでいる[32]。除染の完了や外部被曝の評価を待たずに避難解除を優先する背景には、賠償金の節約という国・東電の事情がある。しかし、避難住民には、帰村、移住という選択だけではなく、保留、通い（二地域居住）という第三の道を模索する動きも大きい。避難住民の実態に合わせた細かな選択肢とそれへの対策が求められる。

　また賠償の中身も、避難に関わる損害や精神的損害、営業損害や作付制限品目への賠償、風評被害など、単年度のフローの賠償については、ある程度進んでいる。しかし、農地・施設などの財物賠償、数年間の避難による地域営農システムの崩壊やコミュニティの消失に関わる損害など、まだまだ解決できない課題が山積している。

こうしたなかで、避難指示区域における農地の除染が進められている。地区ごとに除染の進度は異なるが、飯舘村の一部地域、葛尾村も二〇一五年度中の除染完了が計画されている。汚染度が高く耕起をしていない農地では表土剥ぎ、空間線量率を下げるための天地返しなどの除染も実施されている。表土剥ぎでは、取り除かれた汚染土を処分するための仮置き場の設置に行政、地域住民は何度も協議を重ねてきた。

さまざまな問題を抱えるなかで最も重要なことは、除染完了後の農地の利用、農業生産をどのように再生し、新しい農村を形づくっていくかという課題を解決することである。これには各地域の政策形成力が必要である。避難指示区域における除染完了後の農地ではすぐに営農を再開するのは難しい。作業上の被曝の問題や販売上の風評問題のみならず、集落の一部農家、しかも高齢農家が先行して帰村している場合が想定されるなかで、水路の泥上げや水管理など既存の営農システム、作業体系を構築するには工夫が必要である。一、二年は景観作物など保全管理が必要だとしても、農業者の年齢を考えると除染完了に五年、その後の保全・観察に数年という時間は長すぎる。まずは自給的農業、庭先の小さな畑でもかまわないので、安全性を確保した農地の設定が必要である。先行して帰村した住民の満足度を高められなければ、次の帰村者、次世代住民へと継承できない。

放射能汚染の実態調査とそれに基づく損害構造の把握、この段階を飛ばして、外部被曝対策や生産物の検査のみを実施しても、農村の復興過程は描けないし、次世代への農地の継承も阻害される。ここに問題の本質がある。放射能汚染地域には明らかに条件不利性が存在する。新たな条件不利地域に設定するのも一つの手ではないか。つまり、傾斜地や土地の狭小性などに基づく従来の生産や交易の条件不利地域の認定を、放射能汚染地域にも拡大解釈できないかという提案である。

原発事故後の放射能汚染地域は、生産面でも、除染や吸収抑制対策、生産の自粛などさまざまな制約を課せられている。さらに加工段階では、検査により安全性が確保されていても原料としての使用を拒まれたり、流通段階では市場評価の低下により、取引順位が低位に位置づくという問題も顕在化している。このような状況は、リスクコミュニケーションや福島応援といった風評対策だけでは解決できない。一度汚染されたというイメージは、他の公害発生地域をみても明らかなように長期間にわたり継続する。このような負の側面は、地域ごとの個別の宣伝広報という枠組みではなく、農業政策にきちんと位置づけ、地域的な条件不利地域対策として実施することで解決の可能性が生まれる。

反当《たん》たりいくらという補助政策を実施することで、生産自粛するにしても景観作物（雑草や害虫を抑制しつつ、手入れされた土地の風景を維持するために栽培する）などを作付けることで農地の保全管理を図り、販売用に生産するにしてもその取引条件の悪化を緩和することができるようになる。このような対策が確立すれば、原発事故前に眼前に存在した田園風景を維持することが可能となり、それが将来的な帰村と復興につながる。個々の農家や個別の農産物ごとの対策から地域全体を射程に入れた対策への転換が求められている。

地域＝面的な損害賠償の枠組みを

現在、被災者と東電の和解を仲介する原子力損害賠償紛争解決センターへの裁判外紛争解決手続（ADR）申し立て件数が増加している。ほとんどは損害賠償の不公平性の是正を求めるものである。二〇一一年は五二一件であったが（二〇一一年九月より受付開始）、二〇一二年は四五四二件、二〇一三年は四〇九一件、二〇一四年は四八二五件と増加している。当初は、避難指示区域以外の個人による除染費用や自主避難に要した経費などを求める案件が多かったが、現在は、避難指示区域を中心に比較的放射線量の高い自治体や集落の住民から精神的賠償の増額などを求める集団申し立てが増えている。和解成立は申し立て総件数の六六パーセント程度であり、ＡＤＲの理念であった迅速な被災者救済を実現できていない状況も確認できる。一方で、居住制限区域に設定された飯舘村蕨平地区では、帰還困難区域と同様の財物賠償を求めてＡＤＲ申し立てをおこない、和解提示を勝ちとった。被災者側に寄り添った判断が示されるという期待感が広がっていることも、申し立て増加の背景にある。

問題は、原子力災害の「損害」は現実にあるものの、その「賠償」をすべて個人単位で実施している点である。営々と個人賠償を続けていてもこの問題は解決できない。なぜなら原子力災害被害者の真の願いは、事故前の地域を返してほしいという思いだからである。

何代も続く近所づきあいがあった。集落の持ち寄りで正月料理を作ってきた。消防団の団長を経験することが地域リーダーの条件であったが、その消防団がなくなった。集落組織、農協青年部、生産部会を通して地域特有の農業と営農を学んできた、それを次世代に紡ぐことが地域の担い手であった。地域に一つの小学校があった、同級生がいた、親が自分にしてくれたように自分の子どももその小学校に通わせたかった。山があり、川があり、里山があり、棚田があり、春には山菜を摘み、秋にはきのこを採る。米の収穫後は、冬ごしらえのためさまざまな加工品を作り、その技能を何代にもわたり継承してきた。これらはすべて地域のなかで培われ循環してきた。このような地域を「ふるさと」と呼ぶのである。

賠償金が高いという人がいる。一人当たり月一〇万円の精神的賠償は、家族四人で四年間受け取れば、一九二〇万円になる。しかし、それをもって他地域に移住した場合、先祖代々守ってきた家、土地、田畑、墓を購入するに事足りるだろうか。地域の自然と農業のなかで代々培われた技能をすべて捨てて、新たに賃金労働者になる理由になるだろうか。

地域は商品ではない。農村は「稼ぎ」の場ではなく多くの人々の「なりわい」によって支えられてきたのである。ここに農村の豊かさの根源がある。賠償金だけで物事を判断する人々は「稼ぎ」しか見えていない。別の場所で稼げばいいという発想になる。しかし、地域におけるさまざまな人々の「なりわい」の集合は、都会では得ることのできない価値をもつ。ベビーシッターや清掃業者に家事を任せればいい（サービスを購入する）という発想しか持てない人には、結《ゆい》・手間《てま》替《が》え（どちらも共同労働の制度。労力を貸し合うこと）などは理解が及ばないのであろう。

震災直後の自主避難や個人による除染という緊急時対応の段階を越えたいま、「賠償」の枠組みを、地域を縫合する面的なものに組み替えられないだろうか。なぜなら「損害」は地域そのものの毀損であるからだ。すなわち地域内に存在する社会関係資本自体の損害である。

たとえば、対象は自治体になるのか行政区になるのか、さまざまなケースがあろうが、地域単位で原子力災害対応の基金を創設し、地域ごとの課題に応じて年度を超えて使用を可能とするような制度設計である。個人賠償では対応できないようなケースを、伊達市霊山町小国地区でみたような住民の合議のもとに解決していく枠組みである。

新たな産地形成のために先進地視察をするケースや、伝統芸能を復活させるケースもあるであろうし、山林の除染を試みるケースもあるであろう。この過程で必ず必要になるのは、地域の損害とはいったい何であったのかを考えること、言い換えれば、事故前まで地域を形づくってきた社会関係資本を具体的に抽出していく作業である。このプロセスを地域全体で経験することが農山漁村の復興に必要なのである。

震災復興に逆行する「農業改革」

原発事故で日本全国が混乱のさなかにあった二〇一一年を思い出してほしい。同年四月の段階で、福島県農協中央会は、地域農協、農家、行政に呼びかけ損害賠償の窓口をかって出た。その応援、サポートを徹底的におこなったのが他でもない全国農協中央会であった。筆者も震災の混乱のなか、さまざまな会議や調査研究を進めつつ農協の県組織、全国組織と協議をおこなった。その仕事量は中央の政治家や中央行政機関にも劣らなかった自負がある。

このような時期に、TPP参加問題に続いて規制改革会議「農業・農協改革」問題である。地域の、草の根の取り組みの足をまた引っ張るのかという感が否めない。現政権の新成長戦略では、農業・農家の所得倍増のために六次産業化、輸出農業の拡大を目指し、そのための障壁となる、①農業委員会等の見直し、②農業生産法人の見直し、③農業協同組合の見直し等、岩盤規制を改革するということである。農協改革については、中央会制度の移行、全農の株式会社化、単協における信用・共済事業の分離、他企業とのイコールフッティングなどが掲げられている。

この改革案には日本の総合農協の展開・歴史的意義や地域に果たす役割など、現状分析が決定的に欠けている。今回の指針は、農協戦犯論などにみられるマスコミや一部の言説を鵜呑みにし、現実の農業委員会や農協組織が果たしている機能を無視する形で、結論ありきの「結論」を導き出しており、農協と農村、農業、農家、地域経済・社会との関係を完全に無視している。

農協改革の背景にある「自民党農林族、農協＝コメ兼業農家、農林水産省からなる農政トライアングル」という枠組みはすでに消失していると言ってよい。都市政党となった自民党、自律的な農業政策を放棄した農水省、米価下落が続きすでに存立基盤を消失しているコメ兼業農家、TPP参加の経緯をみても、農政トライアングルなどはすでに存在しないことは明白である。

原発事故直後、真っ先に逃げ出したのは域外の民間企業であった。しかし、属地主義、網羅主義を前提とする農協、漁協、生協、森林組合は、地域にとどまり、いや地域の最前線に立ち、原子力災害に真っ向から立ち向かった。産業の論理からすれば、原発災害を被った福島のような条件の悪い地域で生産活動や営業をおこなうことは、利益を消失することにつながる。営利企業にとって、他にも立地選択は可能であり、福島にとどまる理由はない。

しかし、地域の住民や地域に密着した企業（地場産業）、埋め込まれた企業（地域産業）は違う。その典型は地域住民や農林漁業者を組合員とする協同組合組織である。協同組合は組合員のニーズを満たすためにさまざまな事業を実施する。農地の放射能汚染測定や子ども保養など、原子力災害への対応はまさしく地域の組合員の要望に応えるべく協同組合陣営が担った。

とにかく利益を追求する産業の論理とは異なり、地域の論理を前提に活動する協同組合やＮＰＯなど非営利セクターこそは災害時に必要な組織形態である。にもかかわらず、現政権の政策は現状、現実をまったく理解していないと言わざるをえない。ここに原子力災害対応の根本的な矛盾がある。

地域に農業をとり戻す

地域ごとに存在する単位農協に関しても、都市農協は金融・不動産、農村部はコメ兼業農家の集荷農協などと言ったステレオタイプな農協像はすでに過去のものである。都市部でも直売所や組合員活動を通して地域とのつながりを深めている農協が全国に存在している（ＪＡひまわり、ＪＡ兵庫六甲など）。農村部においてもいわゆる米肥農協から脱却し、果樹・園芸産地の形成や独自の農産加工などのマーケティング型農協の展開も盛んである。とくに中山間地域では、担い手不足、農業労働力の高齢化に対応し、農協が直接に営農支援をおこなったり、時間をかけて本格的な集落営農を展開する地域が増えたりするなど、むしろ農協組織の存在感が増しているのが現状ではないか。

このようななか、福島県農協中央会は原発事故後、重要なマネジメント機能を発揮した。福島県では二〇一三年六月に、県内一七の農協の組合長、中央会、農林中金、全農、共済連、信連、厚生連の代表とともにチェルノブイリ事故後の農業対策についてウクライナ・ベラルーシ調査をおこなった（団長・庄條徳一、前福島県農協中央会会長）。ベラルーシでは農地すべてに対して、セシウム以外の核種も含めて放射性物質の含有量を測っている。そのうえで汚染度に応じて農地を七段階に区分し、食品の基準値を超えないよう農地ごとに栽培可能な品目を定めている。それを農地一枚ごとに国が認証するというシステムを構築していた。生産段階での安全性の認証を一番望んでいるのは農家である。生産してから出荷停止になるのでは営農意欲が大きく損なわれる。その前に生産できるのか、効果的な吸収抑制対策を施せるのかを判断したいのである。

ところが日本の放射能汚染対策では体系的な現状分析がなされていない。復興計画を立てるにしても汚染状況を大まかにしか測っていない。汚染マップがないのに行程表だけは補助金を受け取るため作成せざるをえない。除染も同じように、効果の有無にかかわらず、とにかく進めている状況である。とくに震災直後は、現状分析なき国の放射能汚染対策により、現地は混乱を極めた。公開されないＳＰＥＥＤＩ、無根拠な安全宣言、突然の基準値の変更、不確かな測定による避難指示区域の設定などである。

このような問題は、今回の農業・農協改革にも共通している。各県の農協中央会の果たしてきた機能、現段階における地域農業と総合農協の役割、日本農業の現状と中長期的な視野に立った農業政策の作成など、詳細な現状分析がすべての政策の根本であることをあらためて見つめ直す必要がある。

農業政策も原発事故対策も、現状分析を踏まえた検証をもとに進めなければならない。課題の克服が長期間にわたる場合、施策立案者は大局的見地に立つことが必要である。それは長い歴史のなかで現在を捉えなおし、未来を位置づける過程である。目先の課題に対処するだけでは、目的を達成できないことは福島第一原発の廃炉過程をみても明らかである。

そもそも地域空間には、経済成長を最優先する産業の論理と安定した生活空間の確保を望む地域の論理の矛盾が存在する。農村ではこのような矛盾を農業と農的生活を合わせた「営農」、すなわち「農を営む」という概念で解決してきた。しかし原発立地にみられるように、「資本の活動領域としての地域」と「住民の生活領域としての地域」[33]の二つが経済発展の過程で分離し、かつ前者の範囲が拡大している。このことによる問題が表出したのが今回の事故ではなかったか。

地域経済学に人口扶養力という考え方がある。自然や産業だけがあっても、それはたんなる空間である。人が営みを紡いでこそ初めて地域となる。その人々を養う力は人にある。「村」に「人」を取り戻す。「人」に安心と誇りをとり戻す。その仕掛けづくりのために働きたい。福島に農林漁業をとり戻すことは、すなわち人と自然の営みを、地域と産業の営みを再生することに他ならない。長い闘いのその先に、初めて復興がみえてくる。

1　避難指示区域は、二〇一一年四月二二日に以下のとおりに指定された。①「警戒区域」福島第一原発から二〇キロ圏内、②「計画的避難区域」福島第一原発から二〇キロ圏外で、居住し続けた場合に放射線の年間積算線量が二〇ミリシーベルトを超えると推定され、約一か月の間に避難のため立ち退くことを求めた区域。福島県の葛尾村・浪江町・飯舘村、および川俣町と南相馬市の一部、③「緊急時避難準備区域」福島第一原発から二〇キロ圏外で、いつでも屋内退避や避難がおこなえるように準備をしておくことを求めた区域。福島県広野町・楢葉町・川内村、および田村市と南相馬市の一部。また、同年六―一一月には、④「特定避難勧奨地点」居住し続けた場合に放射線の年間積算線量が二〇ミリシーベルトを超えると推定される場所（住居単位）として、福島県伊達市・南相馬市・田村市・川内村の二六〇地点が世帯ごとに指定された。

2　小山良太・石井秀樹・小松知未「放射能汚染問題と予防原則のための放射線量測定の制度化——チェルノブイリと福島」『PRIME Occasional Papers』（明治学院大学国際平和研究所、二〇一二年一二月、四七—七九頁）

3　南相馬市で基準値超えの米が多数検出された問題に関しては、二〇一三年八月一二日・一九日の東京電力福島第一原子力発電所三号機の汚染ダストの飛散による影響も指摘されており、原因が特定されていない状況にある。

4　日本学術会議東日本大震災復興支援委員会福島復興支援分科会「原子力災害に伴う食と農の「風評」問題対策としての検査態勢の体系化に関する緊急提言」（二〇一三年九月六日）

5　筆者はチェルノブイリ事故後の農業対策を対象に、二〇一一年一一月と翌年二月の福島大学主催の調査、二〇一三年六月の福島県内農協組織による調査の計三回に参加した。

6　福島県・農林水産省「放射性セシウム濃度の高い米が発生する要因とその対策について——要因解析調査と試験栽培等の結果の取りまとめ（概要）」（二〇一三年一月二三日）

7　塚田祥文（環境科学技術研究所・福島大学）「土壌から農作物への放射性核種の移行」日本放射線安全管理学会、二〇一二年六月二八日。および農林水産省『農地土壌中の放射性セシウムの野菜類及び果実類への移行の程度』二〇一一年

8　根本圭介「放射性セシウムのイネへの移行」『化学と生物五一（一）』（二〇一三年、四三—四五頁）。同「Radioactive Cesium in Rice Field」『学術の動向』17—10、二〇一二年）。同「放射能による作物被害と吸収抑制技術」『日本作物學會紀事』（八一、二〇一二年九月）、三五六—三五七頁に詳しい。

9　小池恒男『日本農業の展開と自治体農政の役割』（家の光協会、一九九七年）、中嶋信『自治体農政の新展開』（自治体研究社、二〇一一年）を参照。

10　小松知未・小山良太「住民による放射性物質汚染の実態把握と組織活動の意義——特定避難勧奨地点・福島県伊達市霊山小国地区を事例として」『二〇一二年度日本農業経済学会論文集』（日本農業経済学会、二〇一二年一二月）、二二三—二三〇頁

11　小松知未「農産物直売所における放射性物質の自主検査の意義と支援体制の構築——福島県二本松市旧東和町

を事例として」（『農業経営研究』日本農業経営学会、二〇一三年一二月二五日）、三七—四二頁

12 小松知未「果樹経営の再建と産地再生——福島県の自主検査と消費者意識」『農の再生と食の安全—原発事故と福島の二年』、新日本出版社、二〇一三年九月一五日）、一六三—一九〇頁

13 唐木英明「福島県産農産物の風評被害に関する日本学術会議「緊急提言」の疑問点」（『Isotope News』七一八号、二〇一四年二月）、三八—四一頁

14 消費者庁の「食品と放射能に関するリスクコミュニケーション」事業や福島県農業総合センター「食品中の放射性物質に関するリスクコミュニケーション」などがある。

15 小山良太「農地の放射線量分布マップと食の安全検査の体系化」『科学』（岩波書店、二〇一二年八月一日）、八五七—八六三頁を参照。

16 濱田武士「第八章　メディア災害の構造」『漁業と震災』（みすず書房、二〇一三年三月）に詳しい。

17 清水修二「原発とは結局なんだったのか——いま福島で生きる意味」（東京新聞、二〇一二年七月）

18 注4参照。ここにおいても、筆者を中心に同様の提言をした。

19 HACCP（ハセップ、Hazard Analysis Critical Control Point、危害分析重要管理点）は、食品の原料の受け入れから製造・出荷までのすべての工程において、危害の発生を防止するための重要ポイントを継続的に監視・記録する衛生管理手法（厚生労働省食品安全部監視安全課）のことであり、放射性物質検査においても、生産段階から、加工、集出荷、販売の各段階でリスク管理をおこなう体制が必要である。

20 福島大学災害復興研究所、福島県生協連、福島県ユニセフ協会による「福島の子ども保養プロジェクト（コヨット！）」。二〇一一年一二月より開始し、ユニセフ、日本生協連の会員の寄付により、福島県内の子どもたちを空間線量の低い地域で短期間保養する取り組みである。西村一郎『福島の子ども保養—協同の力で被災した親子に笑顔を』（合同出版、二〇一四年三月）に詳しい。

21 文部科学省『学校保健統計調査』（二〇一三年度）による。これによると、福島県の肥満傾向児割合は、児童全年齢（満五—一七歳）のうち六つの年齢で全国一位であり、他も二—四位に位置している。福島県の一〇歳児（小五）の肥満傾向児割合は一六・七パーセントであり、全国平均九・五パーセントを大きく上回る結果となった。文部科学省は運動不足や避難生活のストレスが原因と分析している。

22　「県民健康調査」検討委員会では、二九万六二五三人の先行検査の結果、確定者のうち甲状腺がんと診断された人は八四人、がんの疑いは二四人、計一〇八人と報告された（二〇一四年一二月二五日）。

23　ＡＴ一三二〇Ａ（アドフューテック社、一台約一八二万円）三〇台、計五四七八万円（二〇一二年度導入）およびセシウムチェッカーｍｉｎｉ（ジーテック社、一台二一〇万円）二台、計四二〇万円（二〇一三年度導入）を県内会員生協に配置している。

24　朴相賢「福島における産・消・学連携による食と農の再生に向けた取り組みの意義と課題――土壌スクリーニングプロジェクト・食品放射線測定器による測定データ活用事業を事例に」（『農村経済研究』第三二巻第二号、二〇一四年八月）、六一―六七頁

25　ＪＡ福島中央会を中心に「ＪＡグループ福島農地の放射性物質濃度の測定を利用した本県農畜産物の安全・安心確保対策連絡協議会」を設置した（二〇一四年八月）。二〇一一年、二〇一二年に国と福島県が土壌採取し測定した二二四七地点の土壌中放射性物質濃度を再測定し、分析結果によってはＪＡ新ふくしま方式の土壌マップの作成を目指している。

26　原子力市民委員会『原発ゼロ社会への道――市民がつくる脱原子力政策大綱』（二〇一四年四月）を参照。

27　特定避難勧奨地点制度は、「計画的避難区域」や「警戒区域」の外で、「計画的避難区域」とするほどの地域的な広がりはないものの、事故発生後一年間の積算放射線量が二〇ミリシーベルトを超えると推定される地点を対象に適応される制度である。地点指定は、住民への注意喚起と情報提供と避難の支援や促進を目的としており、政府として一律に避難を求めたり事業活動を規制したりするものではない。地点に指定された世帯にのみ、避難指示区域に準じる措置を講じたことで、同一地区内の隣り合った世帯間に大きな経済的格差を生じさせた。二〇一三年三月まで支給。指定を受けた世帯は、一人当たり毎月一〇万円の慰謝料のほか、避難費用賠償、医療費・国民健康保険料・介護保険料の無料化等の支援がある。非指定世帯は自主的避難等対象区域（福島市、郡山市など）の賠償である一人あたり八万円、子ども・妊婦は四〇万円または六〇万円を一回のみの支給であった。

28　遠藤長『佐藤忠望伝』（佐藤忠吉　個人出版、一九三六年）および霊山町『霊山町史』（一九九二年三月）、朝日ファイン発行室「ふくしま新風土記⑩佐藤忠望と上小国信用組合」『アサヒファイン』（八一号、二〇〇一年五月二七日号）に記載がある。

29 小国地区放射線量測定マップ以外にも、「取り戻す会」と福島大学（石井秀樹特任准教授）・東京大学農学部（根本圭介教授）等が実施した小国地区水稲試験栽培と土壌成分調査がある。ここでは小国地区の農地の放射性物質含有量および土壌成分の結果と稲への放射性物質の移行の関係を調査し、カリウムによる吸収抑制対策の効果などを検証した。セシウムを移行させない農業生産の基礎研究となり、農水省・福島県が実施している吸収抑制対策等の政策に反映されている。

30 ＪＡ全農福島米穀部『米穀事業の風評被害の状況について』（二〇一四年一月および二月）

31 福島県エコファーマー認定数は二〇一四年三月時点で二万五一二八名となっている。エコファーマーとは、土づくりと化学肥料・化学農薬の低減に一体的に取り組む農業者のうち、県知事から「持続性の高い農業生産方式の導入に関する計画」の認定を受けた農家である。持続性の高い生産方式とは、生産物の量や品質を確保しながら、将来にわたり農地の生産力を維持・増進する生産方式であり、「たい肥等施用技術」「化学肥料低減技術」「化学農薬低減技術」から構成されている。福島県農林水産部環境保全農業課資料より。

32 大島堅一「脱原発フォーラム」（二〇一四年四月一三日、報告資料）より。注26を参照。

33 岡田知弘『地域づくりの経済学入門――地域内再投資力論』（自治体研究社、二〇〇五年）

第三章　森林汚染からの林業復興

1　「林」の再生と公共

原子力災害から農林漁業を復興する道筋を探るという本書のテーマのなかでも、人々の関心がとりわけ薄いのが「林」ではないだろうか。福島県の林業は、東京電力福島第一原子力発電所（以下、福島第一原発という）の事故にともなう放射性物質による森林汚染という深刻な事態に直面した。しかし、就業者数が少なく経済的なインパクトが小さいこと、「農」や「漁」とは異なり人々が関心を寄せがちな「食」の問題を抱えていないことなどの理由もあり、森林汚染の被害実態やその対応策を社会問題として掘り下げるメディアはほとんどない。また、森林にかかわる報道は、当初、除染によって生じた放射性廃棄物の仮置き場として国有林を活用するというように、必ずしも林業の問題として登場したわけではなかったのである（**表1**）。

国レベルでの政策対応も遅れたといってよい。林野庁は二〇一二年四月、放射性物質による森林汚染への具体的な対応策として、落葉や枝葉等の除去や立木の伐採を推奨する「森林における放射性物質の除去及び拡散抑制等に関する技術的な指針」を公表した。だが、除染に関する実質的な権限をもつ環境省が森林の除染について明確な方針を示したのは、東日本大震災発生から一年四か月余りも経過した二〇一二年七月のことであった。しかも、そこで示されたのは、「森林全体の除染を行う必要性は乏しいのではないか[1]」という、

2012年	7月31日	第5回環境回復検討会開催。「森林除染の考え方の整理（案）」の中で「森林全体の除染を行う必要性は乏しいのではないか」という見解が示される。
	8月15日	環境省が森林全体の除染は「不要」とする方針案を固めた問題で、細野豪志環境相は、内堀雅雄福島県副知事らの要望を受け、方針案を見直す考えを示す。
	8月29日	第6回環境回復検討会開催。福島県内の森林全体の除染は「不要」とした環境省方針に対する県関係者の意見を聞く。福島県農林水産部の畠利行部長、川内村の遠藤雄幸村長、磐城林業協同組合の平子作麿理事長、福島県総合計画審議会の早矢仕恵子委員が森林除染の必要性を強く訴える。
	9月19日	第7回環境回復検討会開催。「今後の森林除染の在り方に関する当面の整理について（案）」を協議。森林全体の除染は見送られる。
2013年	5月25日	福島第一原発事故の財物賠償で、国と東京電力は田畑賠償の基準単価の素案をまとめた。対象は避難区域が設定された相双地方などの11市町村。田は1平方メートル当たり350円から1200円、畑は250円から1100円と幅がある。
	6月23日	福島第一原発事故にともなう田村市都路町の避難指示解除準備区域について、国は避難指示解除に向け市や住民と協議を始めたいとする意向を表明。
	8月27日	第9回環境回復検討会開催。「森林における今後の方向性」を協議。森林全体の除染は見送られる。
	10月14日	国は、11月1日としていた田村市都路町の避難指示解除準備区域の解除を2014年春ごろに先送り。住民との意見交換会で放射線量や生活環境などの不安を理由に、11月解除に反対が相次ぎ、方針を転換。
2014年	4月1日	原子力災害対策本部は福島第一原発事故にともなう田村市都路町の避難指示解除準備区域に対する避難指示を解除。福島第一原発から半径20キロ圏に設定された旧警戒区域での避難指示解除は初めて。
	5月16日	国と東京電力は福島第一原発事故にともなう森林賠償（山林財物賠償）として「立木の賠償について（案）」を県と関係市町村に提示。
	7月8日	国と東京電力は福島第一原発事故にともなう森林賠償（山林財物賠償）として「宅地・田畑以外の土地の賠償について（案）」を県と関係市町村に提示。これにより森林（立木、山林の土地）の賠償基準案が出揃う。
	10月1日	原子力災害対策本部は福島第一原発事故にともなう川内村の避難指示解除準備区域に対する避難指示を解除。福島第一原発から半径20キロ圏に設定された警戒区域での避難指示解除は田村市都路町に次ぎ2例目。

資料：福島民報社編集局『福島と原発2——放射線との闘い＋1000日の記憶』（早稲田大学出版部、2014年）、政府報道発表資料、筆者聞き取り調査

表１　福島県内の森林、林業、山村をめぐる震災以降の動き

2011年	４月13日	福島県内の５市８町３村で採れた露地栽培シイタケの出荷停止を枝野幸男官房長官が指示。飯舘村の露地栽培シイタケは摂取制限。
	４月25日	本宮市の露地栽培シイタケの出荷停止と、いわき市の露地栽培シイタケの出荷制限解除を枝野幸男官房長官が指示。
	８月12日	東京・日比谷公園でJAグループ福島と福島県森林組合連合会、福島県漁業協同組合連合会による県農林漁業者総決起大会開催。関係者2,500人超が原発事故の損害賠償金の早期全額支払いなどに向け気勢を上げる。
	８月29日	飯舘村は村内の国有林に放射性物質の付着した水田の表土などを一括保管する方針を決める。用地を確保し管理するのは県内自治体初。
	９月28日	計画的避難区域の飯舘村は独自に策定した除染計画の詳細を明らかに。「住環境」は約２年、「農地」は約５年、「森林」は約20年で除染完了を目指す。
	９月29日	林野庁は除染作業で出る放射性物質が付着した土壌の仮置き場として国有林の使用を認める方針を決定。飯舘村、二本松市と調整。田村市も前向き検討。
	11月１日	国税庁は2011年分の県内路線価の調整率を発表。福島第一原発事故の避難区域は実質ゼロとし、相続・贈与税負担を免除。避難区域外の福島全県にも調整率を設定し、最大は宅地0.30、田畑0.50、山林0.80。
	12月５日	県はすべての農畜産物からの放射性セシウム不検出を目指して、「福島県農林地等除染基本方針」を決める。
2012年	１月31日	全村避難した川内村の遠藤雄幸村長が「帰村宣言」。住民約３千人に向け「戻れる人から戻ろう」と村内での生活再開を呼びかける。
	２月９日	東京電力は福島第一原発事故で今後５年以上の長期避難が避けられない住民に不動産賠償をおこない、事故発生前の価値の全額を支払う方針。原子力損害賠償紛争審査会で広瀬直己常務が表明。
	３月17日	二本松市市民会館で県農林水産業復興大会。約千人が復興に取り組むことを誓う。
	４月９日	関東森林管理局は森林放射性物質汚染対策センターを13日に開設すると発表。
	７月９日	福島第一原発事故により放出された放射性物質の除染問題を検討する環境省の有識者会議、第４回環境回復検討会開催。森林全体の除染のあり方がはじめて議題に上る。
	７月27日	国直轄でおこなう「本格除染」が田村市都路町の避難指示解除準備区域で始まる。福島第一原発事故の避難区域を抱える11市町村で生活圏の本格除染着手は初。

森林除染を「不要」とする内容であった。森林全体の除染を待ち望んでいた福島県内の林業関係者（福島県、市町村、森林組合、林業事業体）や山村住民の期待は、裏切られる格好となった。この方針を示した環境省の有識者による検討会は、福島県側の反発を受け、その後表現を一部改めはした。しかし、森林全体の除染は依然として検討中のままであり、筆者のもとには県民のあきらめの声も届く。

では、「林」は復興の動きから完全に取り残されたのだろうか。そういう側面もたしかにあるが、それだけでは決してない。人々の関心の薄さや国の対応の遅れもあり、「林」の営みは一見停止したように思われるかもしれないが、福島県内の林業関係者は「林」の復興に向け試行錯誤を続けてきたのである。

福島第一原発事故の発生以来、筆者が心がけてきたのは、人々の意識と実践に目を配りつつ、森林から生み出される有形無形の産物とともに暮らす生活者の問題として、福島の過酷な現実をリアルに浮かび上がらせることにあった。森林、林業、山村という限定された領域を研究対象とする経済学者にとって、原子力災害からの復興の道程を思考し構想するうえで絶対に譲れない価値とは何か。それは、「林」の営みを何らかのかたちで再建し、森林と人々のかかわりをもう一度とり戻す道を探ることに尽きるのではないだろうか。なかでも林業の復興は、その要の位置にあるといえよう。

では、福島の林業復興を考察していくうえで有効な視座とは何であろうか。筆者は、林業復興のための条件整備は、「公共の任務」として遂行される必要があると考えている。ここでの「公共」とは「公領域」の担い手という意味であり、中央（国）と地方（都道府県、市町村）それぞれの「政府」と、共通の目的や関心をもつ人々が自らの暮らしを守るために自発的につくる「非営利・協同組織」（以下、「協同」）という二つの主体から構成される。福島県の林業復興において、「協同」とは森林所有者の協同組織である森林組合がそれに当たる。この森林組合とは、森林組合法（一九七八年公布）に基づき、森林所有者が出資して組合員となり、協同して運営・利用する非営利・協同組織である。

他方、「公領域」の対となる「私領域」の担い手は「民間」（林業事業体）と「個人」（森林所有者）から構成される。「公領域」の担い手による諸活動はこの「私領域」のそれとは明確に区別され、「民間」や「個人」の営みを支える役割を果たす。

ここで強調しておきたいのは、「公領域」の担い手に「協同」を含めること、すなわち「政府」だけが「公共」を担うわけではないという点である。林業復興に必要なのは、人々が地域に根差してなりわいを営む権利を保障する「政府の任務」の着実なる実行であることはいうまでもない。だが、同様に重要なのが、「政府」が用意した各種施策――現状では、その内容が人々のニーズに応えているようには到底思えないが――を、地域の現場で具体的に実行していく担い手の存在である。震災から四年を過ぎても復興計画が思うように進まないのは、計画自体の現実性の乏しさもさることながら、実際に現場で汗をかく担い手がいないという理由もあるように思われる。それではいくら立派な計画も、絵に描いた餅となる。だとすれば、「公共の任務」を現実に転化すること、それが「協同の任務」にほかならない。

林業復興は、「政府」と「協同」の双方がそれぞれの任務を遂行し、「私領域」の営みを支えていくという枠組みのなかで見通すことができるのではないか。「民間」や「個人」が経済活動を安定的に展開できるような基盤を整え、人々が安心して暮らすことのできる現実的可能性を生み出すことができるかどうかが、いま「公共の任務」として問われているのである。[2]

原子力災害は、森林所有者の高齢化や世代交代、不在村化等により山離れが進み、隣接地との境界が不明である森林が増え、放置林が広がるなど、木材価格の長引く低迷を背景とする林業問題が山積するなかで発生した。追い打ちをかけられた格好となった被災地域の林業情勢は震災以降、悪化の一途をたどる。このように地域林業をめぐる情勢が厳しさを増すなかで、林業復興に必要なものとは何であろうか。

共著者の小山良太が指摘するように、筆者もまた、農林漁業という地域資源立地型産業の復興に必要なのは、「フローの損害」（経済的実害）や「ストックの損害」（インフラの損害）だけでなく、「社会関係資本の損害」にどう対処するかにある、と考えている。山村社会に蓄積された人々の信頼関係やつながり、ネットワークが失われたままで、本格的な営林再開は望みえないからである。

森林所有者を組合員とする非営利・協同組織である森林組合は営利企業とは異なり、地域から「逃れられない」存在であり、その意味で、山村地域で「生きていくしかない」人々にとって拠り所の一つである。同時に、山村に住む人々が互いに助け合うためにつくった、数少ない協同組織の一つでもある。森林整備を通じ、森林所有者の所得向上、雇用の創出、環境の保全を担ってきた森林組合はいま、毀損した「社会関係資本」の再構築に、「協同」の力を結集して取り組むという、林業分野の非営利・協同の担い手として固有の役割を発揮することが期待されている。

本章のねらいは、現場の生の声を丹念に集め、原子力災害に立ち向かう福島県の林業の実像を描き出すことにある。それは、何が正しいのか答えを急ぐものでもなければ、福島の抱える悩みをいますぐに解決するものでもない。筆者の目論みは、震災以降、隠されてきた問題を浮き彫りにし、「公共」をその解決に向かわせることにある。研究はいま、「公共」、とりわけ「政府」にとって、これまでの施策を点検する機会となる必要がある。また、当事者とは異なる視点から記録を整理して残すことは、後代の検証に役立つだけでなく、学的営みとしても大切なことであろう。

本章を通じて、メディアが取り上げる機会も少なく、社会科学のアプローチによる研究蓄積もほとんどない、そして政策的にも後回しにされがちな福島県の森林、林業、山村に、より多くの視線が注がれ、「森林汚染からの林業復興」を考え直す出発点を提供することができれば、それに勝る喜びはない。

2　原発事故と「森林文化」の破壊

福島県の林業・木材産業――震災以前の姿

福島県の森林面積は全国第四位の九七万三千ヘクタール、県土面積（一三七万八千ヘクタール）の七〇・六パーセントを占める。[3] そのうち国有林が四二・〇パーセント（四〇万八千ヘクタール）、県や市町村、財産区が保有する公有林が九・七パーセント（九万四千ヘクタール）、会社や寺社、慣行共有（民法上の入会権《いりあいけん》、地方自治法上の旧慣使用権によって使用収益している山林などを保有する集団の総称）、個人所有からなる私有林が四七・一パーセント（四五万八千ヘクタール）を占める。福島県における森林の保有形態には、北海道や東北各県と同様、国有林の比率が、全国平均（二九・一パーセント）と比べ高いという特徴がみられる。[4]

また、公有林と私有林を合わせた民有林の三六・六パーセント（二万ヘクタール）を占める人工林では、齢級構成が四六―五〇年生を頂点としたピラミッド状となっており、間伐が必要な一六―四五年生の面積が人工林全体の四五・〇パーセントに上る。[5] 将来にわたり木材資源を安定的に供給していくために齢級構成の平準化は不可欠だが、木材価格の低迷や担い手の減少など林業の経営環境は厳しく、計画的な伐採、造林が滞りがちである。

以上のような全国共通の林業問題を抱えつつも、福島県内では国内有数の豊富な森林資源を背景に、林業、木材産業が展開してきた。林業の担い手に注目すると、一ヘクタール以上の森林を保有する林家の世帯数は四万二四一五戸と全国三位、[6]林業就業者数は二四二三人と全国八位[7]を占める。一九六〇年に一万四二三六人いた林業就業者は、その後、減少の一途をたどり、二〇〇五年には一七五五人となった。しかし、近年は、新規就業者の技術習得を支援する「緑の雇用」事業（林野庁、二〇〇一年度から）などの政策的後押しもあって、回復傾向にある。

林業の生産活動については、震災以前の二〇一〇年の木材生産量は七一万一千立方メートルと全国七位、[8]生シイタケ生産量は三六六四トンと全国七位、[9]木材生産と薪炭生産、栽培きのこ類生産、林野副産物採取を合わせた林業産出額は一二四億八千万円と全国一〇位[10]の位置にあった。

福島県は二〇〇五年、「森林文化のくに・ふくしま県民憲章」を制定し、翌年度から全国で九番目となる森林環境税を導入した。これは、法人が法人県民税均等割の一〇パーセント相当額を、個人が年額千円をそれぞれ納入して設立した森林環境基金を財源として、森林所有者や林業関係者だけでなく「県民一人一人が参画する新たな森林《もり》づくり」を推進するというものである。その理念は「豊かな森林文化のくに・ふくしまの創造」にあり、この理念のもとに、「森林環境の保全」「森林を全ての県民で守り育てる意識の醸成」を目標に、森林環境の適正な保全、森林資源の活用による持続可能な社会づくり、県民参画の推進、ふくしまの森林文化の継承など、七分野にわたるハード、ソフト両面の施策が展開されてきた。

とりわけ森林環境基金を財源に展開される森林整備事業は、植栽、保育、間伐などの森林整備が行き届かなくなるなかで、森林管理の水準を維持する重要な役割を果たしてきた。同事業は県補助率一〇〇パーセントの「森林整備事業」と同七五パーセントの「森林整備促進事業」から構成され、二〇〇六―二〇一〇年度の「森林整備事業」の実績は年平均一八四六・四ヘクタール（小数点第二位を四捨五入、以下同様）、「森林整備促進事業」は一一七三・二ヘクタールであった。[11]基金事業は民有林を対象とする森林整備の年間事業量の四分の一を占めるまでになった。こうした公的支援は、森林整備や林業生産を下支えし、林業就業者数の回復にもつながった。

ほかにも、福島県内には、国内有数の生産規模を誇る国産材製材工場が立地するなど木材産業が集積しており、県の調べによると、二〇一〇年の製材工場数は二五一工場と全国で五番目に多い。木材・木製品と家具装備品、パルプ・紙・紙加工品の出荷額はそれぞれ約四八九億円、約四〇九億円、約一五三〇億円、これらを合わせた木材関連工業の出荷額は約二四二八億円であり、県内全製造業の出荷額の四・八パーセントを占める。[12] 製材品の二〇一〇年の出荷量は三四万八千立方メートル、そのうち県内向けが三五・一パーセント（一二万二千立方メートル）、関東地方向けが四八・〇パーセント（一六万七千立方メートル）である。このように、県内の木材産業は、大消費地である関東地方の需要にも積極的に応えてきたのである。

放射性物質の森林降下

福島第一原発の事故により、福島県内の森林は放射性物質により広範囲に汚染された。なかでも、放射性物質による汚染状況を重点的に調査する必要のある空間放射線量率、毎時〇・二三マイクロシーベルトを上回る森林の面積は四三万ヘクタールあり、それに福島第一原発からおおむね半径一〇キロメートル圏内の森林の面積六千ヘクタールを合わせれば、汚染森林は県内森林面積の四四・三パーセントに及ぶ。

このように県内の森林は深刻な放射能汚染に見舞われたわけだが、じつは、森林汚染は北関東地方を中心に県外にも広がっている（**表2**）。たとえば、千葉県東葛《とうかつ》地域の都市近郊林では、間伐材の薪利用や刈り取ったササチップの堆肥利用が不可能な汚染レベルに達しており、里山保全活動を進めることが困難な状況にあるという。[13] しかし、不思議なことに、県外では、まるで何事もなかったかのように、震災以降も通常どお

表2　福島県内外の年間空間放射線量率別の森林面積

（単位：%）

地域区分	線量値なし	1mSv/y未満	1～5mSv/y未満	5～20mSv/y未満	20mSv/y以上
福島県	0.6	55.7	29.9	9.5	4.3
岩手県	—	99.8	0.2	0	0
宮城県	—	91.8	8.1	0.1	0
茨城県	—	89.3	10.7	0	0
栃木県	—	66.3	33.7	0	0
群馬県	—	58.0	42.0	0	0
埼玉県	—	98.4	1.6	0	0
千葉県	—	98.8	1.2	0	0

注：「線量値なし」は、福島第一原発から半径10km圏内にあり、航空機モニタリングによるデータのないことを示す

資料：「森林に関する基礎的な情報」（第5回環境回復検討会、2012年7月31日）

りに営林が続けられており、森林汚染への対応が国レベルでも県レベルでも政策課題として取り上げられることは、ほとんどない。森林全体の除染をするかしないかは、議論さえされていないのである。

福島県は太平洋側から大きく浜通り地方、中通り地方、会津地方に区分される。県内はいま、①原発事故により立ち入りが制限され、営林が事実上停止している避難指示区域（浜通り、中通り）、②避難指示等の解除後も住民帰還が進まず、営林再開の動きも鈍い避難指示区域の周辺エリア（浜通り、中通り）、③放射性物質による森林の汚染後も営林を継続するエリア（浜通り、中通り、会津）、④森林汚染が比較的少ないか、ほとんどみられず、事故以降も通常どおり営林を続けるエリア（浜通り、中通り、会津）——が混在している。

二〇一四年四月時点で、浜通り地方を中心に一〇市町村に設定された避難指示区域では、いまなお避難住民約八万人（内閣府原子力被災者生活支援チーム調べ、二〇一三年六月九日）の帰還のめどは立っておらず、森林への立ち入りが不可能なエリアが広がる（上記の①、以下同

様)。また、県内全域の避難者数が約一三万人(復興庁調べ、二〇一四年五月二三日)に上る事実が示すように、福島第一原発から半径二〇—三〇キロメートル圏内の旧緊急時避難準備区域などの避難指示区域の周辺エリアでは、住民の帰還が進まないところも多い(②)。こうしたエリア(①、②)で事業展開する森林組合によれば、県内外に散らばった避難住民の間には、長引く避難生活のなかで森林整備の熱意が低下する「森林離れ」がみられるという。さらに、福島第一原発から放出された放射性物質が風に乗って拡散した結果、放射性物質による森林汚染という環境被害が県内全域に広がった(③)。このほか、会津地方のように原発事故の影響が比較的小さいエリアでは、風評被害が発生しており、森林組合のなかには東京電力に対し損害賠償を請求する動きもみられる(④)。

何が起きているのか

放射性物質による森林汚染は、立入制限区域の指定による営林停止だけでなく、放射線に対する森林所有者のリスク回避の動きを引き起こすなど、福島県の林業に打撃を与え、林業産出額は震災以降、減少が続く(**表3**)。前述した震災以前の林業、木材産業のデータと比べると、震災を経た二〇一二年には、木材生産量は六四万七千立方メートルと全国順位を二つ落として九位に、生シイタケ生産量は一二八五トンに激減し全国順位は一四位に後退し、その結果、林業産出額は七三億九千万円と全国順位を六つ落として一六位となった。

また、福島県の調べでは、県内民有林の森林整備面積は二〇〇七年度以降一万二千ヘクタール台を推移していたが、二〇一一年度は七三八七ヘクタール、二〇一二年度は六二二二ヘクタールに減少した。その要因として、人の立ち入りが制限されている避難指示区域での営林の停止、避難生活の長期化にともなう森林所

表3　福島県内の林業産出額の推移

（単位：千万円）

産出区分（年）		1985	1990	1995	2000	2005	2006	2007	2008	2009	2010	2011	2012
木材生産	針葉樹	—	—	—	—	603	674	734	717	620	581	527	485
	広葉樹	—	—	—	—	211	188	195	187	205	152	90	78
	計	2,672	3,401	1,685	1,257	815	862	930	904	825	733	617	562
薪炭生産		16	20	33	24	33	29	23	24	18	20	11	10
栽培きのこ類生産	計	588	628	607	509	433	446	454	434	457	493	243	166
	うち生シイタケ	—	—	—	—	290	300	310	296	316	347	167	99
林野副産物採取		12	16	10	13	6	5	4	1	1	3	1	1
総計		3,288	4,065	2,336	1,802	1,286	1,341	1,411	1,364	1,301	1,248	872	739

注：資料の制約からデータを入手できなかった年次については「—」と記載した
資料：『生産林業所得統計』（農林水産省）

有者の経営意欲の低下などが挙げられている。地域別にみれば、福島第一原発が立地する双葉郡を含む浜通り地方の相双地域の事業量が大幅に減少しているのが目立つ（**表4**）。こうした森林整備事業量の減少は、森林整備の主たる担い手である森林組合の経営を揺さぶることとなった。

他方で、福島県全体の素材生産量（木材生産量）については、森林整備事業量に比べその減少幅は小さい。相双地域の素材生産量は大幅に減少したものの、そのほかの地域では震災前の水準を維持するか、若干の減少にとどまる（**表5**）。このように、県内における震災前後の事業量の増減が事業内容や地域により異なる点には注意が必要である。なお、木材価格は震災直後に一時的に下落したが、その後持ち直し、以降は全国とほぼ変わらない傾向を示してきた。むしろ、最近では、復興事業の進展にともない木材需要が拡大しており、県内の木材価格は上昇局面を迎えている。

林業および木材産業をめぐる風評被害については、農業や漁業と比べると、その規模も小さく目立つことはない。だが、実際には木材や製材加工品の取引停止などに見舞われるケースも決して少なくないのである。

表 4　福島県内民有林の森林整備面積指数の推移

（2008年度＝100）

事業区分（事務所）	年度	浜通り地方		会津地方		中通り地方			県計
		相双農林	いわき農林	会津農林	南会津農林	県北農林	県中農林	県南農林	
造林補助事業	2008	100	100	100	100	100	100	100	100
	2009	81	86	42	57	49	81	71	70
	2010	47	60	42	26	39	81	50	58
	2011	25	50	38	22	31	63	44	45
	2012	10	53	34	39	25	40	26	35
間伐	2008	100	100	100	100	100	100	100	100
	2009	98	109	111	100	118	97	106	104
	2010	41	59	93	81	63	76	73	70
	2011	61	69	121	131	126	69	105	91
	2012	11	49	67	107	59	53	45	54

注 1：福島県の出先機関である各農林事務所には、下記の避難指示区域（帰還困難区域、居住制限区域、避難指示解除準備区域）が設定されている市町村（2013年 8 月 8 日時点）と福島第一原子力発電所から半径30km 圏内に位置する避難指示区域以外の市町村が含まれる

県北農林事務所：川俣町、県中農林事務所：田村市

相双農林事務所：南相馬市、飯舘村、広野町、楢葉町、富岡町、川内村、大熊町、双葉町、浪江町、葛尾村

いわき農林事務所：いわき市

注 2：2011年度の実績には東日本大震災の発生による2010年度繰越分が含まれる。

資料：『福島県森林・林業統計書』（福島県農林水産部）

表 5　震災発生年次（2011年）の福島県内素材生産量の前年比増減率

（単位：%）

樹種区分	浜通り地方			会津地方		中通り地方			県計
	相双農林	富岡林業	いわき農林	会津農林	南会津農林	県北農林	県中農林	県南農林	
針葉樹	-58.2	-86.2	-16.1	34.8	18.5	-7.2	-1.9	22.8	-6.6
広葉樹	-81.6	-75.9	34.1	-25.1	-4.4	1.7	-27.2	5.4	-19.1
計	-67.9	-85.5	-13.8	2.9	3.5	-4.3	-11.2	21.1	-9.4

注 1：福島県の出先機関である各農林事務所および林業指導所には、下記の避難指示区域（帰還困難区域、居住制限区域、避難指示解除準備区域）が設定されている市町村（2013年 8 月 8 日時点）と福島第一原発から半径30km 圏内に位置する避難指示区域以外の市町村が含まれる

県北農林事務所：川俣町、県中農林事務所：田村市、相双農林事務所：南相馬市、飯舘村

富岡林業指導所：広野町、楢葉町、富岡町、川内村、大熊町、双葉町、浪江町、葛尾村

いわき農林事務所：いわき市

注 2：増減率は福島県内の国有林と民有林の素材生産量の合計値を用いて算出した

資料：『木材需給と木材工業の現況』（福島県農林水産部）

福島県森林組合連合会（以下、県森連）は震災以前、宮城県内の森林組合を経由しておよそ毎年二五〇〇立方メートルの合板用原木を出荷していたが、木材の納入先である宮城県内の大手合板会社が二〇一一年三月初め、福島県産材の受け入れを一時停止する旨を経由先の森林組合を介して県森連に通知してきた。「福島県産合板原木受入一時停止について（依頼）」と標記された通知には、「福島県産材に対する風評被害の広まり等で、製品の売上減少に繋がってい」ること、「製品等の（安全基準となる）暫定基準値（放射性セシウム濃度の最大値）が示されていない」（カッコ内筆者注）という理由が記載されていた。また再開の条件として挙げられたのは、「今後、国において、早期に福島県産材の安全性や製品等の安全基準が示され」ることであった。

こうしたなかで、二〇一三年一二月中旬に突如、「福島県産合板原木受入の一時停止」を解除する通知が宮城県内の森林組合から県森連に届き、県産木材の出荷を再開できることとなった。政府はこの間に製品等の安全基準を示していないことから、県森連の担当者は、「復興需要を受けて原木が不足気味となり、福島県からも原木を調達しなければならない状況になったからではないか」と解除の理由を筆者に語ってくれた。こうした動きからも明らかなように、木材をめぐる風評被害に関しては、復興事業の進展にともなう需要増加がその顕在化を覆い隠しつつあるというのが現状であり、被害の発生そのものを抑止するような仕組みが構築されているわけではない。

二〇一一年の木材関連工業の出荷額は約二五一三億円と前年より増加するなど堅調な動きをみせているが、ここにも風評被害は発生している。避難指示区域に接するエリアで事業展開する田村森林組合は、年間原木消費量約一万立方メートルの国産材製材工場を稼働している。人工乾燥設備を導入して加工製品の品質向上に力を入れ、「田村杉」としてブランド化を進め、首都圏に売り込みを図ってきた。だが、震災以降、神奈

写真 1　田村森林組合の製材工場敷地内に設置された空間線量計
2013年 4 月26日、田村市常葉町

川県や千葉県、茨城県からの取引休止が相次いだ。現在は、仙台圏を中心に東北地方向けの出荷量が急増しているため、全体の売上が減少しているわけではない。とはいえ、復興需要がいつまで続くか分からないため、田村森林組合では約二〇〇万円を投じて放射線モニターを事務所前に設置して安全性をアピールするなど、関東地方での販売回復に向けて知恵を絞っていた（**写真 1**）。

生活圏に限られた森林除染

前述したように、震災以降、福島県内の森林が最初にクローズアップされたのは、放射性物質による森林汚染や、それにともなう林業、木材産業の苦境といった話題ではなく、除染により発生した汚染土壌等の仮置き場の問題であった。飯舘村が二〇一一年八月、仮置き場として村内の国有林の活用方針を表明して以来、汚染土壌等の保管場所として福島県内に広がる国有林の存在が注目されるようになった。林野庁も同年九月、汚染土壌等の仮置き場として国有林を活用することを認めた。『平成二五年度森林・林業白書』（林野庁、二〇一四年五月）によれば、国有林内の仮置き場は二〇一四年三月末時点で県内五市八町四村の二四か所にあり、その面積は約六五ヘクタールに上る。放射性物質の仮置き場として森林がまずは注目され、実際にその利活用が図られてきたわけだが、こうした森林の見方は森林を放射性物質の「封じ込め」の場とする除染方針と重なるものである。

朝日新聞記者の森治文によれば、環境省は当初、森林の除染は農林水産省がおこなうことを想定していたが、「省益」にならないと判断した農林水産省が猛反発し、結局、環境省が担当することになったという。[14] 生活環境の回復をあくまで目的とする環境省の除染の枠組みでは、森林を糧に生活する人々の暮らしの再建という問題意識は生まれない。結局、除染全般を環境省に委ねてしまったことが、森林全体の除染をめぐる政策対応が混迷を深める要因となった。

森林の除染について政府が初めて言及したのが、原子力災害対策本部「除染に関する緊急実施基本方針」（二〇一一年八月）である。そのなかの「市町村による除染実施ガイドライン」において、「森林については、暫定的な措置として、住居からごく近隣の部分において、下草・腐葉土の除去や枝葉のせん定を可能な範囲で行ってください。〔中略〕一方、森林全体への対応については、面積が大きく膨大な除去土壌等が発生することになり、また、腐葉土を剝ぐなどの除染方法を実施した場合には森林の多面的な機能が損なわれる可能性があります。こうした点を考慮し、その扱いについて検討を継続し、結論を得ることとします」とされた。

二〇一一年八月、環境省は、「平成二十三年三月十一日に発生した東北地方太平洋沖地震に伴う原子力発電所の事故により放出された放射性物質による環境の汚染への対処に関する特別措置法」（以下、放射性物質汚染対処特措法）を公布、一一月に同法に基づき基本方針を策定し、環境省が除染の権限を握る体制ができあがった。この基本方針に基づいて、一二月に環境省は「除染関係ガイドライン 第一版」を策定した。森林除染については、周辺に森林を所有する居住者の生活環境における放射線量を低減させるため、住居等近隣の森林を対象として「森林の縁から約二〇メートル内部までの範囲で落ち葉を取り除くのが効果的」であるという見解を示した。具体的な作業方法として例示されたのは、落葉等の堆積有機物の除去のほか、必要に応じて、林縁の立木の枝葉の除去や堆積有機物残渣《ざんさ》を除去することであった（写真2、3）。

除染の範囲を生活圏内の森林に限り、森林全体の除染を認めなかった「ガイドライン」は、森林全体の除染を求める福島県側にとって不満の残るものであった。二〇一二年三月に発足した福島県林業協会（現・福島県森林・林業・緑化協会）や県森連、福島県木材協同組合連合会（以下、県木連）など林業・木材産業・造園関係業界の六団体でつくる福島県森林除染推進協議会は五月、環境省に対し森林全体の除染を求める要望書を提出した。飯舘村をはじめ地元自治体も国に対して森林全体の除染を実施するよう働きかけを続けた。

こうした声に応えるかたちで、林野庁は四月、「森林における放射性物質の除去及び拡散抑制等に関する技術的な指針」を公表し、住居等近隣の森林については皆伐と間伐を、住民等が日常的に入る森林や人工林についても状況に応じて間伐を実施することを推奨した。こうした作業方法の拡充（立木の伐採、搬出）とエリアの拡大は、「ガイドライン」から一歩踏み込んだ内容であるといえよう。だが、このことは、一方では放射性物質を森林に「封じ込め」ようとし、他方では「持ち出し」を容認するという、森林除染をめぐる国の姿勢の「矛盾」をあらわにすることとなった。

「ガイドライン」と「技術的な指針」の公表後も、福島県側の国への要請活動は続いた。これを受けて、環境省は二〇一二年七月初旬、新たに森林科学の専門家を委員に加え、森林全体の除染方針を協議する第四回環境回復検討会を開催した。だが、その協議内容はおおむね「ガイドライン」の内容を追認するものであった。期間を空けることなく開催された七月末の第五回環境回復検討会では、「森林除染の考え方の整理（案）」として「森林全体の除染を行う必要性は乏しいのではないか」という見解が披露された。

同案に対し福島県、双葉地方町村会、福島県森林除染推進協議会は反発を強めた（福島民報、二〇一二年八月四日付）。県、県市長会、県町村会は連名で①県、市町村、関係団体の意見の反映、②地域の実情に応じた森林除染の実施、③間伐などの伐採を除染手法として明確化――することを要請する文書を細野豪志環境大臣に手渡し、大臣も方針案の見直しを示唆した（福島民報、二〇一二年八月一六日付）。

八月下旬に急きょ、福島県農林水産部長と川内村村長、いわき市内の林業経営者、富岡町から避難中の住民代表（福島県総合計画審議会委員）から話を聞く第六回環境回復検討会が開催された。福島県農林水産部長は県が独自に収集したデータを提示して具体的な対策を迫るなど、ヒアリングに応じた全員がそれぞれの立場から森林全体の除染の必要性を訴えた。

二〇一二年九月、第七回環境回復検討会は「今後の森林除染の在り方に関する当面の整理について（案）」を公表した。しかしその内容は、①住居等近隣の森林を優先的に実施、②作業者等が日常的に立ち入る森林は利用実態に応じて除染方法を検討、③それ以外の森林は今後、調査・研究を進めたうえで判断――するというものであり、森林全体の除染は結局見送られた。環境省が二〇一三年五月に公表した「除染関係ガイドライン　第二版」にも、森林全体の除染方針は記載されなかった。

第九回環境回復検討会は二〇一三年八月、「森林における今後の方向性」を公表し、「今後の森林除染の在り方に関する当面の整理について（案）」で示したエリアごとに森林除染の方向性を示した（**表6**）。そこでは、林縁から二〇メートルを超える除染であっても空間放射線量率が高ければ五メートルを目安に範囲の拡

写真 2　生活圏から20m 程度に限定された森林除染の現場
2013年 4 月26日、双葉郡富岡町

写真 3　除染で出た汚染土壌などが入ったフレキシブル・コンテナバッグが裏山に仮置きされている
2013年12月 4 日、田村市都路町

大を認めるなどの変更が加えられたが、森林全体の除染については「今後とも、環境省と林野庁が連携し、調査・研究を進め、新たに明らかになった知見等については、必要に応じ、対応を検討」という表現にとどまった。その後、一二月には森林部分について見直しをした「除染関係ガイドライン 第二版 追補」が公表されたが、「森林における今後の方向性」の内容を反映したものに過ぎず、森林全体の除染は相変わらず棚上げされたままである。

国が森林全体の除染に慎重な姿勢を崩さないのには、国際的にもこれまでの政策対応は高く評価されているという自信の表れがあるのかもしれない。国際原子力機関（IAEA）は二〇一一年一〇月、日本政府の招きに応じて専門家チームを編成し、自然環境の回復を支援するための国際ミッションを実施した（Final Report of the International Mission on Remediation of Large Contaminated Areas Off-site the Fukushima Dai-ichi NPP）。また、二〇一三年一〇月にも日本政府の再度の要請を受け、環境回復の進捗状況を評価するフォローアップミッションを編成した（Final Report: The Follow-up IAEA International Mission on Remediation of Large Contaminated Areas Off-site the Fukushima Dai-ichi NPP）。いずれも除染範囲を生活圏に限る現行の森林除染にお墨付きを与えるものであり、結局のところ、政府の見解を追認するだけのものであった。

国際的な角度から環境回復の取り組みを評価することはとても大切なことである。事実、チェルノブイリの経験から学べることは数知れない。だが、あくまで原子力発電を推進する立場をとる国際機関は、はたして被害実態とそれへの対策を公正に評価しているのだろうか。記述内容を読むと、日本政府の公式見解をおうむ返しに書いているだけのようにもみえる。除染を求める人々の納得を本気で得るつもりがあるのならば、多角的な視点から国際的な評価をすることこそ重要であろう。

表6　環境省環境回復検討会「森林における今後の方向性」にみる森林除染をめぐる国の見解

エリア区分	基本方針
エリアA (住居等近隣の森林)	《追加的な堆積有機物残さの除去》 ○森林周辺の居住者の生活環境における放射線量を低減する観点からは、効果的・効率的な手法として、林縁から20m程度の範囲を目安としつつ、空間線量の低減状況を確認しながら落葉等堆積有機物の除去を段階的に実施している。 ○しかしながら、森林によって林床の状態が異なること、落葉層における放射性物質の蓄積量が減少している傾向が見られることから、落葉等堆積有機物の除去のみでは、線量が下がらない場合もあると考えられる。 ○このため、落葉等堆積有機物の除去による除染の効果が得られない場合には、林縁から5mを目安に、追加的に堆積有機物残さの除去を可能とする。 ○また、落葉等堆積有機物や堆積有機物残さの除去を行った場合には、土砂流出が懸念されるため、急斜面等の現場の状況に応じて、土のう設置などの土砂流出防止対策を適切に実施する。 《谷間にある線量が高い居住地を取り囲む森林等》 ○現在行っている面的な除染が終了した後においても、相対的に当該居住地周辺の線量が高い場合に、効果的な個別対応を例外的に20mよりも広げて実施することを可能とする。
エリアB (利用者や作業者が日常的に立ち入る森林)	○日常的に人が立ち入る場所については、個別の状況に応じ、これまでも対応を行ってきたところである。例えば、子どもが利用するキャンプ場等は除染関係Q&Aにおいて、除染対象となることを明らかにしている。 ○今般、ほだ場については、栽培の継続・再開が見込まれる場合(直轄地域にあっては現行除染実施後)、エリアAの森林の除染手法に準じ、ほだ木の伏せ込み等を行う場所及びその周辺20m程度の範囲の落葉等堆積有機物の除去を可能とする。 ○なお、原木きのこの栽培を行う者においては、「放射性物質低減のための原木きのこ栽培管理に関するガイドライン案について(平成25年3月29日付林野庁事務連絡)」に基づく管理を適切に実施することとする。
エリアC (エリアA、B以外の森林)	○放射性物質の流出・拡散等の更なる知見の集積に資するよう、環境省と林野庁と連携し、引き続き、各種取組みを推進する。 ○環境省では、住民の安全・安心を確保するため、部分的に下層植生が衰退している箇所からの生活圏への放射性物質の流出可能性に係る指摘等を踏まえ、新たな取組みを進める。 ○林野庁では、放射性物質の影響に対処しつつ適正な森林管理を進めていくための方策を推進するため、生活圏より奥地の林業等が営まれていた森林について放射性物質へ対処しつつ、林業再生していく実証事業を進める。

資料：第9回環境回復検討会（環境省、2013年8月27日）

「封じ込め」られる森林

森林汚染の実態については、県内外の大学や試験研究機関の手により、チェルノブイリでの経験を踏まえつつ、さまざまな研究成果が蓄積されてきた。その内容を簡単に紹介しておこう。[15]

原発事故が起きた二〇一一年三月時点では、落葉広葉樹林は春を待つ状態でまだ葉を出していなかったため、降水と一緒に落ちてきた放射性セシウムは樹冠に捕らえられることなく、前年までの落ち葉が積もった土の表面に直接沈着した。他方で、常緑で葉を有していたスギ林においては放射性セシウムを葉がある程度受け止めたため、落葉広葉樹林に比べ、地面に届いた放射性セシウムは少なかった。その後、時間の経過とともに、放射性セシウムの森林内での分布状況は変化し、事故直後は葉や枝、樹皮に付着していた放射性セシウムの大部分は土壌に移行した。三年程度で葉を落として新葉にかわるスギについても、古い葉から落葉していくなかで同様の動きを示している。

以上の知見は、「除染関係ガイドライン 第二版 追補」において次のように整理されている。①森林内の放射性物質は、降雨や落葉等により移動し、枝葉や樹皮に付着している量が減少し、落葉等の堆積有機物および土壌表層に多く存在している、②放射性物質は堆積有機物層や土壌表層に吸着保持されている、③放射性セシウムのほとんどは森林内にとどまっており、森林外への流出は少ない——である。堆積有機物は土壌動物や微生物の活動によって分解され、放射性セシウムは微生物等に移行するか、あるいは溶け出すが、溶け出した放射性セシウムは落ち葉層の下の土壌へと移行する。すなわち、放射性セシウムは森林内を循環するとされている。こうした科学的知見が、森林を「封じ込め」の場とする政策方針の根拠となっている。

「ガイドライン」において指摘されているように、森林全体の除染には高いハードルがあるのもたしかである。第一に、汚染範囲が広大かつ地形が険しいことからくる膨大な手間と費用、第二に森林の面積が大きいため、広範囲で除染を実施すれば汚染土壌が大量に発生し処分問題が生じること、第三に土壌や落ち葉層の除去にともない土砂流出や斜面崩壊、保水機能など森林のもつ多面的機能が低下する恐れがあること、である。

こうした技術的な難しさが森林汚染への政策対応を遅らせてきたのは間違いない。加えて、「周辺に森林を有する居住者の生活環境における放射線量を低減させるために必要な範囲内で除染を行い、むやみに森林の環境を乱さないことが肝要」（「除染ガイドライン　第二版　追補」一一九頁）とあるように、除染の目的をあくまで放射性物質による人の健康、生活環境への影響低減に置いていることも、環境省が森林全体の除染に否定的な姿勢をとる要因となっている。

森林の除染を望む県民の声

それでも福島県民の多くが森林の除染を望む。本章の冒頭でも述べたように、放射性物質による森林汚染の問題を取り上げるメディアはそう多くないが、震災から三年が経過するなかで首長の声、住民の声が少しずつ拾われてきた。

居住制限区域と避難指示解除準備区域に指定されている川俣町山木屋《やまきや》地区では、「山林が多い山木屋は、都会とは違う。住宅周辺の二〇メートルだけを除染しても意味がない」というように、住宅周辺に先行して森林除染を求める声が根強いという。[16] 二〇一四年四月、福島第一原発から半径二〇キロメートル圏内に設定された旧警戒区域内ではじめて避難指示が解除された田村市都路《みやこじ》地区では、避難指示解除の説明会において、森林を含めた除染の徹底を求める声が相次いだ（福島民報、二〇一四年二月一四日付）。

森林の汚染に不安を抱き、その除染を求める声は、避難指示区域に指定された首長、長期避難を余儀なくされている住民から共通して聞かれるものである。だが、毎日新聞記者の日野行介が指摘するように、国は、田村市都路地区の避難指示解除に当たり住民が求めた森林除染の実施を退け、当初の思惑どおりに解除に持ち込むなど、被災住民の不安に寄り添い、その声に真摯に応えているとは言い難い[17]。

市町村レベルでは、いまなお全村避難が続く飯舘村が、「いいたて までいな復興計画」(第一版は二〇一一年一二月策定、二〇一四年六月に第四版を策定済み)のなかで、森林除染の徹底と加速化を村復興の重要課題として位置づけている。また、全村避難をする他の町村に先駆けて二〇一二年一月に「戻れる人は戻る。心配な人はもう少し様子を見てから戻る」(福島民報、二〇一四年二月二七日付)という「帰村宣言」をした川内村では、生活環境の回復と基盤産業の林業復興を図るべく、森林除染の実証試験を独自に進め、その知見を県や国に紹介して具体的な政策提言をおこなうなど、森林全体の除染の必要性を国に訴えてきた。

二〇一四年二月下旬から三月初旬にかけて地元紙の福島民報は「県内五九市町村長に聞く」という一四回シリーズの記事を掲載した。そのなかで、川俣町の古川道郎町長は「問題は山林除染だ。住民は具体的な方針がないことに不満を募らせている。山木屋地区は山に囲まれ、生活と山林が密着している。全体の山林を除染するのは困難だと思うが、住民が林業や農業などで出入りする里山の除染は必要だろう」(福島民報、二〇一四年二月二六日付)と述べ、国に対して「山林除染の方針を示せ」(同上)と迫る。全村避難が続く葛尾村の松本允秀村長は、村民のほとんどが沢水や浅井戸を使用していたことから、飲用水の安全確保が村民帰還の最重要課題としたうえで、「村の八割を占める山林の除染を引き続き要望」(福島民報、二〇一四年二月二八日付)した。

避難指示区域に指定されている飯舘村や川俣町山木屋地区に隣接する伊達市の仁志田昇司市長は、市民の安心確保のために市が独自に進めるフォローアップ除染の一環として、「里山除染も実施する。〔中略〕里山に入り、山菜やキノコ、タケノコを採れる環境を取り戻したい。難しい作業であることは覚悟している。〔中略〕国や県と協議をしながら進めたい」（福島民報、二〇一四年三月一日付）と、森林除染の範囲拡大に意欲を示す。放射能汚染がそれほど深刻ではない市町村からも、森林の除染を求める声が聞かれる。中通り地方の中部にある古殿町の岡部光徳町長は「森林の除染は国の方針を注視していきたい」（福島民報、二〇一四年三月六日付）と述べ、同じく南部にある棚倉町の湯座一平町長は「森林除染が最も効果的だと考える」（福島民報、二〇一四年三月九日付）という。

森林除染をめぐる技術的な難しさを住民や市町村長が知らないわけではない。このことは川俣町長や伊達市長のコメントからも明らかである。それでも森林除染を求める声がやまないのは、あるいはあきらめきれないのはなぜか。

第一に、森林除染の本格的な検討を国が始めるまで、福島県側はずいぶん待たされたということである。除染のなかでも森林除染への国の対応はとくに遅かった。ある県職員は筆者の取材に対し、森林除染への国の関心が高まりをみせ始めたのはようやく二〇一三年に入ってから、とため息交じりにもらした。実際に環境省が林縁から二〇メートルを超える除染も認めたのは二〇一三年九月に入ってからであった。双葉地方森林組合の組合長は二〇一一年一一月、当時の政権与党であった民主党に設置されていた森林・林業ワーキンググチーム会議に県森連会長とともに呼ばれ、「「林業」という言葉が出ていない」と発言したという（筆者取材結果）。また、県森連の専務理事は震災以降、今日に至るまでの停滞感を「林業の復興は他の産業よりも遅い。まるで震災一年後のような状態だ」（福島民報、二〇一四年二月二五日付）と述べている。

第二に、その範囲が広大であるとはいえ、だからといって、なぜ森林が除染の対象とならないのかという点である。宅地や農地と異なり森林は除染しないという東京電力の態度に対する反発もある。また、林業が盛んな地域とそうでない地域で一律の対応がなされることへの不満も生じている。

第三に、山村で暮らすことに対する国の理解の欠如である。それは山村を自然と人間を重ねたトータルな時空間として捉える視点の欠如と言い換えてもよい。たとえば、自宅から二〇メートル以内が生活圏域であるという発想である。自宅周辺の斜面を二〇メートルほど除染しても、直線距離では五メートル程度しか離れていないという場所がいくらでもある。市街地の平地にある森林とはその距離感が異なるのである。放射性物質から距離を置くことが放射線防護の基本であることからいっても、それでは住民が不安に思うのは当然であろう。その意味では、森林除染という言葉が適切であるとはいえない。せいぜいそれは「裏山除染」である。現行の政策には、山村での日々の暮らしが自宅から二〇メートル圏内でおおむね完結するという認識不足が透けてみえる。自宅、公共施設、商店などの「点」と、それらを結ぶ道路という「線」。部分的な除染を根拠に帰還を促されるのである。はたして、暮らしの再建とはそう簡単なものなのだろうか。

このほか、自然と人間の関係、いわゆる「森林文化」の視点を国がもっていないことを挙げることができる。農業経済学者の守友裕一は、原発被害について、小山良太が指摘した「フローの損害」「ストックの損害」「社会関係資本の損害」に、「循環の破壊の損害」「自給の破壊による損害」を加えている。[18]「循環の破壊の損害」とは自然生態系の破壊による損害のことであり、「自給の破壊による損害」とは山野河海からの恵みの享受という地域の暮らし、文化の破壊による損害のことである。それは、避難生活を余儀なくされている双葉地方森林組合の元職員の言葉、「帰っても山に入れないなら、以前の生活には戻ったとはいえない」(朝日新聞、二〇一四年二月五日付)という言葉にも表れている。

震災以前から、福島県では官民を挙げて、木材の生産だけでなく森林レクリエーションや山菜採取などを通じて森の恵みを全面的に享受する「森林文化」をキーワードとして森づくりを進めてきた。山村住民が森林レクリエーションといった言葉を使うことはないだろうが、生活と生産の両面で日常的に森林に何らかの働きかけを続けてきたことはたしかであろう。もはや眺めるだけとなった森林とともに日常生活を営むというのは、山村生活の全体性の喪失にほかならない。福島県内に住む女子高生は、「山に入るな、草むらや枯れ葉に近づくなと、行く先々に不安がつきまとう。今まで行けた場所は今もそこにあるのに、近づくと悪い影響があるという。今までの生活と同じように見えて確実に壁がある。福島の放射能は、以前の日常に私たちの手がどうやっても届かないよう阻む障害物だ。〔中略〕遠い昔の記憶を胸に今を生きるしかない」（朝日新聞、二〇一四年三月二〇日付）と語る。

また、山村地域では、春の山菜採りや秋のきのこ狩り、冬のイノシシ猟や薪集めなど、「マイナー・サブシステンス」ともいわれる副次的ななりわいの営みが日常生活に組み込まれていたが、人々の生活を豊かにし、生きがいにもつながるこうした営みの再開のめどは立っておらず、人間と自然は依然断絶したままである[19]。この「人間と自然の断絶」は、イノシシをはじめ高濃度に汚染された野生鳥獣の生息域が拡大する要因の一つともなっており、今後、帰還を望む住民の足を鈍らせる可能性が指摘されている[20]。「森林文化」の破壊という現実をどう受け止めるかが、「政府」には問われているのである。

農林循環の途絶、生活の喜び喪失——川俣町山木屋地区

筆者は二〇一四年七月上旬、川俣町山木屋地区を訪問した。山木屋地区は、福島市の市街地から南東へ車でおよそ一時間、双葉郡浪江町に至る国道一一四号沿いにある。同地区は福島第一原発から半径二〇キロメートル圏外にあるが、二〇一一年四月に計画的避難区域に指定され、以降、住民は全員、避難生活を送る。二〇一三年八月には地区内が居住制限区域と避難指示解除準備区域に再編され、現在に至る。川俣町の調べ

によれば、二〇一四年七月一日時点の避難者数は一二〇七人、避難世帯数は五五八世帯に上る。そのうち、七四六人・三一七世帯が町内で、四一九人・二一一世帯が町外（県内）で、残りの四二人・三〇世帯が県外で避難生活を送る。

「悔しい」。山木屋地区蕨平《わらびだいら》の農家、鴫原明寿《しぎはらめいじゅ》さん（七五歳）は、筆者の問いかけにそう答えた。仕事の関係で福島市内に居を構える鴫原さんは、軽トラックで片道一時間の道を通って、生家のある蕨平で長年農業を続けてきた。水田面積はおよそ一ヘクタール、蕨平の八軒のなかで二番目に大きい。この地の農家のほとんどが田畑に隣接するかたちで森林を所有する。鴫原さんの所有森林面積は個人名義分が一〇ヘクタール、共有名義分が持分割合で換算して一〇ヘクタールである。林内から集めた落ち葉や下草は田畑の肥料となり、土壌を豊かにする。蕨平では森林と農地は一体であった。発言は、この一体性が原発事故により壊されたことへの憤りにほかならない。

山木屋地区には四行政区（一―四区）があり、蕨平は口太川《くちぶとがわ》沿いにある一区（一七世帯）に属する。鴫原さんの集落はその最上流部に位置し、世帯数は八世帯である。鴫原さんの住民票は川俣町にはないが行政区の正式なメンバーである。

避難指示区域の再編により、いまは自由に蕨平に入れる。震災以降、営農は再開できていないが、鴫原さんはほぼ一日おきに蕨平に通う。避難指示解除準備区域では二〇一三年八月から泊まることも可能となり、二〇一四年からは特例で最長二〇日間の宿泊が認められている。ただ、鴫原さんも含め、蕨平の住民で宿泊する人はいない。住民は、ペットの世話、住居のネズミの駆除や空気の入れ替えに集落に通うだけである。鴫原さんの生家は震災前にリフォームしたが、震災以降手入れ不足により傷みがちだ。最近では敷地内に侵入してくる竹の伐採に追われている。イノシシが田のあぜを壊す被害も頻発している。

狭い谷に細く連なる蕨平の水田は、その多くが除染廃棄物の仮置き場となっていた。住民は当初、人目に触れない山を仮置き場として提供しようとしたという。だが、環境省は、山に仮置き場を設置する場合は立木を伐採してその跡地を整地する必要があること、そうすれば時間とコストが余計にかかることを理由に難色を示し、道路沿いの水田に設置されることとなった。鴫原さんは宅地から離れたところにある水田を仮置き場として提供している。契約期間は二〇一三年から三か年の予定だが、期限までに返却されることはないだろうと考えている。

蕨平だけでなく、県内では仮置き場から除染廃棄物を搬出する時期はめどが立っていない。蕨平のように国直轄で除染をおこなう除染特別地域の仮置き場について、環境省は二〇一四年秋に地権者に契約期間の延長の申し出を始めたが、国の委託で市町村が除染をおこなう汚染状況重点調査地域では市町村はその対応に苦慮しており、国の見通しの甘さに反発の声が上がっている（毎日新聞、二〇一四年一〇月一三日付）。

山木屋地区が位置する阿武隈山地では養蚕の減衰後、タバコ栽培が広がった。蕨平でも養蚕からタバコに一斉に切り替えた。タバコの栽培面積は減産により減少傾向にあったものの、蕨平の住民にとっては貴重な収入源であった。そして、ここでのタバコ栽培には、森林由来の有機肥料が必須だったのである。具体的には、林内から採取した落ち葉を一年目は温床苗床として使用し、のちに発酵させ、二年目は苗を植える土壌にすき込み肥料として再利用するというものである。放射性物質による森林汚染は、こうした森林利用の体系をも破壊したのである。

鴫原さんは、タバコは栽培していないが、軽トラックで所有林から腐葉土を運び、それを森林やトラックをもっていない集落住民と分かち合い、自らも所有水田にすき込んできた。かつてのように田畑を耕す牛馬が山に生えた草を食べ、その糞尿が肥料となり、それを糧に作物を収穫するというサイクルがあるわけではない。だが、牛馬が介在していないだけで、蕨平では農地と森林はたしかに有機的なつながりを保持していたのである。

震災以前、集落の共有林では鴫原さんを含め蕨平の住民が総出で、スギ林やマツ林の下草刈りや除間伐、フジツルやブドウのつる切りなどを定期的におこない、樹木の正常な生長を促してきた。共有林では、住宅の建て替えに必要な分だけスギやヒノキを植えてきた。コナラやクヌギの林からは、細々ではあるが、シイタケ原木を収穫してきた。こうして「山をきれいにしてきた」のである。

また、蕨平の住民は春になれば山菜を、秋になればきのこを採取した。鴫原さんは「おれが一番悔しいのは、山菜とか、きのことか、自分の山でやっていた一番の楽しみを奪われたこと」という。今年の春、鴫原さんは、震災後はじめて自分の山からとったコシアブラを妻と食べたそうである。放射性物質の濃度は一キログラム当たり五〇〇〇ベクレルであった。

森林全体の除染をめぐる鴫原さんのスタンスは「それぞれが置かれている状況、山との関係の持ち方により異ならざるをえない」、また、「山村では生活圏から二〇メートルといっても実質五メートルしか離れていないということがよくある。二〇メートルかどうかというのは立地条件によるのではないか」と前置きをしたうえで、除染をしないという国の方針は「やむをえない」というものであった。土壌の除去により鉄砲水が発生する危険性や、汚染土が現在の何十倍にもなり処理できなくなることを懸念するからである。結局、三〇年の半減期を「待つ」しかない。ただ伏流水が心配である。蕨平では生活用水として井戸水と伏流水を併用するが、「放射性物質が山から垂れてくるのではないか」という不安が消えないでいる。

蕨平の森林は、①田畑への腐葉土、②生活用水、③住宅建替用資材、④シイタケ原木、⑤山菜やきのこ——をもたらしてきた。原発事故は、森林と農地の一体性（上記の①、以下同様）を分断し、住民の収入源

写真4　除染が完了したスギ林と、表土を剝ぎ取った後に重機が山砂を敷き詰める作業中の農地
2014年7月10日、川俣町山木屋蕨平

④を断ち、生活の喜び⑤を失わせた。また、鴫原さんは、安全な生活用水を確保②できるかどうかに懸念を示していた。鴫原さんは、森林の除染、とくに表土の剝ぎ取りは現実的ではないとするが、これまで続けてきた森林管理③を何らかのかたちで継続すべきであるとも考えている。森林は農地と隣接し、生活と農業、森林管理は一体であったし、それは今後も変わることはない。森林を置き去りにして地域の再生は覚束ないからである（**写真4**）。

鴫原さんは「山の問題は相当時間がかかる」が「それでも帰還は進むだろう」という。ただ、蕨平には「帰還できたとしても農業で生計を立てることができない」という深刻な問題が横たわる。お年寄りは「自分の家で最期を迎えたい」と思っている人が多く、「将来ここに戻るんだ」という意識の強い人が多いが、若い人は避難先で新しい仕事に就いており、「もう一度、世帯単位でなりわいを立て直すことは難しい」。

また、生徒数が少なくなってしまった学校に子どもを通わせることに躊躇する親も多い。一方で、山木屋地区では二〇一三年から水田で試験栽培が始まった。花卉栽培が復活し、養豚も再開予定である。このように「明るい希望はある」し、それに賭けてみたいと鴫原さんはいう。

シンチレーション式のサーベイメータ（日立アロカメディカル製、TCS－171）を持参して、森林除染が完了した鴫原さん宅の裏山の空間放射線量率を測ったところ、林縁からおよそ二〇メートル離れたスギ林の地表から一メートルの値は毎時〇・五九マイクロシーベルトを記録した。また、山木屋地区から帰還困難区域の浪江町に入る国道一一四号に設置されたゲート周辺のスギ林の、地表からおよそ五センチメートルの空間放射線量率は毎時一〇・三マイクロシーベルトであった。一度切れてしまったつながりを取り戻すのは技術的にも社会的にも容易ではないし、有効な手立てがあるわけでもない。放射能に汚染された山村の悩みは深い。

切り札の「ふくしま森林再生事業」

森林整備の事業量減に直面する福島県において林業復興の切り札として期待を集めるのが、森林整備を通じて放射性物質の削減と拡散防止を図る「ふくしま森林再生事業」である。県は環境省の除染方針に異を唱え、森林全体の除染の必要性を中央省庁に働きかける――二〇一三年四月から一四年六月までの林業対策の要請回数は一〇回に上った――一方で、東京電力が経費を負担する除染以外の枠組みを設けて、事実上の除染を進めるという対案を林野庁に提示してきた。これに応えるかたちで林野庁が予算化したのが、ふくしま森林再生事業である。

ふくしま森林再生事業とは、環境省の除染の枠組みでは、住居など近隣以外の森林については十分な対策が講じられていないことから、それとは異なる枠組みを設けることにより、事実上、森林除染を進めるというものである。対象エリアは、放射性物質汚染対処特措法に基づき指定された福島県内の汚染状況重点調査地域（四〇市町村のうち森林のある三九市町村）である。

これに先立ち、二〇一二年度には県が事業主体（財源は林野庁負担）となり、「ふくしま森林再生加速化事業」が実施された。同事業は、生活圏以外の森林除染の具体的な方針が先送りされるなかで、除染技術等の早期確立を図るため、人工林の間伐や天然林の更新伐等の森林施業を通じた放射性物質の低減についてデータを蓄積するというものである。ふくしま森林再生事業はこうした先行事業で得られたデータを県が分析し、その結果を林野庁に具体的に示すことにより、創設された。

ふくしま森林再生事業は森林整備・路網整備と放射性物質対策から構成される。森林整備・路網整備は間伐、更新伐、除伐、下刈り、植栽等の森林施業と、作業道や土場等を開設する路網整備により、森林の有する多面的機能を維持しながら放射性物質の低減を図るものである。放射性物質対策は、森林整備・路網整備を実施するための事業計画の樹立（森林所有者の同意取り付けなど）、森林調査（空間放射線量率の測定など）、森林施業にともない発生する枝葉等の林外搬出、事業効果の分析・評価である。

事業主体は市町村――ただし、県営林については県が実施――であり、県は市町村へのアドバイスと予算配分の役を担う。事業費負担の割合は森林整備・路網整備が国一〇〇パーセント、放射性物質対策が国五四パーセント、県一八パーセント、市町村二八パーセントであるが、県と市町村の負担分については震災復興特別交付税措置があるため、放射性物質対策の補助率も実質一〇〇パーセントであり、事業主体の持ち出しはない。事業期間は二〇一三年度から五年間を予定する。二〇一三年度の事業費（二〇一二年二月補正の繰越しを含む）は森林整備・路網整備が一八億四千万円、放射性物質対策が二二億九千万円、計四一億円を超える大型事業である。

こうした森林整備を実施することで空間放射線量率はどれほど低減するのであろうか。前述したように、福島県では、林業に関する試験研究、調査をおこなう福島県林業研究センターが中心となり、森林整備が空間放射線量率に与える影響に関するデータを収集してきた。そのうちの一つ、林業研究センターが二〇一二年秋からおよそ一年かけて県内四か所（空間放射線量率毎時〇・三一―一・五六マイクロシーベルト）で実施した実証試験の調査結果は次のとおりである。

常緑針葉樹のスギ林において、間伐率三〇パーセント以上の切捨て間伐（伐採木を林内に放置）を実施した場合の空間放射線量率は四・二―六・三パーセント、同じく利用間伐（伐採木の六〇パーセントを林外に搬出）では四・七パーセント、皆伐（伐採木の七五パーセントを林外に搬出）では一二・三パーセント低減した。落葉広葉樹林のコナラ林において立木本数の九〇パーセントを伐採したときの空間放射線量率は、伐採木の五〇パーセントを林外に搬出した場合が五・一パーセント、さらに枝葉も林外に持ち出した場合が二九・三パーセント低減した。以上のように、伐採をともなう森林整備には、樹種や林齢、立地などにより異なるものの、空間放射線量率を一定程度、低減させる効果が確認されている。[21]

だが、ふくしま森林再生事業の出足は当初、あまりはかばかしくなかった。その要因として、一時的ではあれ市町村が財政負担しなければならないことのほかに、そもそも市町村を事業主体と位置づけたことが挙げられる。ただし、このことを、被災市町村にとって必要性の薄い事業ばかりが予算化されているというような、震災復興の問題点を論じる際にメディアがしばしば用いる構図から説明するべきではない。確かに、「バラマキ」や「ムダ」の角度から復興事業を切って捨てるのは単純明快で、人々の関心を惹きつけやすい。だが、震災復興を本気で進める気があるならば、そうした分かりやすい言説に身を委ねるのではなく、歴史的な観点も含め多様な角度から復興事業の課題を探る姿勢が重要であろう。ふくしま森林再生事業の停滞要因については、一九九〇年代後半に実行に移された森林行政の「分権化」という歴史的な背景から説明することができる。

森林行政では一九九八年の森林法改正を契機に「分権化」が始まった。その政策的ねらいは市町村の役割強化にあったが、国も地方も財政事情がますます悪化するなかでの「分権化」は必ずしも当初のねらいを実現できていない。行政能力の強化を旗印とした「平成の大合併」――実際は財政健全化に重きを置いた行財政のリストラ合併が横行したが――を経ても、そもそも優先順位の低い森林行政において、人的・財政的な強化がおこなわれた事例は少ないのである。

ふくしま森林再生事業の事業主体はこうした市町村なのである。住宅地の除染や生活関連の復興業務が多忙を極めるなかで、市町村における森林除染の優先順位は低く、それゆえ再生事業の実施も後回しにされがちである。実際、事業開始の二〇一三年度に予算を組んだのは一九市町村にとどまった。その後、県の働きかけもあり、二〇一五年度は三三市町村が予算化する見込みとなったが、現場作業の本格的な実施にはなお一定の時間を要するものとみられる。

森林除染政策の矛盾

森林除染をめぐる現行方針は「矛盾」に満ちている。

政策レベルでみれば、一方では「封じ込め」、他方では「封じ込め」とは逆の、営林継続を図る動きがみられる。環境回復検討会は森林を放射性物質の「封じ込め」の場として位置づけてきたわけだが、砂防学者の太田猛彦委員は、矛盾の存在を次のように指摘している。

森林地域というのは、放射性物質をとどめておく、封じ込めておく地域だという、そういう性質が徐々に明らかになってきた、データでも明らかになってきたということだと思います。ですから、環境省が対応しているところでは、流出がないようにないようにと言っておりますが、林野庁が対応するところについては、その中で除染をするとか、そういうことになるわけです。ところが、除染をするということは放射性物質を移動させるということですので、その対応が逆になるわけです。そのあたり森林地域というのはどういう特性を持っている地域なのかということを、これだけデータが出てきたのだから、よく踏まえた上でバランスをとった封じ込めと除染というようなことを考えていってほしい。

（第九回環境回復検討会議議事要旨、二〇一三年八月二七日）

林業の現場に視点を移せば、実行段階に入った事実上の森林除染が、制度的には森林除染として位置づけられていないため、労働市場が二重化しつつある点もまた「矛盾」である。心配なのは、環境省公認の除染と、環境省が除染とは認めていないふくしま森林再生事業のような事実上の除染作業が並行しておこなわれることで、労働市場が二重化することである。

国直轄の除染特別地域では環境省が除染作業員に特殊勤務手当を支給しており、この賃金相場は市町村が実施する汚染状況重点調査地域にも反映している。他方で、林縁から二〇メートル圏外はあくまで除染ではないため、たとえ事実上の除染であっても、また、平場よりも多く被曝する傾向があっても、その賃金水準は従来のままであり、環境省公認の除染に比べ格段に低い。こうしたなかで、中通り地方の森林組合では、林業労働者の除染作業員への転職が相次ぎ、労働力不足が顕在化しつつある。

内閣府が二〇一四年四月一八日に公表したように、林業従事者の年間被曝線量（推計）は他業種に比べ高くなる傾向にある。実際、調査報告に示された川内村、田村市都路町、飯舘村の住民を対象とした二七の生活パターンのうち、林業はいずれも農業、教職員、事務職員、高齢者を上回る被曝線量であり、飯舘村では年間一七・〇ミリシーベルトの推計値となった[22]。調査結果の公表後には、「調査地点となった飯舘、川内両村と田村市都路地区の屋外で仕事をすることが多い農林業者は予想を超える推計値に驚き、一様に表情を曇らせた。「山林の線量を下げてほしい」」（福島民友、二〇一四年四月一八日付）という声も聞かれたという。こうした現実を踏まえれば、同じエリア内において一方では環境省公認の除染が比較的高い就労条件で、他方ではより被曝線量の多い事実上の除染が従来の林業の枠組みでおこなわれるというのは不合理というほかない。

さらに、山村住民と政策当局の間にある森林をめぐる認識の差から生じる「矛盾」がある。筆者が、取材を通じて気づいたのは、宅地とか、森林とか、農地という区分が、山村住民にとってほとんど意味をなさないということである。山村住民は宅地、農地、森林を身の回りにある自然として連続的に捉えており、それらは分けることのできない一体的なものである。それゆえ、宅地や農地の除染が認められる一方で、なぜ身近な森林の除染が認められないのか、という意識が生まれる。

住民が求める森林の除染とは自らが働き暮らす地域の除染にほかならないが、どこかで線が引かれてしまう。現行の森林除染（生活圏）は、山村住民にとって本来一体的なものである地域環境を宅地、農地、森林というようにカテゴリー化したうえで、その範囲や手法を詳細に定めるという流れで進められている。カテゴリー化すれば、当然、そこから抜け落ちる、あるいは排除される領域が必ず出てくる。住民が願うのは生産・生活の舞台であった総合的な地域環境の回復にほかならない。住民の暮らしの実態から離れた地域環境のカテゴリー化がもたらしたのは、地域環境の分断であり、除染対象からの森林の排除であった。山村で暮らすことの意味、住民と森林との距離感を心からは理解できていない空虚な除染理念。それが森林除染政策をめぐる最大の問題点であるのかもしれない。

3 原発とともにあった「林業」

原発中心の地域経済に組み込まれた林業

原発は山村住民に就業先を提供してきただけでなく、自治体の林業振興にも間接的とはいえ影響を与えてきた。原発が立地する地域やその周辺では、林業も例外なく、原発を中心とした社会経済システムの一環に組み込まれている。その一端を紹介しておこう。

一つは、東京電力あるいはその関連会社は、原発建設時ほどではないにせよ、就業機会の限られる山村の住民にとって貴重な働き口であった、ということである。たとえば、浜通り地方に立地する森林組合の組合長の二人の息子は、東京電力とその関連会社に勤務している。このように、浜通り地方では、組合職員や林業労働者の家族、親戚が、原発関連の仕事に就いている事例は決して珍しいものではない。

二つ目は、民有林の森林整備を助長する造林補助制度の拡充である。国の事業である造林補助制度では、都道府県が国庫補助金として受け取った造林補助金を事業主体に交付する。その際、県費と市町村費が追加される場合があるが、双葉郡では町村独自の上乗せ額が県内他地域に比べ多いという。その直接の財源は原発関連のものではないものの、原発関連の財源が充てられことにより負担軽減された他事業の財源が、造林補助金の上乗せに回った可能性は高い。いわゆる玉突き補助金である。このほかにも、原発立地町村においては、原発施設の固定資産税による税収が林業振興施策の財源となっている可能性は十分にありうる。だが、固定資産税は減価償却にともない年々急速に税収が下がる。このことが原発増設に町村を駆り立てたことは周知のとおりである。

三つ目として、東京電力が発注する森林整備事業を挙げておこう。原発周辺に立地する森林組合は、東京電力から送電線下の樹木の伐採や下刈りなどの線下管理業務を請け負ってきた。浜通り地方の森林組合の参事によれば、東京電力の発注する森林整備事業は利益率の高い「美味しい仕事」であり、貴重な収益源であったという。

このように原発周辺の地域林業は、原発の立地と深く関係して展開してきたといえる。歴史的にみれば、原発建設時には林業の人手が足りなくなり、竣工後には山村の雇用不足が顕在化するといったように、原発立地は地域林業のあり方をその時々に応じて左右してきた。だが、地域林業をこれほどまでに揺さぶることになったのは、今回の原発事故が初めてであった。林業関係者の胸にはいま、グリーン（＝林業）は本当にクリーンであったのか、という複雑な思いが去来している。

原発建設竣工後の労働力の受け皿として

ふくしま中央森林組合の都路事業所（旧都路村森林組合）は、双葉郡の町村に隣接し、浜通り地方に飛び出す位置にある旧都路村で事業展開する。阿武隈高地のほぼ中央に位置する旧都路村は、周囲を標高七〇〇―九〇〇メートルの山々に囲まれた山村である。郡山市と浜通り中部を結ぶ旧都路街道（国道二八八号）に面しており、大熊、双葉の両町に容易にアクセスできる位置にある。旧都路村森林組合の職員で、現在、ふくしま中央森林組合の事務方トップである吉田昭一参事は、筆者に、その立地特性ゆえ、「始まりも終わりも原発には翻弄される」と語ってくれた。「終わり」が今回の原発事故を指すことはいうまでもない。それは、森林利用体系の崩壊と地域林業の担い手の流出をもたらした。そこで以下では、「始まり」とは何だったのかをみていきたい。

一九六七年九月に福島第一原発一号機の建設が本格着工して以降、二号機、三号機と増設が続いた。一九七三年には六号機が着工、一九七九年一〇月に営業運転が開始された。「始まり」とは、この一九六〇年代後半から一九七〇年代の時期を指す。この間、原発建設工事にともなう膨大な労働力需要が生じた。福島第一原発では、一九七七年のピーク時には建設工事および定期点検により、五二二四人の臨時的な雇用が発生した[23]。だが、その仕事内容は足場組みやその解体、配管工事など一過性の強いものであり、六号機の営業運転開始により、臨時的な雇用は一気に失われた。一九八〇年の臨時的な雇用者数は最盛期のおよそ五分の一の一八一一人となり、増設にともない増加傾向にあった発電施設の運転業務や保守業務を担う継続的な雇用者数一八〇四人とほぼ同数となった。また、福島第一原発の着工後、富岡町と楢葉《ならは》町にまたがる地域では福島第二原発が着工したが、同原発四号機が一九八七年に営業運転を開始したことで、労働力需要も福島第一原発と同様の推移をたどり、「原発景気」は終焉を迎えた。

都路村は、福島第一原発の立地する大熊町と双葉町、福島第二原発の立地する富岡町と楢葉町、広野火力発電所のある広野町という「浜通り地方のエネルギー基地へ働きに出る「作業員の村」」（『都路村史』都路村史編纂委員会、一九八五年）であった。福島第一原発の一号機の着工から六号機の完成まで、一〇年間にわたり通い続けた人も多かったという。「原発景気」が生じる以前の村では、一方ではエネルギー革命による薪炭生産の崩壊により山林収入が減少し、他方では大都市の旺盛な労働力需要に応えるかたちで、農閑期の出稼ぎが増えていた。「原発景気」は、『都路村史』の言葉を借りれば、村民を「「出稼ぎ労働者」から「通勤労働者」へ」変えることとなった。原発関連の仕事は賃金水準が高く、守友裕一が実施した一九八四年七月の農家経済調査の結果によれば、村内就労の男性で一日当たり五千円から八千円であったのに対して、原発就労では男性で一日当たり八千円から一万三千円の水準にあったという[24]。前述したように、原発就労の多くが一過性のものであったわけだが、それが村内の既存産業の雇用に与えた影響は少なくなかった。

都路村では、こうした「原発景気」と時を同じくして、植林が盛んにおこなわれた。背景には、第一に、食生活の変化によるシイタケの消費量の拡大を受け、旧薪炭林にシイタケ原木となるナラやクヌギを植える動きが広がったことがある。第二に、製紙産業の技術革新により広葉樹材が製紙原料として利用できるようになり、パルプ材の出荷が増え、その伐採跡地へのスギやアカマツの植林、いわゆる拡大造林が進んだことが挙げられる。こうして、村を挙げて植林が取り組まれるようになったわけだが、原発建設の開始にともない男子労働力の大半が流出し、また、同時期に村内に進出した繊維工場や弱電工場といった農村工業に女性労働力が流れ、林業労働力はにわかに不足するようになった。都路村森林組合は直営の作業班を編成し造林労働力の確保に努めたが、賃金水準が見劣りするなかで人手不足に直面していた。

他方で、都路村役場はポスト原発建設を見据え、原発就労者が失業した際の受け皿づくりとして農林業振興に力を注いできた。林業振興策ではシイタケ生産が注目され、都路村森林組合はその推進役となった。森林組合は国立林業試験場（現・森林総合研究所）の指導のもと、シイタケ原木を生産する広葉樹施業体系を完成させた。それは村民の山林収入の確保、地域雇用の創出につながり、「原発景気」の真っ只中にあった一九七二年に一八人であった林業労働者は、ポスト原発が模索され始めた一九八四年には五〇人へと増加した。都路村森林組合は「原発景気」という強力な労働力需要のなかにあって、国内でも珍しい広葉樹資源の積極的利用という村独自の林業のかたちを生み出し、ポスト原発建設下の地域づくりの一翼を担ってきた。

山間辺地の過疎化と人工林の荒廃

森林荒廃といったとき、人々が一般的にイメージするのはいわゆるはげ山であろう。しかし、アジアモンスーン地帯にある日本では森林を伐採後、放置しても裸地化することは基本的にはない。日本列島における森林荒廃は人間活動の過剰ではなく、むしろその停滞から生じているという点に特徴がある。代表的な事例として、国土面積の約三割、一千万ヘクタールを超える人工林の管理が行き届いていないことを挙げることができる。

その要因は木材価格の低迷にある。国内の代表的な人工林樹種であるスギの山元立木《やまもとりゅうぼく》価格（丸太の市場価格から伐採、搬出などに必要な経費を控除した伐採前の立木の材積一立方メートル当たりの価格）はピーク時である一九八〇年の二万二七〇七円から二〇一三年には二四六五円に下落し（「山林素地及び山元立木価格調」日本不動産研究所）、林業生産活動の一端を示す木材生産量は一九六〇年代の約五千万立方メートルから、近年は二千万立方メートルを割り込む状態が続く。[25] その結果、森林整備が停滞し、たとえ伐採されたとしてもその後に再造林する費用を森林所有者が捻出できず、伐採跡地が放置されるケースが相次ぐ。

また、近年では、山村地域における過疎化の一層の進展にともない、人間の日常的な働きかけにより成立していた里山が管理されなくなり、生物多様性の低下を危惧する声も聞かれるようになった。このような国内林業を取り巻く厳しい状況は福島県内でも同様にみられる。

福島県内では全五九市町村のうち六二・七パーセント（三七市町村）が振興山村に指定されている。振興山村は、一九六五年に議員立法で一〇年間の時限法として制定されて以降、現在までくり返し延長されてきた山村振興法（二〇〇五年三月に一〇年間延長）に基づき、林野率が高く、人口密度が低いことなどを条件に旧市町村（一九五〇年二月一日時点）単位で国土交通大臣などから指定される。県内には、市町村区域の全部が振興山村に指定されている全部山村が一四市町村、一部が指定されているのが二三市町村ある（二〇一三年四月一日時点）。福島第一原発が立地する浜通り地方では新地町と双葉町、富岡町を除く一〇市町村が指定されている。同法に基づき策定された「福島県山村振興基本方針――美しく豊かな山村づくりをめざして」（福島県、二〇〇六年三月）によれば、振興山村の面積は県土面積の五六・六パーセントを占めるが、人口は一〇・二パーセントに過ぎない。また、振興山村は県全体と比較して、少子化と高齢化が一段と進んでおり、生産年齢人口（一五―六四歳）の減少が著しい。他方で、第一次産業就業人口の減少スピードは緩やかであり、全就業人口に占めるその割合は県全体のおよそ二倍に上るという特徴がみられる。

山間辺地における基盤産業の一つである林業の停滞と、過疎化と少子・高齢化の進展を踏まえ、「福島県山村振興基本方針」は、「森林の有する多面的な機能を発揮するためには、山村において林業生産活動が継続的に行われることが重要なことから、森林・林業を支える担い手の育成・確保を図るとともに、県産木材の安定供給と需要拡大を図ります」と述べている。実際、こうした方針に基づき、福島県は森林環境税を導入するなどさまざまな林業振興策を講じてきた。林業就業者数の回復などはその成果の一部であり、また、国産材需要の拡大により木材生産額は下げ止まる傾向もみられた（**表3**）。このような明るい兆しもある一方で、それが山村地域の過疎化を押しとどめるまでには至っていないというのも事実である。

環境保全型林業の推進

福島県は全国的にも比較的早い時期に森林環境税を導入し、「森林文化」をキーワードに森林環境の保全活動を展開してきた。森林環境税の導入を一つのきっかけとして、これまでのような木材生産一辺倒ではなく、災害防止や水源涵養《かんよう》、生物多様性保全などの、森林の公益的機能に配慮した環境保全型林業への転換が模索され始めている。以下では、環境保全型林業の先進事例の一つとして位置づけることができる、ふくしま中央森林組合・都路事業所における試みを紹介しておこう。都路事業所の実践は、残念ながら原発事故により頓挫してしまったが、放射能に汚染された森林の今後の管理のあり方を考えるうえで、貴重な示唆を与えてくれるものである。

田村市のシイタケ原木生産量は県内生産量の約四割を占め、田村市内生産量の約八割が都路地区で生産されるなど、福島県内ではシイタケ原木の一大生産地として知られる。都路地区では戦後、豊富な広葉樹資源を背景に薪炭生産が盛んにおこなわれてきた。その後、エネルギー革命により薪炭生産は崩壊したものの、一九七〇年代には薪炭にかわり需要が増加してきたシイタケ原木の生産を進めてきた。原木生産はその後も拡大を続け、ピーク時には年間二〇〇ヘクタールを超える広葉樹林が伐採されるなどしたため、薪炭林として整備してきた広葉樹資源の枯渇に対応する必要が生じてきた。

都路地区では、スギ材の価格低迷や気候・土壌等の自然条件から、広葉樹林の伐採跡地にスギなどの針葉樹を植林する拡大造林をおこなうことも難しい状況にあった。旧都路村森林組合はシイタケ原木林の整備拡充が森林所有者の利益になると判断し、森林組合と県の出先機関が協力して一九八七年頃から普及活動を進めた。広葉樹施業の専門家を招いた現地指導や森林所有者との勉強会を開催し、小さい村でありながら造林補助事業を県内一活用するなどして、シイタケ原木生産の一層の普及に力を注いできた（カラー口絵写真、三頁上）。

当時採用した施業方法は、広葉樹林内のサクラやケヤキ、クリなどを皆伐した伐採跡地に、シイタケ原木に使うコナラとクヌギを一ヘクタール当たり二千―三千本植栽し、それを一七―二〇年生で収穫、根づいた株からの萌芽により二代、三代と収穫を続けるというものであった。都路事業所は、普及活動の成果について、シイタケ原木の生産に適した樹種を短期で収穫する施業の普及→一ヘクタール当たりの生産本数が増加、広葉樹施業を積極的に推進する森林所有者の増加→森林所有者の収益増加、森林整備関係の雇用創出→地域経済に貢献、とまとめている。

二一世紀に入り、シイタケ生産における菌床《きんしょう》栽培の増加や、公益的機能の重視など社会が求める森林の役割に変化がみられ、森林整備を取り巻く環境が変わってきた。実際、従来の広葉樹施業ではシイタケ原木を収穫する際に大面積の皆伐をおこなうため、水源涵養や土砂流出防備の機能が一時的に弱まるコナラやクヌギの一斉林であり、樹種構成が少なく生物多様性に乏しいため昆虫などを採取する森としての機能が弱い、皆伐箇所が国道などの主要道路沿いである場合は景観上問題がある、などの声が森林組合に届くようになった。都路事業所ではこれらの問題に対応するため、森林の公益的機能と森林所有者の所得確保を両立させるべく、環境保全型の広葉樹施業として、非皆伐の複層林施業を導入することとした。

新たな広葉樹施業では、第一段階（二五年生）においてナラ類やサクラなど、もともと地域に自生している樹種を残して六―七割を伐採して萌芽更新を期待するほか、下層にはコナラ、クヌギ、サクラ、ケヤキなどを植栽する。第二段階（五〇年生）では上層木を五割程度、下層木を六―七割伐採し、必要に応じ植栽する。そうして、第三段階（七五年生）には上層に七五年生、中間層に五〇年生、下層に二五年生という複数の林齢と樹種からなる複層林が形成される。下層部分は、従来の広葉樹施業と同じように、シイタケ原木やオガ粉用材、パルプ用材として循環的に利用するために伐採をおこなう。上層および中間層は長伐期施業を目指し、樹種や形状、需要を考慮しながら、保存する木と伐採する木を判断したうえで、大径材として収穫することになる。

以上のように、森林組合が新しい広葉樹施業の具体的方針を示したことで、複層林施業を選択する森林所有者が増加してきた。造林補助事業における複層林施業の実績をみると、二〇〇七年度までは全体の一割程度を占めるに過ぎなかったが、二〇〇八年度には四割を超えるまでに普及した。こうした第一段階の取り組みに並行して、都路事業所では、第二段階、第三段階への移行に向け、県の出先機関や県内外の研究機関と協力して科学的データを収集し、二〇年先、三〇年先を見越した森林整備を進めるべく、施業技術の蓄積を進めてきた。震災は、こうしたシイタケ原木林における生物多様性の保全、土砂災害の防止、水源の涵養という多面的機能の発揮を重視した森林施業の取り組みを進めている最中にやってきた。

震災当日、都路事業所は、新しい広葉樹施業をさらに普及させるための財源確保に向けて、カーボンオフセット（J―VER）の事業認定を取得するための現地審査を受ける予定であった。カーボンオフセットとは個人や企業が排出する温室効果ガスのうち削減が難しい分を、省エネルギー設備の導入や森林整備によってほかの場所で実現した排出削減・吸収量などを購入することで相殺（オフセット）することである。排出削減活動や森林整備によって生じた排出削減・吸収量を認証するのがJ―VER制度（二〇〇八年一一月創設、二〇一三年四月から新制度J―クレジット制度へ移行）であり、都路事業所は同制度の認証を受けることで、非皆伐の複層林施業の導入による木材生産量の減少と森林所有者の収益減少を補おうとしたのである。

だが、現地審査は取り止めとなり、都路事業所は貴重な収益源を得る可能性を失った。これは可能性ゆえに賠償されることはなく、その被害額が表に出ることはない。だが、原発事故がなければ比較的高い確率で得ることのできた収益であり、その意味では、組合にとって非常に大きな損害であった。原発事故は新たな森林づくりに踏み出す、その芽を摘むこととなったのである。

悲劇はさらに続く。放射能に汚染されたシイタケ原木林を前に、都路事業所は一気に経営危機に陥ることとなる。

4　原発事故後の林業・木材産業界

林業の停滞——民間事業体の動きを中心に

住民の避難が長引く避難指示区域やその周辺地域では、民間の造林業者や素材生産業者（木材生産業者）、製材業者、木材チップ製造業者も事業休止、操業停止、廃業を余儀なくされた。県木連の調べでは、二〇一三年一二月時点で、原発事故にともない休業中の製材工場は九社（浪江町四社、大熊町一社、富岡町一社、楢葉町三社）である。チップ工場については、震災後の事業量減少によりいわき市で一社が廃業したほか、休業中が二社（南相馬市一社、富岡町一社）ある。そのうち、南相馬市の一社は工場敷地内で太陽光発電事業や宿舎経営に乗り出しているが、本業であったチップ生産は依然再開していない。富岡町の一社は廃業を検討中である。

筆者は二〇一三年一二月、県木連が事務局を務める協同組合福島県木材流通機構の情報交換会に出席し、同機構の組合員から県内の林業事情を聴取する機会を得た。会合には森林組合、素材生産業者、製材業者、木材チップ製造業者など二九人が出席した。そこでは、原発事故の影響が地域ごと、業種ごとにさまざまな現れ方をしていること、林業被害が顕著なのはいわき市以北の浜通り地方であることなど、震災以降の福島県の林業、木材産業の全体像を知ることができた。

南相馬市原町区で木材生産と木材チップ製造を営むT社では、震災以降、子どもの健康不安などを理由に若い人を中心に退職が相次ぎ、従業員（林業労働者、工員、運転手）数が震災前後で五〇人から三二人に減少した。南相馬市では復興需要にともなう人件費の高騰や地域住民の長期避難が続いており、T社は人材確保に苦労していた。同社では、二〇一一年は行方不明者の捜索やがれきの処理、二〇一二年は高速道路建設や住宅地の高台移転にともなう支障木の伐採、二〇一三年は飯舘村の除染事業での居久根《いぐね》（屋敷林）の枝打ちというように、震災以降は復旧・復興関連の「請負仕事」の日々が続き、木材生産と木材チップ製造という本業の本格的な再開には至っていない。

こうしたなかで、二〇一三年一二月、T社は本業再開の第一歩として県発注の森林整備事業（間伐等）を落札し、郡山市にある木材市場に丸太を出荷することができた。だが、出荷の際、樹皮をあらかじめ取り除くことが求められたという。このことは、いわき市以北の浜通り地方における素材生産が、森林汚染によって、特別な対応をとらざるをえない状況にあることを示す。実際、会合に出席していた製材業者からも、樹皮部分は放射線量が高い傾向にあるので、樹皮を取り除いたものであれば、相双地域の丸太についても受け入れを検討したいという声が聞かれた。

このほか、森林汚染レベルが比較的低い中通り地方南部や会津地方の素材生産業者、製材業者によれば、これらの地域では、放射能汚染による経済的実害はとくになく、震災前後で取扱数量や事業体経営に変化はみられないということだった。ただし、会津美里町の素材生産業者から、林業労働者の通年雇用化を目的として事業展開しはじめたばかりのきのこ生産を、震災後、休止せざるをえなくなったという事例が紹介された。

滞留バークの処理問題

製材工場では丸太を製材品に加工する過程でバーク（樹皮）を剝離する。バークは従来、堆肥などに利用されてきた。だが、震災以降は放射能濃度が一キログラム当たり四〇〇ベクレルを超えると出荷できなくなったため（「放射性セシウムを含む肥料・土壌改良資材・培土及び飼料の暫定許容値の設定について」農林水産省、二〇一一年八月一日）、福島県内の製材工場には大量のバークが滞留することとなった。福島県の調べによると、二〇一三年秋頃から産業廃棄物としての処理や、低濃度のものについては堆肥利用できるめどが立ち、県内のバーク滞留量は二〇一三年一一月末をピークに減少傾向にあるが、二〇一四年八月末時点の滞留量は推計で約四万九千トンに上るという。バーク滞留量は製材工場が集積する中通り地方が最も多く、浜通り地方がそれに続く。ただし、会津地方にも一万トンあまり滞留するなど、滞留バークの存在は県内全域に広がっている。

前述した情報交換会の席上において、中通り地方の南部に位置する塙《はなわ》町で、一日当たり原木消費量が約一千立方メートルと国内有数規模の国産材製材工場を稼働する製材業者は、この滞留バークに頭を悩ませていると語ってくれた。放射能濃度は暫定許容値を下回る一キログラム当たり一〇〇ベクレル程度だがバークの流通は停止しており、工場敷地内に一万立方メートルほどのバークが野積みとなったままであるという。新規発生分については敷地外での処理が可能となり、今後増加する恐れはないものの、野積みとなったバークの処理が課題となっていた。

田村市の一部（旧船引《ふなひき》町、旧常葉《ときわ》町）と三春町をカバーする田村森林組合でも、二〇一三年一二月の取材時には、製材工場の敷地内に約一千トンのバークが山積みされていた（**写真5**）。新しく発生するバークについては廃棄物として敷地外に持ち出されるようになったが、滞留分は敷地内に野ざらしのままであった。

写真5　田村森林組合の製材工場敷地内に堆積する減容化されたバーク
2013年12月4日、田村市常葉町

圧縮機により減容化処理したバークを詰めた袋が破れ、バークがこぼれ落ちる寸前のものもあった。取材当時、袋の劣化にどう対応するか、担当者は頭を悩ませていた。田村森林組合には、製材工場の設備更新をおこない、年間原木消費量を現在の一万立方メートルから二万立方メートルに増やす計画がある。その実現に向けて、滞留バークの安定的な処理体制の構築が急がれていた。

前述したように、当面の対策により産業廃棄物処理や堆肥利用のめどが立ったことから、塙町の製材業者と田村森林組合では二〇一四年内に滞留バークをすべて解消することができた。しかし、製材事業を継続するかぎり、汚染バークは今後も発生し続ける。また、避難指示区域の再編にともない営林再開の動きが進むなかで、これから先、放射能濃度の比較的高い木材の流通量が増加することも予想される。汚染バークの問題は次のステージに移りつつあるといえよう。汚染バーク問題の解決には息の長い取り組みが求められており、今後は、産業廃棄物処理に依存しないような汚染バークの利用の方途を検討していく必要がある。

5　避難指示区域の森林組合

ゼロからの再出発

福島県内には一九の森林組合があり、沿岸部の浜通り地方に四組合、内陸部の中通り地方に七組合、会津地方に八組合が分布する。周知のとおり、東日本大震災は類例のない「複合災害」[26]であった。地震と津波による被害は浜通りと中通りに集中し、強い揺れにより七組合の事務所等が損壊した。また、津波により従業員やその家族を失った組合もある。さらに、原発事故は、組合員や従業員に避難生活を強い、放射性物質による森林汚染により組合経営の存立基盤を揺るがした。

震災当初、組合地区のなかに避難指示区域等が設定された森林組合数が七組合あった（**表7**）。その後、時間の経過とともに避難指示区域等の指定要件やその範囲の見直しが進み、二〇一四年三月時点では一一市町村に避難指示区域（帰還困難区域、居住制限区域、避難指示解除準備区域）が設定され、そこを組合地区とするのは五組合となっている。

県森連の調べでは、とくに被害が大きかった四組合（ふくしま中央森林組合・都路事業所、双葉地方森林組合、相馬地方森林組合、飯舘村森林組合）の従業員数は、震災直前の二三九人から、二〇一一年六月には一二二人に半減した。また、県内全組合を対象とした二〇一二年三月の県森連調査では、組合直営の林業労働者が事故直前の四六九人から三四五人、組合下請の林業労働者が二三九人から一五九人に減少した。

表7　福島第一原発事故にともなう避難指示区域等の推移と森林組合地区

（2011年３月15日）

森林組合名称	避難指示区域（20km 圏）	屋内退避指示区域（20〜30km 圏）	左記区域外
双葉地方	広野町	広野町	
	楢葉町	楢葉町	
	富岡町		
	川内村	川内村	
	大熊町		
	双葉町		
	浪江町	浪江町	浪江町
	葛尾村	葛尾村	葛尾村
飯舘村		飯舘村	飯舘村
相馬地方	南相馬市	南相馬市	南相馬市
			他２市町
ふくしま中央			田村市滝根町
			田村市大越町
	田村市都路町	田村市都路町	
			他９市町村
田村		田村市常葉町	田村市常葉町
		田村市船引町	田村市船引町
			三春町
福島県北			川俣町
			他７市町村
いわき市		いわき市	いわき市

（2011年４月22日）

森林組合名称	避難指示区域		緊急時避難準備区域	左記区域外
	警戒	計画的避難		
双葉地方			広野町	
	楢葉町		楢葉町	
	富岡町			
	川内村		川内村	
	大熊町			
	双葉町			
	浪江町	浪江町		
	葛尾村	葛尾村		
飯舘村		飯舘村		
相馬地方	南相馬市	南相馬市	南相馬市	南相馬市
				他２市町
ふくしま中央				田村市滝根町
				田村市大越町
	田村市都路町		田村市都路町	
				他９市町村
田村			田村市常葉町	田村市常葉町
			田村市船引町	田村市船引町
				三春町
福島県北		川俣町		川俣町
				他７市町村
いわき市				いわき市

（2013年８月８日）

森林組合名称	避難指示区域			左記区域外
	帰還困難	居住制限	避難指示解除準備	
双葉地方				広野町
			楢葉町	楢葉町
	富岡町	富岡町	富岡町	
		川内村	川内村	川内村
	大熊町	大熊町	大熊町	
	双葉町		双葉町	
	浪江町	浪江町	浪江町	
	葛尾村	葛尾村	葛尾村	
飯舘村	飯舘村	飯舘村	飯舘村	
相馬地方	南相馬市	南相馬市	南相馬市	
				他２市町
ふくしま中央				田村市滝根町
				田村市大越町
			田村市都路町	田村市都路町
				他９市町村
田村				田村市常葉町
				田村市船引町
				三春町
福島県北		川俣町	川俣町	川俣町
				他７市町村
いわき市				いわき市

（2014年10月１日）

森林組合名称	避難指示区域			左記区域外
	帰還困難	居住制限	避難指示解除準備	
双葉地方				広野町
			楢葉町	楢葉町
	富岡町	富岡町	富岡町	
			川内村	川内村
	大熊町	大熊町	大熊町	
	双葉町		双葉町	
	浪江町	浪江町	浪江町	
	葛尾村	葛尾村	葛尾村	
飯舘村	飯舘村	飯舘村	飯舘村	
相馬地方	南相馬市	南相馬市	南相馬市	
				他２市町
ふくしま中央				田村市滝根町
				田村市大越町
				田村市都路町
				他９市町村
田村				田村市常葉町
				田村市船引町
				三春町
福島県北		川俣町	川俣町	川俣町
				他７市町村
いわき市				いわき市

注１：表上左は、福島第一原発の半径20km 圏内に避難指示が、20—30km 圏内に屋内退避指示が出された時点の対象地域区分である

注２：表上右は、福島第一原発の半径20km 圏内が警戒区域に、20km 圏外が計画的避難区域と緊急時避難準備区域（同年９月末に解除）に指定された時点の対象地域区分である

注３：表下左は、2011年12月に政府が示した、警戒区域と計画的避難区域を帰還困難区域、居住制限区域、避難指示解除準備区域に再編する案が完了した2013年８月８日時点の避難指示対象地域である

注４：表下右は、2014年10月１日時点の避難指示対象地域区分である。2014年４月１日に田村市都路町の避難指示解除準備区域に対する避難指示が解除された。同年10月１日には川内村の避難指示解除準備区域に対する避難指示が解除され、居住制限区域が避難指示解除準備区域に変更された

資料：『東日本大震災記録集』（消防庁、2013年３月）186—188頁、「避難指示区域の概念図」（経済産業省公式ウェブサイト内、http://www.meti.go.jp/earthquake/nuclear/pdf/141001/20141001kawauchi_gainenzu.pdf　2014/11/20）

ここで、福島県内の森林組合が対応を急ぐ損害賠償問題について触れておこう。

一つは、森林組合の経営損害である。県森連の調べによれば、営業被害と風評被害について、二〇一三年八月時点で、浜通り地方の四組合、中通り地方の六組合、会津地方の四組合の計一四組合が計一七億円の損害賠償を請求している。そのうち、東京電力が請求額に対して支払うことを決めた割合（認容率）は五〇・三パーセントに過ぎない。組合単位でみれば、認容率は八・七―一〇〇・〇パーセントとばらつきが大きい。認容率が八パーセント台と際立って低い相馬地方森林組合は、原子力損害賠償紛争解決センター（原発ADR機関）に和解の仲介を申し立てている。

もう一つは、組合員が所有する森林（山林の土地、立木）の損害賠償、すなわち山林財物賠償である。県森連と各組合は二〇一三年五月、東京電力に対して、山林財物賠償の基準を早急に示すことを要望した。背景には、損害賠償の行方を気にする森林所有者が立木の伐採を手控える「伐り控え」が広がり、森林整備が滞ってきたという事情があった。

損害賠償の早期実現を求める声は強く、県森連は福島第一原発から半径二〇キロメートル圏内の森林所有者から約四八〇〇通の委任状を、田村森林組合では約四千通（二〇一三年四月時点）、福島県北森林組合は約五〇〇通（二〇一三年八月時点）の委任状を組合員から預かった。そのうち、組合地区内に帰還困難区域等の避難指示区域が含まれない田村森林組合では、損害賠償の対象から外されるのではないかという懸念から、しびれを切らすかたちで七月、立木に限定して東京電力に単独で損害賠償を請求した。

東京電力は八月に入り賠償基準を初めて提示した。だが、県内全域を賠償対象にすべきという森林組合側の意向とは異なり、対象地域が避難指示区域等に限定されたこと、対象樹種がスギなどの針葉樹だけであったこと、賠償金額の水準が不十分であったことなどから、組合側は九月に東京電力、一〇月に文部科学省と経済産業省に対し賠償基準を被害実態に沿ったものとするよう内容の改善を要請した。その後も、組合側は関係省庁への要望活動を織り交ぜつつ、東京電力、および二回目の説明・協議の場から姿をみせた資源エネルギー庁と協議を続けた。

二〇一四年五月、東京電力はようやく被災一二市町村と県、資源エネルギー庁の実務者協議において、「立木の賠償について（案）」を示した。要望活動が三回、説明・協議が七回に及ぶなかで東京電力と関係省庁に対し不信感を募らせた森林組合側は、この協議の場で、東京電力と資源エネルギー庁、福島県原子力対策課に対し「森林組合の立木賠償に関する立ち位置」を明確にするよう求めた。七月には再度、同じメンバーで詰めの協議がおこなわれた。その内容は概略次のとおりである。

避難指示区域（帰還困難区域、居住制限区域、避難指示解除準備区域、旧避難指示解除準備区域）と双葉郡内のその他の地域については、すべての森林が、立ち入り制限によって損害を被り木材の出荷が長期にわたり困難であるとして、全損扱いとなった。賠償額は人工林が一ヘクタール当たり一〇〇万円、天然林が三〇万円にそれぞれ所有面積を乗じたものとなる。それ以外の地域では、シイタケ原木の出荷が不可能であるとして天然林のみを賠償対象とし、賠償額は福島第一原発からおおむね半径三〇キロメートル圏内（双葉郡を除く旧屋内退避指示区域と緊急時避難準備区域）では一ヘクタール当たり一〇―三〇万円とした。上記を除く地域は、天然林の取引実績があることを条件に五―三〇万円となった。賠償額に幅があるのは、請求者が個別の事情を自ら証明して必要であると認められれば、三〇万円を上限に上乗せすることができる仕組みが設けられたからである。

森林組合側は基本的に上記の案を了承し、東京電力は九月一八日に賠償基準を公表した。避難指示区域については公表後、請求受付が始まった。そのほかの地域についても賠償額算出の手法など詳細を詰めたうえで順次、請求受付を開始する予定である。一口に森林所有者といってもその内実は千差万別であり、営林再開に意欲的な人から、自らの持ち山の位置が分からない人までいる。そうしたなかで損害賠償をいかに公正かつスムーズに進めるか、この仕組みにいかに実効性をもたせるのか。組合員に代わり賠償実務を担うこととなる森林組合に課せられた役割は大きい。

双葉地方森林組合——帰還町村の森林整備を担うために

双葉地方森林組合（組合員所有森林面積二万五三二一ヘクタール、組合員数三四一三人）の組合地区は双葉郡全八町村であり、そのうち七町村に帰還困難区域を含む避難指示区域が広がる。同組合は福島第一原発から直線距離で約六キロメートルの位置に構えていた富岡町内の本所の放棄を余儀なくされた。常勤役職員は全員、郡山市や二本松市、田村市、いわき市で避難生活を送る。組合員もその多くが県内外で避難生活を続けており、所在がつかめない者も少なくない。

震災から一か月後、双葉地方森林組合は田村市常葉町内にある田村森林組合の事務所の一部を間借りして業務を再開した。だが、避難生活が長引くなかで職員の退職が相次ぎ、これまでに八人が職場を去った。退職理由は、長期避難にともなう祖父母の介護や子どもの世話といった家族の問題、避難先からの通勤問題などであった。人員を補充するため募集をかけても応募者がほとんどなく、新規採用者は一人にとどまる。また、八〇人いた組合直営の林業労働者は七〇人が休職したままである。二〇一四年五月からは三春町へ仮事務所を再移転し、現在に至る。

双葉地方森林組合の事業総収益（総取扱高）は震災以前の四—五億円から二〇一一年度には二億五千万円に減少したが、二〇一二年度は除染事業（二億二千万円）の受注により四億一千万円、二〇一三年度も同じく除染事業（四億五千万円）の受注により六億四千万となり、V字回復した。だが、それは見かけに過ぎず、事業総収益を押し上げているのは組合本来の事業とはいえない除染事業である。例年、事業総収益の七―八割を占めていた森林整備事業（新植や下刈り、除伐、間伐などの森林整備）は大幅に縮小したままである。

本業の営業成績を示す事業損益は、除染事業の受注にもかかわらず――一次下請けとして受注した除染事業を二次下請けに回しているため、除染事業の利益率は総じて低い――震災以降、三期連続で損失を計上した。この赤字を穴埋めするのが東京電力の損害賠償である。二〇一一年度は四四〇〇万円、二〇一二年度は二千万円、二〇一三年度は一八〇〇万円を受け取ることで、かろうじて当該年度の最終的な利益である当期剰余金を確保している。

震災から三年を経て、広野町や川内村など役場機能が戻った町村から順次、森林整備や素材生産が再開されつつある。双葉地方森林組合は、双葉郡内の森林管理を支える林業事業体として、組合員所有林だけでなく、町村有林や国有林の整備も担ってきた。二〇一二年一月に「帰村宣言」をした川内村には六千ヘクタールを超える村有林があり、国有林が広がる楢葉町も帰還を予定している。組合長は「除染が終われば森林整備の需要が必ず発生する。そのときに備え現体制を維持することが大切」という考えのもと、東京電力の損害賠償がなければ最終利益を確保できない厳しい経営が続くなかにあって、当面は組合存続に全力を尽くす構えである。

飯舘村森林組合――全村避難と除染事業

飯舘村森林組合（組合員所有森林面積四七六一ヘクタール、組合員数九七七人）は浜通り地方の北西部、相馬郡飯舘村を組合地区とする。同組合は震災直後、相馬地方森林組合から要請され、津波被害にあった沿岸部に出向き、がれき処理に当たった。しかし、政府が二〇一一年四月、飯舘村を計画的避難区域に指定したため、組合関係者は順次村外に避難、組合は六月以降休業を余儀なくされた。ただし、石材加工事業（墓石修繕工事）については需要が見込めたため、特別に許可を取り、村内の石材加工センターに担当者二人が通い、操業を続けた。一一月には福島市飯野町に設けた仮事務所に移ったが、最終的に休業状態を脱したのは二〇一二年八月であった。

飯舘村森林組合には震災以前、常勤職員が八人、素材生産に通年で従事する林業労働者が五人、森林整備に季節的に従事する林業労働者が約二〇人いた。震災以降、職員三人が退職した。通年雇用の林業労働者も全員が休業と同時に退職し、相馬地方森林組合に移籍した。休業明けには、森林組合の元労働者や村内の農林家、全村避難にともない廃業した林業会社などから村民を採用したが、相馬地方森林組合に移った五人が戻ることはなかった。

飯舘村森林組合の事業総収益は震災前後で大きく変動した。事業期間が実質二か月間となった二〇一一年度の事業総収益は三五〇〇万円に激減したが、翌年度には一億三千万円に回復し震災前の水準にほぼ戻り、二〇一三年度には震災前を上回る一億八千万円に達した。この収益回復をもたらしたのが二〇一二年度に事業総収益の八三・七パーセント、二〇一三年度に同じく八七・九パーセントを占めた除染事業である。除染事業では居久根（屋敷林）の除染の事前調査や、放射性物質の仮置き場の伐採などを請け負う。事業総収益が回復する一方で、事業損益は二〇一〇年度以降損失を計上し、赤字幅も年々拡大している。その赤字を穴埋めするのが、双葉地方森林組合と同じく東京電力の損害賠償である。飯舘村森林組合は二〇一一年度に一三〇〇万円、二〇一二年度に一七〇〇万円、二〇一三年度に八千万円を受け取り、なんとか最終利益を確保してきた。

飯舘村森林組合の収益源は震災以前の森林整備事業、シイタケ原木の生産・販売、飯舘村特産の御影石の加工を主とする形態から、除染事業にほぼ全面的に依存するかたちとなった。同組合は飯舘村の環境回復をミッションに掲げ、組合でしかできない仕事として森林除染（生活圏）に積極的に取り組んできた。村内の除染が当初計画から大幅に遅れていることから、今後数年は除染事業を受注できる見通しである。他方で、営林再開の見通しが立たないなかで、ポスト除染を視野に入れた組合経営のあり方が問われている。

相馬地方森林組合――震災需要に依存

相馬地方森林組合（組合員所有森林面積一万七八一八ヘクタール、組合員数二六〇九人）は浜通り地方の北部、相馬市、南相馬市、新地町が組合地区である。南相馬市には避難指示区域が広がり、局地的に放射線量が高い特定避難勧奨地点も点在する。同組合では津波により四〇歳代の契約職員一人が亡くなり、福島県内の森林組合で唯一犠牲者が出た。震災以降、地震により一部倒壊した事務所を閉鎖したため、事実上の休業状態にあった。ただ、重機を所有する林業事業体に対し復旧事業に取り組むよう福島県から要請があり、休業期間中も、南相馬市内で行方不明者の捜索、がれきの処理に当たった。業務再開にこぎ着けた二〇一一年四月以降も引き続き復旧事業に力を入れる。

相馬地方森林組合が直接雇用する林業労働者は震災以前一二人いたが、二〇一二年三月末までに二人が退職した。いずれも三〇歳代であり、子どもの健康不安が退職の理由であった。ただ、飯舘村森林組合の林業労働者が移籍してきたこともあり、組合直営の労働者数は二〇一三年八月時点で一四人となっている。下請け会社の林業労働者には地区外に避難した人も多く、その人数は震災前後で三六人から一六人に減少した。

相馬地方森林組合の事業総収益は二〇一一年度が三億六千万円、二〇一二年度が三億一千万円、二〇一三

年度が二億八千万円であり、これは震災以前を上回る水準である。増収要因は震災関連事業の受注にある。事業総収益に占める震災関連事業の割合は六割台を推移し、たとえば、二〇一二年度は高速道路の建設や住宅地の高台移転にともなう伐採作業、南相馬市内の除染事業を実施した。最終利益も二〇一一年度を除き確保している。ただ、損害賠償をめぐって東京電力と見解の相違が生じており、二〇一三年八月時点の認容率は八・七パーセントにとどまる。受取金額は二〇一一年度が二七万円、二〇一二年度が三〇〇万円、二〇一三年度が五〇〇万円と、東京電力の損害賠償が組合経営に占める位置は低い。

森林整備の拠点であった地域が避難指示区域に含まれていることもあり、組合本来の業務というべき森林整備事業の再開のめどは立っていない。ポスト復興事業を見据え、震災関連事業に依存した組合経営からどのように脱却するかが組合存続の鍵を握る。

6　森林汚染にどう立ち向かうか

放射性物質と産品をめぐる最新の動向

放射性物質と林産物の生産、流通に関して、①きのこと山菜、②きのこ栽培用の原木と菌床用培地、③薪や木炭、木質ペレット、④木材製品――の四つに分けて整理しておこう。

①きのこと山菜では、農産物と同じように「一般食品」というくくりのなかで、二〇一二年四月に厚生労働省が示した基準値、一キログラム当たり一〇〇ベクレルが適用され、この基準値を上回るものについては出荷制限が指示されている。きのこや山菜は放射性物質を取り込みやすいため、基準値を超えるものがあと

を絶たない。二〇一三年一二月時点では、一二県一七五市町村において原木シイタケ、野生きのこ、タケノコ、クサソテツ、コシアブラ、フキノトウ、タラノメ、ゼンマイ、ワラビなど二一品目の特用林産物に出荷制限が指示されている。[27]

②きのこ栽培用の原木と菌床用培地については、農林水産省が二〇一二年四月に「当面の指標値」を設定した。きのこ原木とほだ木が一キログラム当たり五〇ベクレル、菌床用培地と菌床が二〇〇ベクレルである。「当面の指標値」の設定以降、シイタケ原木の国内有数の産地である福島県ではシイタケ原木が県内外に出荷できなくなった。その結果、シイタケ原木が全国的に不足する事態が生じている。

③薪や木炭、木質ペレットに関して、林野庁は二〇一一年一一月に調理加熱用にかぎり「当面の指標値」を設定した。薪が一キログラム当たり四〇ベクレル、木炭が二八〇ベクレルである。林野庁は、この値を超えるものを使用、生産、流通しないよう、都道府県や業界団体に要請している。さらに、ストーブ燃料として近年流通量が増えている木質ペレットについても、林野庁は二〇一二年一一月に「当面の指標値」を設定した。樹皮と木材を原料とする全木ペレットと、木材だけを原料とするホワイトペレットが一キログラム当たり四〇ベクレル、樹皮を原料とするバークペレットが三〇〇ベクレルである。この値を上回ったものについては、燃焼灰の放射性セシウム濃度を測定し、その濃度が一般廃棄物として処理できる八千ベクレルを超える場合には流通停止となる。ただ、林野庁の発表によれば、二〇一三年五月時点で、この「当面の指標値」を超えたものは確認されていない。

最後に、④木材製品である。ほかの林産物への対応とは異なり、林野庁は、木材製品に加工される幹材の放射性セシウム濃度は樹皮に比べ著しく低く、たとえそうした木材が住宅に用いられても人体に影響を及ぼすことはほとんどないという見解に基づき、木材製品に関する指標地等は設定していない。他方で、福島県と県木連は、福島県産の木材製品の安全性を周知するべく、それぞれ独自に放射線量の自主検査を実施し、その結果を随時公表しているところである。

放射能汚染と経営危機

ふくしま中央森林組合（組合員所有森林面積三万四三九六ヘクタール、組合員数八五九九人）は二市五町三村を組合地区とする県内有数の事業規模を誇る森林組合である。二〇一一年四月二二日、本所を構える小野町から離れた飛び地の田村市都路地区の全域が警戒区域と緊急時避難準備区域に指定された。その後、緊急時避難準備区域は解除、警戒区域が避難指示解除準備区域に再編され、それも二〇一四年四月に解除されたが、肝心の住民の帰還はあまり進んでいない。

都路地区を事業エリアとする都路事業所は震災直後、相馬地方森林組合の要請を受け、沿岸部に出向き、がれき処理などの災害復旧に従事した。二〇一一年五月下旬からは、緊急時避難準備区域（二〇一一年九月末解除）内の森林整備事業を再開、二〇一二年度からはそれに加え、除染事業に林業労働者を派遣して雇用維持に努めてきた。それでも、通年雇用の労働者数は二〇〇九年四月時点の五一人から、二〇一三年一二月には四一人に減少した。二〇〇九年度に四五人いた季節雇用の労働者も激減し、二〇一三年度は一人となった。また、都路事業所には繁忙期に仕事を発注する請負事業体が三社あったが、仕事不足により震災以降は発注していない。

都路事業所は組合全体の事業総収益の四八・九パーセント（二〇〇八年度）、事業総利益の三七・〇パーセント（同）を占めるふくしま中央森林組合の屋台骨であり、原発事故により同事業所が経営危機に陥ると同時に組合本体の経営も一気に悪化した。都路事業所の震災以前の事業総収益は五億円前後であったが、二〇

写真6　福島第一原発から半径20km圏内にあるシイタケ原木の伏せ込み場。原発事故以降、林内に立ち入りできず、ほだ木は放置されたままとなっている
田村市都路町、2014年12月11日　提供：ふくしま中央森林組合

一二年度には二億五千万円と半減した。その結果、組合全体の事業総収益は震災前の一〇億円から二〇一二年度には七億八千万円となり、県内首位の座から陥落した。二〇一三年度は九億四千万円に回復したが、県内首位の座はとり戻せていない。

その結果、二〇一一年度は東京電力の損害賠償（五二〇〇万円）を充てても穴埋めできず、七一〇〇万円の最終赤字となった。二〇一二年度は東京電力から前年度を上回る一億三千万円を、二〇一三年度は三五〇〇万円を受け取り、最終赤字はかろうじて免れた。だが、事業損益は二〇一二年度が七七〇〇万円の赤字、二〇一三年度は黒字を確保したもののわずか三〇〇万円であった。震災以降、東京電力の損害賠償がなければ経営が成り立たない状況が続く。

都路事業所の苦境は同事業所の事業総収益の約六三パーセントがシイタケ原木の原料となる広葉樹の関連事業で占められていたことによる。とくに、同事業所の事業総収益の五一・三パーセント、事業総利益の七三・八パーセントを占める森林整備事業では、じつに事業総収益の約八〇パーセントが広葉樹を対象としたものであった。シイタケ原木林の放射能汚染はシイタケ原木の関連事業（原木林の育成、原木およびオガ粉の生産・販売）を壊滅させた（**写真6**）。

広葉樹伐採量は二〇〇八―一〇年度には年間平均約七六六七立方メートルであったが、二〇一一年度には一七四八立方メートル、二〇一二年度には二六五二立方メートルに減少した。ふくしま中央森林組合の試算によれば、震災以前のシイタケ原木の山土場《やまどば》引渡し価格は一立方メートル当たり一万四七五〇円（税抜）、パルプ・チップのそれは五七〇〇円（税抜）であった。震災以降、販売価格が三分の一に過ぎないパルプ・チップ向けの木材しか出荷できていないことが、都路事業所が経営苦境に陥った最大の要因となっている。また、広葉樹林の整備面積も激減しているほか、オガ粉工場は操業停止に追い込まれ年間四千万円の売り上げが失われることとなった。

ところで、第三節において筆者は、組合参事の「始まりも終わりも原発には翻弄される」というコメントを紹介した。今回の原発事故の意味するところは、一つは、ポスト原発建設を見越しおよそ四〇年かけてつくり出してきた森林利用の体系が崩壊の危機にあることである。もう一つは、担い手の流出である。「終わり」をどう乗り越えるか。その取り組みを次にみていきたい。

シイタケ原木林を次世代に伝える

ふくしま中央森林組合の内部では一時、組合本体の経営を揺るがした都路事業所の閉鎖も検討された。だが、二〇一三年六月に就任した新組合長は事業所再建の方針を打ち出し、再建計画の策定に乗り出した。筆者もその計画づくりに協力し、その内容は、「都路事業所——原発災害後の現状と今後」（以下、「計画書」）にまとめられた。

「計画書」はまず、都路事業所におけるシイタケ原木の生産・販売が、森林所有者に安定的な収入をもたらしてきたこと、そして都路地区の森林環境の保全やポスト原発建設における地域住民の雇用創出に結びついてきたという、旧都路村森林組合以来の活動成果を振り返る。そのうえで、二〇一四年度から五年間の「原発災害復興に向けた都路事業所運営計画案」として、都路地区における森林環境の保全と定住条件の創出を実現するべく、営林の継続と雇用の維持を図るという再建方針を打ち出した。具体的には、四〇年間かけて確立した、二〇年サイクルで年間約一〇〇ヘクタールを伐採する広葉樹資源利用体系を堅持するべく、シイタケ原木に代わる需要の開拓に努めるとしている。

「計画書」の特徴は、事業所の再建を、住民の帰還がなかなか進まない都路地区のコミュニティの再興と結びつけている点にある。実際、ふくしま中央森林組合には都路地区の住民が三四人在籍するが、震災以降も同地区に居住し続けるのは一人だけである。コミュニティの再興は喫緊の課題であるといえよう。以下では、こうした「計画書」の問題意識の背景として、二〇〇六年の合併後もふくしま中央森林組合では事業所単位で損益計算をおこなうなど事業所経営の自律性を保障してきたこと、および都路事業所の通年労働者がほぼ全員、組合員でもあることを指摘しておきたい。

第一に、事業所経営の自律性は、各事業所・事務所が地域事情に応じた事業展開を継続、発展させることを可能とするための基礎的条件である。都路事業所が、原発被災という地域の現実に正面から向き合い、事業所再建と山村コミュニティの再興を一体的に進める「計画書」を策定できた背景には、こうした「組織内の分権化[28]」というふくしま中央森林組合の経営方針があった。

第二に、都路事業所は前身の旧都路村森林組合の時代から、組合が直接雇用する労働者のうち、地区内に住む非森林所有者や地区外の居住者も准組合員として組合に加入させてきた。旧組合では、このように通常は組合員にならないような属性をもつ労働者についても、組合メンバーの一員として正式に迎え入れることで、山村コミュニティの維持および森林環境の保全に努めてきたのである。このようなコミュニティを基盤とした住民参加による協同実践の積み重ねが、「計画書」にも反映されているとみることができよう。「計画書」の内容自体は、木質バイオマス発電向けチップの生産・販売や、シイタケ原木とチップの価格差の補塡を東京電力に求めることなど、現段階では未確定な前提条件に基づき組み立てられており、その先行きは必ずしも楽観できない。とはいえ、一度は事業所閉鎖に傾きかけた組合が、山村地域から「逃れることのできない」非営利・協同の担い手として自らの位置を再確認するなかで、「山村コミュニティの主体は山村住民であり、その自治が山村再生の要である[29]」という見地から「雇用の創出とコミュニティの再興」を実現すべく経営再建に取り組む姿は、原子力災害からの復興に果たす協同組合セクターの一つの方向性を示しているように思われる。

ふくしま中央森林組合は二〇一三年冬、都路事業所の再建計画づくりから得た経験を組合内部で共有するべく、組合全体の中期経営計画を策定する「二一世紀の森プロジェクト委員会」を立ち上げた。経営危機を一つの契機として設置された同委員会では、都路事業所の再建を後押しするべく、組合が総力を挙げて、事業経営と組織運営のあり方の見直しを進めているところである。

木質バイオマス発電構想の暗雲

前述したように、ふくしま中央森林組合の経営再建策の柱は、震災以前と同じ規模の森林整備を継続することにある。その実現は、放射性物質により汚染され、当面はシイタケ原木やオガ粉としての出荷が見込めない広葉樹材の新たな需要を開拓できるかどうかにかかっている。その候補がパルプ用チップ材と燃料用チップ材である。従来、同組合ではシイタケ原木やオガ粉の生産に適さない広葉樹材をパルプ用チップ材として出荷してきたが、震災前後でその需要量に変化はなく今後も大幅な需要増は見込めない。そこで期待をかけるのが燃料用チップ材である。この燃料用チップ材の需要動向については、ふくしま中央森林組合に限らず、森林整備事業量の減少の続く森林組合が高い関心を寄せている。

燃料用チップ材の需要拡大への期待の背景には、森林整備推進と放射性物質対策を一体的におこなう「ふくしま森林再生事業」から産出された木材の利活用先として、福島県が木質バイオマス発電施設の整備推進を公表したことがある(**図1**)。

県は二〇一三年三月、「福島県木質バイオマス安定供給指針」(以下、「指針」)と、市町村自治体や事業者が木質バイオマスエネルギー利用施設の整備を計画する際の参考資料として「福島県木質バイオマス安定供給の手引き」を策定した。「指針」では、木質バイオマスエネルギーの利用推進は「再生可能エネルギーの飛躍的推進による新たな社会づくり」という県エネルギー施策の一環として位置づけられ、利用可能な資源量や供給能力の試算結果、放射性物質への対応方策、木質バイオマス発電施設の整備構想が示された。

「指針」によれば、燃料用チップ材の年間供給可能量は最大で、従来の生産による林地残材三四万三千立方メートル(枝葉を含む、以下同様)にふくしま森林再生事業の五〇万立方メートルを加えた八四万三千立方メートルに上る。ふくしま森林再生事業の試算では、燃料用として利用可能となる割合が針葉樹三一・四パ

図1　福島県の林業・木材産業の振興施策

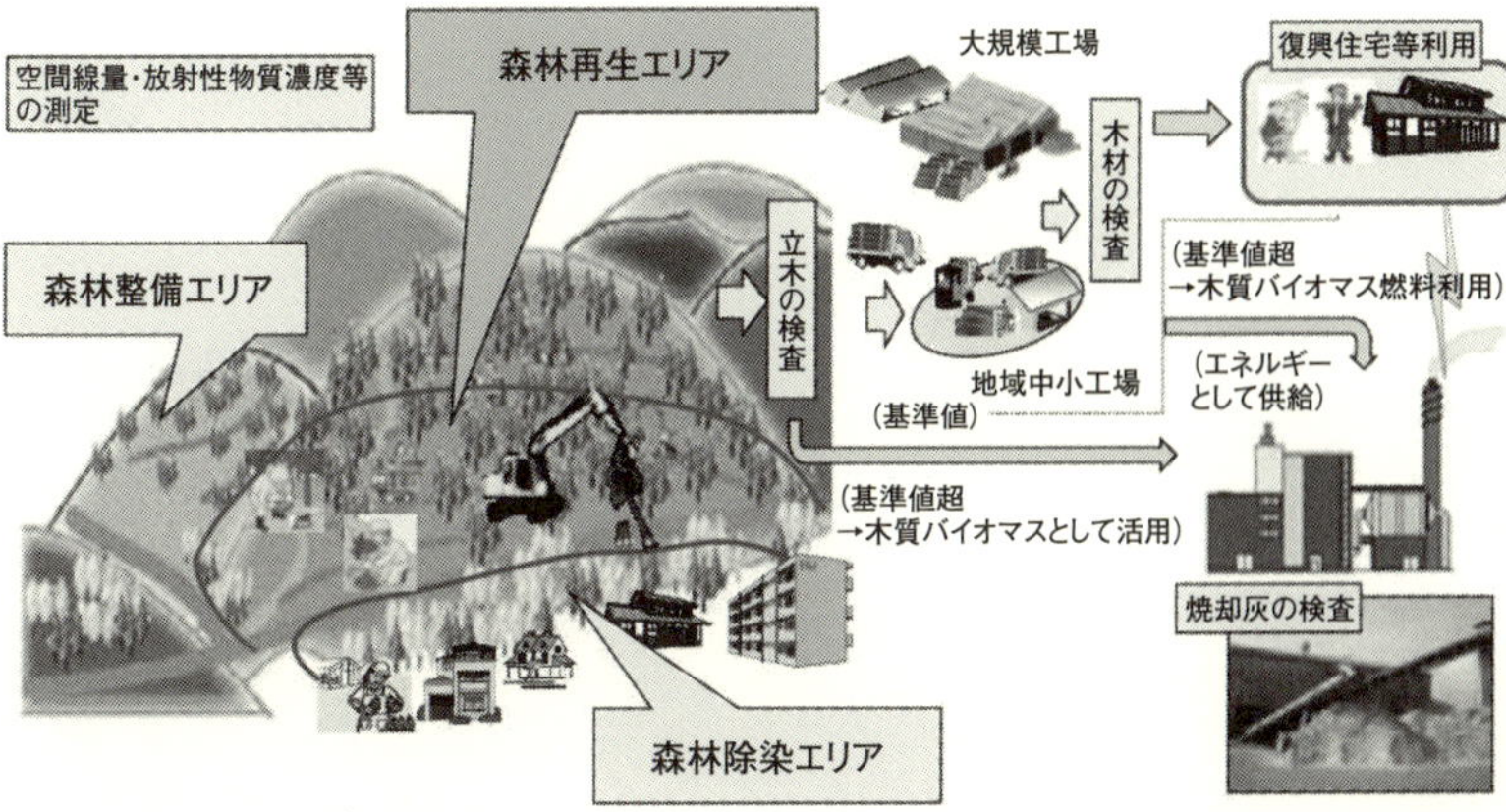

資料:「福島県農林水産業振興計画(ふくしま農林水産業新生プラン)」(福島県、2013年3月)107頁

ーセント、広葉樹一〇〇パーセントと仮定され、広葉樹は全量を燃料用チップ材として出荷するという見通しが示された。そのうえで、木質バイオマス発電施設を中通り地方に一施設、浜通り地方に三施設新設し、中通り地方の塙町に設置予定の一施設と既存二施設(会津地方、中通り地方)を合わせて七施設で稼働する構想が示された。だが、こうした発電施設の整備計画は程なくして、軌道修正を余儀なくされることとなった。

二〇一三年八月二九日、中通り地方の鮫川《さめがわ》村において、放射性物質で汚染された村内の稲わらや落ち葉などを処理する仮設焼却施設で、可燃性ガスによる爆発事故が起きた。環境省が設置したこの施設は七月に完成し、事故の一〇日前に本格運転を開始したばかりであり、二〇一四年九月までに約六〇〇トンの汚染稲わらなどを処理する予定であった。施設の内部とその周辺の空間放射線量率に異常はみられなかったが、この事故により県内には同様の施設の安全性に対して不信感が広がった。運転再開にも時間を要し、再稼働できたのは原因究明と施設改良、作業工程の見直しを経た二〇一四年三月のことであった。爆発事故と再稼働の遅れは木質バイオマス発電構想の推進にも暗い影を落とした。

事故当時、鮫川村に隣接する塙町では、前述の「指針」において設置予定とされたように、総事業費約六〇億円、発電出力一万二千キロワットの木質バイオマス発電施設を二〇一三年度中に着工し、翌年度の稼働が予定されていた。だが、鮫川村での事故から一週間後に町長は計画凍結を表明、九月二〇日には計画の撤回を公表した。塙町では事故以前から、発電所の建設が森林除染を目的とするものではないかとして、放射性物質による健康被害を懸念する町民が建設の反対運動を起こしていた。計画撤回に際して反対運動の影響があったことは、町長の「施設は町内から産出される間伐材の有効利用が主な目的と考えていたが、住民の間で除染目的の施設との認識が先行し、住民の不安感から計画への理解を得るのが困難になった」（福島民報、二〇一三年九月二一日付）という発言からも容易に推測できる。

木質バイオマス発電施設を除染廃棄物の処理施設と同一視し、放射性物質を拡散する可能性がある迷惑施設とみる向きは決して珍しいものではない。塙町の事例は、鮫川村の事故が追い打ちをかけたとはいえ、木質バイオマス発電所の新設の難しさを物語る。

筆者は二〇一四年二月、現在稼働中の木質バイオマス発電所、白河ウッドパワー大信発電所（福島県白河市、発電出力一万一五〇〇キロワット）を取材したが、同発電所では震災以降、放射性物質の拡散を懸念する住民から問い合わせが相次ぎ、視察も受け入れてきたという。二〇〇六年に運転を開始した大信発電所は県内に二つある木質専焼バイオマス発電所の一つであり、木質チップの年間消費量は約一二万トンに上る。燃料の六割が間伐材を中心とする森林由来のチップであり、その八割を福島県内から調達する。震災以降、大信発電所では、放射性物質による森林汚染に対応するべく会社独自に放射性物質濃度の基準を設け、木材入荷に当たり放射能濃度を測定して汚染木材を受け入れない体制を整えている。また、煤煙の放射能濃度を市役所に自主的に報告するなど、地域住民の理解を得るべく情報公開に力を入れている。

そもそもの話となってしまうが、木質バイオマス発電所の稼働に当たりネックとなるのが、燃焼灰の処理方法である。放射性物質を含む木材を燃焼した際に生じる灰には濃縮された放射性物質が含まれる。たとえば林野庁の試算によれば、放射性セシウムの濃縮率（燃焼灰の放射性セシウム濃度／木質ペレットの放射性セシウム濃度）はホワイトペレットと全木ペレットで最大二八〇倍であった。前述したように、この結果に基づき、林野庁は、木質ペレットのストーブ燃焼灰が一般廃棄物として処理可能な放射性物質濃度一キログラム当たり八千ベクレルを超えないようにするため、木質ペレットの「当面の指標値」を設定し、これを超える木質ペレットの販売、流通等の停止を都道府県および事業者に通知した[30]。汚染地域から搬出された木材や枝葉を燃焼させれば、当然、一般廃棄物として処理できない放射能濃度の灰が発生する。この汚染灰をどのように処理していくかは不透明な点が多い。

ここで、木質バイオマス燃料の受け入れ先の一つとして、石炭混焼についても触れておこう。南相馬市内にある東北電力の原町火力発電所では二〇一〇年一一月に、木質バイオマス燃料を二〇一一年一二月頃から導入する予定と公表していた。発電出力一〇〇万キロワットの石炭火力発電施設を二基稼働する同発電所における国産木質チップの受け入れ規模は、国内最大級となる予定であったが、震災による設備被害にともない運転を停止したため、計画は一時凍結されることとなった。二〇一三年春の営業運転の再開に併せて、東北電力は四月、木質バイオマス燃料を導入するための関連設備の建設着工を公表した。運用開始は二〇一五年四月を予定している。バイオマス燃料の混燃率は石炭重量比で約一パーセント、年間使用量は約六万トン。そのうち約四万トンを福島県産材で賄う予定である。

石炭混焼のメリットとして、放射性セシウムに汚染された木質チップを投入しても燃焼灰の放射性セシウム濃度を低く抑えられること、また、混焼とはいえ発電出力が大きいため木材需要量も多いことが挙げられる。ただ、いずれの事例も、汚染木材の受け入れを想定した施設ではなく、一定基準以下の放射性セシウム濃度の木質チップを受け入れる方針であることから、ふくしま森林再生事業の出口問題の根本的な解決とはなっていない。

また、福島県内の林業関係者のなかには、東京電力が汚染木材を燃料用チップ材として引き受けること、具体的には現在稼働中の石炭火力発電所において石炭混焼の取り組みを進めるべきであるという声も上がるが、具体的な動きはまだみえていない。

7　森林再生が人を呼び戻す

除染は国の責務

「政府の任務」という視座からみたとき、国レベルでは縦割りの弊害もあり矛盾した対応がみられる。また、地方分権の掛け声このかた、制度的には森林行政の主体として位置づけられるようになった市町村の動きはまだまだ鈍い。こうしたなかで、政策対応の遅れや矛盾が目立つ国の対応と、林業関連の復興施策の実行能力に乏しい市町村のはざまにあって、地方政府としての福島県の役割が高まりつつある。ただし、森林汚染に見舞われた人々や事業者にとってみれば、原子力災害からの林業復興に向けて国（環境省、林野庁）、県、市町村の足並みが揃っているとは言い難く、「政府」の対応に統一感がみられないというのが偽らざる心情であろう。

こうしたなかで「政府」、とりわけ国には、手入れ不足により森林は確実に荒れはじめている現実を直視し、また、「地元はほとんど山林です。住居の周辺だけ除染しても、また線量が高くなり、戻りたくありません。（中略）放射線量を計って食品・水を口に入れるのはストレス（六九歳女性、双葉郡川内村）[31]」とあるように、森林汚染が山村住民のストレスを高めている事実を踏まえ、ここで生きていくしかない人々の気持ちをくみとる政策姿勢が必要である。福島県内外に避難する原発被災者の精神的苦痛に関するアンケート調査の結果によれば、森林汚染は被災住民のストレスを高める要因の一つともなっているのである。したがって、具体的には、以下のような「政府の任務」を着実に実行していくべきである。

一つ目は、森林の除染をめぐる「矛盾」の解消である。福島県側が環境省に要望を重ねてきた森林全体の除染は、ずっと検討中のままである。他方で、林野庁は、森林整備の継続を通じて放射性物質の削減と拡散防止を図る「ふくしま森林再生事業」を創設している。国レベルでみると、一方では放射性物質を「封じ込め」（環境省）ようとし、他方では放射性物質の付着した木材を林外に「持ち出す」（林野庁）というように、森林除染をめぐる政策対応に一貫性があるとは言い難い。森林除染をめぐる議論が技術的な側面からしか語られてこなかったこと、福島県側からの反発を受けるまで地域の意向を探ろうとはせず、いわば「計画のための計画」づくりに終始してきたことに問題の根本がある。

除染問題は社会的かつ政治的な問題である。福島県側が再三要請してきたように、森林の除染は国の責務である。市町村域や県域を超えて広がっている森林汚染には、計画の策定や実施に当たり、専門的な対応が必要であり、それを地方自治体に任せるのは責任放棄に等しい。

福島県側も決して奥地奥山の除染を求めているわけではない。それは先に引用した川俣町長の「全体の山林を除染するのは困難だと思うが、住民が林業や農業などで出入りする里山の除染は必要だろう」というコメントからも明らかである。少なくとも、それぞれの地域における森林利用の実情や山地災害の危険性などを十分に考慮したうえで、林縁から二〇メートルという範囲にこだわらずに、住民が納得できるよう集落単位で除染の範囲——地域によっては拡大だけでなく、縮小というのもありうるかもしれない——や、その手法をきめ細かく決めることのできる仕組みを設けるべきであろう。

また、除染の手法として県が提案してきた間伐を加えたり、林内から搬出された木材や枝葉を東京電力が引き取ったりするという対案も、一考に値するように思われる。

二つ目は、木材の汚染基準を定めることである。福島県は二〇一四年五月にも国土交通省と林野庁、復興庁に対し、「放射性物質濃度の比較的高い樹皮を含む立木の利用基準、および木材製品の使用基準を定め、周知するとともに、具体的な確認・検査方法を示」すよう「木材使用基準の明確化」を要請した（「要望書」福島県農林水産部長、二〇一四年五月）。

こうした県や業界団体の再三の要請にもかかわらず、木材に含まれる放射性セシウムの暫定許容値（放射性セシウム濃度の最大値）を林野庁が示す気配はない。林野庁にとって、木材汚染を前提とした流通規制の議論に入ることは、汚染が存在することを公に認め、具体的な対応策を打つ必要を迫られることにつながりかねない。そこにはこうした事態を回避したいという思惑が透けてみえる。しかし、避難指示が徐々に解除され、それにともない営林可能エリアが広がるなかで、放射能濃度の高い木材が今後流通する可能性は十分に考えられる。

県は二〇一四年一月、汚染木材の流通に関する留意点を示した「空間線量率からみた森林整備に関する留意事項及びふくしま森林再生事業における木材利用等の取扱いについて」を市町村や森林組合、林業事業体などに通知したが、それには、避難指示区域の周辺部で伐採され、木材市場に運び込まれた木材から高濃度の放射性物質が検出されたという現実があった。県にしてみればやむにやまれぬ対応であったはずである。この対応について林野庁はいい顔をしなかったという。林野庁は、こうした対応が自身の関知しないところで積み重ねられることで、「木材使用基準の明確化」を求める声が県内外に広がることを懸念しているようである。

森林汚染の実態を考えれば、それは当然、国内統一の基準とならざるをえず、福島県外にも、その基準を適用せざるをえない。それでは、森林や木材の汚染問題を福島県内だけにとどめることはできなくなる。だが、放射性物質は自治体を跨ぎ広がっており、福島県という行政区分を強調することに本来意味はないはずである。[32]ここでもまた、汚染問題を福島に「封じ込め」ようとする政策手法が採用されているのである。

その後、避難指示解除準備区域の一部で避難指示が解除されるなど、営林活動の範囲拡大が見込まれる状況がでてきた。そこで、県は二〇一四年一二月、放射性物質濃度が一キログラム当たり八千ベクレルを超える指定廃棄物の発生防止を図ることを目的に、「福島県民有林の伐採期の搬出に関する指針について」を事業者等に通知した。通知の内容は、伐採予定地の空間放射線量率が毎時〇・五〇マイクロシーベルト以下であれば伐採・搬出を可とし、毎時〇・五〇マイクロシーベルトを超える場合は、抽出により樹皮の放射性物質濃度を確認してその値が一キログラム当たり六四〇〇ベクレルであれば伐採・搬出を可とする、というものであった。ある県職員によれば、具体的な数値を盛り込むなど一月段階の通知に比べ一歩踏み込んだこの通知に対しても、林野庁（国有林）の反応は鈍かったという。

現在、福島県内では、県が製材品の放射線等調査（二〇一二年三月から）を、県木連が製材品の自主検査（二〇一二年一月から）をおこなっている。だが、放射性セシウムの汚染拡大を防ぎ、流通上、問題のない木材の生産を確保するため、林野庁は、木材に含まれる放射性セシウムの暫定許容値を設定すべきであろう。そのための知見は県や業界団体の手によりすでに蓄積されている。福島復興再生特別措置法（二〇一二年三月公布）に基づき策定された「福島復興再生基本方針」（二〇一二年七月）では、「国は、福島県産の木材について、環境や健康への影響があるとの誤解や不安が生じないよう、福島の立木や木材の調査を行い、製造業者や消費者の信頼向上に向けて調査結果の情報開示を行う」と明記されているが、このことを具体的に実行することがいま求められている。

三つ目は、県内森林面積の四二・〇パーセントを占める国有林の役割である。避難指示区域に指定されたすべての市町村に国有林は分布しており、なかでも国有林比率が森林面積の過半を占める町村が楢葉町（国有林比率七四・六パーセント）を筆頭に、浪江町（同七二・六パーセント）、葛尾村（同七一・五パーセント）、飯舘村（同五八・五パーセント）と、四町村ある。[33]

現行の森林行政は、当時の民主党政権のもとで策定された、一〇年後の木材自給率五〇パーセント以上を目指す「森林・林業再生プラン」（二〇〇九年一二月）に沿って展開している。そのなかで国有林は、「国民共通の財産である国有林の技術力の活用」を通じて「民有林への指導やサポート、森林・林業政策への貢献を行う」とされ、「国有林の技術力を活かしたセーフティネット」の役割を果たすとされた。「セーフティネット」の中身がいったい何を指すのかが曖昧だが、原発事故への対応という点では、国有林を仮置き場として提供していることがそれに当たるのかもしれない。だが、仮置き場の提供以外に目立った動きはない。政府の一部門であり、復興方針の大枠のなかで身動きがとれないというのが実情であろう。国有林の役割が「セーフティネット」にあると言明する以上、原子力災害からの森林再生の先導役となるべく、森林除染に必要な技術の開発、営林再開による地域経済への貢献という、被災地域に根差した取り組みが期待される。

地方自治体にできること――県と市町村

福島県には、原子力災害からの林業復興を進める実質的な担い手という引き続き重要な役割が課せられている。県では本庁と出先機関、試験研究機関の林業研究センターが震災以降、科学的知見の収集、分析に力を入れてきた。県は二〇一一年六月に開始した環境放射線モニタリング調査を皮切りに、空間放射線量率、樹皮・木部・葉・土壌の放射性物質濃度などについて、調査項目や対象地点を順次拡大しながら継続的に実施し、入手データを政策づくりに反映してきた。

たとえば、第六回環境回復検討会のヒアリングにおいて、県は独自の調査データに基づき、立木の伐採が空間放射線量率の低減に一定の効果があることを明らかにし、間伐などの伐採を森林全体の除染方法として明確に位置づけるべきだという見解を披露した。最近では、避難指示区域の解除にともなう営林再開を見据えたより実際的な調査にも着手している。今後も、調査研究と政策立案のリンケージを強め、科学的知見に基づいた個別具体的な政策提言を国に対しておこなうと同時に、市町村や林業関係者に対して的確な情報を提供することが期待される。また、林業復興の動きが止まることのないよう、各種の復興事業の実行役である市町村を粘り強く励ましていくことが必要だろう。

他方で、こうした福島県の「頑張り」を評価しつつも、県にもまた政策の「矛盾」を解決する必要があることを指摘しておきたい。

県が発案した「ふくしま森林再生事業」を、県は森林の除染であるとは公には認めていない。メインは森林整備にあり、放射性物質対策はその副産物という位置づけである。除染ではなく放射性物質対策という言葉が使われているように、言い回しも慎重である。だが、それが事実上の森林除染であることは事業内容をみれば容易に推察できるし、メディアも森林除染として報道してきた。

県が慎重な言い回しに終始するのは、除染の過程で出てきた材ということになれば売れる材も売れなくなる、また、バイオマス燃料として受け入れてもらえなくなるのではないか、というように、産出木材の流通が閉ざされることを懸念しているからにほかならない。しかし、間伐による空間放射線量率の低下を意図した事業である以上、それはやはり森林除染といってよいのではないだろうか。それを否定するのはかえって住民の混乱、さらには不信感を生むことにつながりかねない。

一方では放射性セシウムの暫定許容値の設定を国に要請し、他方では除染にともない出てきた木材は使えないから除染と謳わず森林整備と称する、というのはやはり「矛盾」であろう。ふくしま森林再生事業を森林除染の一つであると明確に位置づける、あるいはそうするよう国に働きかける。搬出された木材については安全性をしっかり評価したうえで用途を判断する。その実現には体系立った安全性の基準が欠かせないからこそ、その基準づくりと検査体制の確立を国に粘り強く働きかける。こうした政策論理の貫徹が重要ではないだろうか。

筆者は、除染をめぐって縦割り行政の問題が生じていること、すなわち除染はあくまで環境省の業務であり、森林除染と位置づけてしまえば林野庁の予算が使えなくなるという、国の予算に振り回される県の立場を十分理解しているつもりである。だが、こうした「矛盾」の解決なくして、当面の課題だけに取り組もうとしても人々の共感を得ることは難しいのではないだろうか。

さて、すでに触れたように、市町村はいまや森林行政の重要な担い手《アクター》である。その内実はともかくも、市町村抜きに「政府の任務」を遂行することができないのはたしかである。それでは市町村には何が求められているのか。避難指示区域を抱える市町村では、将来ビジョンとして林業復興を掲げるところも少なくない。

他方で、その復興に向けた具体的な動きがあまりみられないのも事実である。

避難指示区域を抱える、ある村役場の森林行政の担当職員に取材したところ、意外というべきか、雇用創出という点で林業への期待はあまり高くなかった。その理由として、現状では、農産物の放射能検査や除染作業などで雇用機会は十分に確保できていること、木質バイオマス発電構想の先行きが不透明で伐採しても売り先がないことを挙げていた。

市町村の強みは住民に直接向きあっているがゆえに、その声を丹念に拾い上げることができる点にある。だが、このことが職員を多忙にしており、たとえば、岩手県と宮城県、福島県の四二市町村に毎日新聞が実施したアンケート調査では「震災を理由に退職した被災地の職員一〇六人のうち八割超が、福島県の自治体であった」（毎日新聞、二〇一四年七月二七日付）という。退職理由は役場の移転にともなう移住や業務内容の変化、業務量の増大などであり、復旧・復興業務を続ける職員の労働環境の改善は待ったなしの課題である。

職務環境の改善を図りながら、住民の声を拾い上げつづけ、現場の声を県や国に発信していくことが、地域の現実に即した政策展開には必要である。地域再生というトータルな課題の一つとして森林問題を位置づける道筋も、こうした日々の地道な業務のなかからみえてくるように思われる。

森林組合からの提言

これまで述べてきたように、「森林汚染からの林業復興」には、そこに住む人のための施策がなによりも必要である。

こうした施策のあり方を指し示すのが、森林所有者への損害賠償、森林組合などの事業者への損害補償に加え、将来の金銭補償や施策、措置が必要であるという「全面補償論」[34]である。環境法学者の淡路剛久は、原発事故は、生活費代替機能（食料品、木材の自給）、相互扶助・共助・福祉機能（育児、介護などケアの協同）、行政代替・補完機能（清掃やまちづくり）、人格発展機能（隣近所や地域の交流、集会、祭り）、環境保全・維持機能という生活利益を失わせ、コミュニティ生活享受権とも称すべき権利を侵害したとする[35]。

以上のような事実認識のうえに立ち、その回復方向として提起されているのが「全面補償論」である。環境経済学者の除本理史によれば、その内容は「補償・救済の内容を金銭的な補償だけにとどめず（中略）被害地域の再生など息の長い取り組みを続けること」であり、そこで重要なのは「加害者は（中略）長い時間を要する解決過程と正面から向き合い、被害地域の住民・自治体とともに、その過程に主体的に参加」することである[36]。

以下では、「全面補償論」の具体的展開として位置づけることができる、森林組合によるボトムアップ型の政策提言を紹介しておきたい。

一つは、人が立ち入ることのできない避難指示区域内の森林については、今後、公益的機能が低下する恐れがあるため、国が地上権を設定し、政府主導で森林管理の継続を図るべきであるという政策提言である。地上権とは、建物などの工作物や樹木を所有することを目的として、所有権を地権者に残したままで、他人の土地を使用できる権利である。民法により契約期間が二〇年間と定められている賃貸借権とは異なり設定期限はない。

具体的には、東京電力が全損扱いで損害賠償をおこなう避難指示区域内の私有林について、国が地上権を設定し公的管理下に置く。地上権の設定期間は五〇年程度、その間は国が直接管理する。施業制限が解かれた森林の整備についても、引き続き国が管理責任を持ち続け、実際の管理業務については森林組合等に委託する。森林経営が可能となった時点で地上権を抹消、返還するというものである。

県森連を中心に森林組合が以上の政策を提案する背景には、ポスト損害賠償における放棄林化という懸念がある。避難指示区域内の森林全体の除染は検討中のままであり、また、空間放射線量率が毎時二・五マイクロシーベルト以上の施業制限がかかる地域も多く、さらに、ふくしま森林再生事業の対象地域から外れているなど、「政策空白地帯」となっている。森林再生の目的が森林と人間の関係を何らかのかたちで取り戻すことにあるとすれば、森林所有者の手による営林再開が難しい以上、公的関与による森林管理の道筋は追求されて然るべきだろう。

もう一つは、搬出木材をバイオマス燃料として石炭火力発電所での石炭混焼に利用するというアイディアである。県内の林業関係者は震災以降、ことあるごとに、「従来どおりの林業活動が可能となること」[37]を切望してきた。そのなかで、山林財物賠償が実現に向け動き出したことは林業関係者にとって明るい話題であるには違いないが、他方で、賠償が一段落すると同時に森林所有者の持ち山への関心が薄れてしまうことになるのではないか、所有林を放棄してしまうのではないか、と森林組合は懸念している。また、損害賠償の済んだ森林から搬出された木材に放射能汚染がみつかり、素材生産業者などに営業損害が生じた場合、東京電力が損害賠償に応じるとは考えにくい。二重払いになるからである。そうなれば素材生産業者が営業活動を差し控える可能性も考えられる。

以上のような懸念を抱いた森林組合では、持続可能な森林管理の実現にはバイオマス燃料利用による生産活動の下支えが必要であると考え、東京電力が石炭混焼を実行に移すよう政府（文部科学省、経済産業省）に指導を要請してきた[38]。

それを具体化したのが、ふくしま中央森林組合・都路事業所の再建計画に盛り込まれた「価格補償」である。同組合では、都路地区における将来にわたる資源確保、環境保全、雇用維持への懸念から、「原発災害前と伐採木の利用方法は変わるが、伐採利用量及び面積を維持し、これにより森林所有者へ還元され、森林整備面積の確保につなげ雇用の場を確保したい」(「都路事業所——原発災害後の現状と今後」)という経営再建の方針を策定した。

この実現には、放射能汚染により生産再開のめどが立たないシイタケ原木と、それに代わる出荷先として想定するパルプ用および燃料用チップの価格差の補償が前提となる。具体的には、震災以前のシイタケ原木の取引価格(山土場引渡し価格)一万四七五〇円とチップ材の取引価格(同)五七〇〇円の差額の穴埋めを、再びシイタケ原木やオガ粉を出荷できる日まで請求するというものである。

これらはいずれも林業の復興と森林の再生、そして山村コミュニティの再興を結びつけたトータルな被災地域の再生論である。森林管理の現場から発信されたこうした政策提言を真摯に受けとめ実行に移すことは「政府の任務」であろう。

協同組合の任務——森林と社会の再統合

森林所有者を組合員とする非営利・協同組織である森林組合は、営利企業とは異なり地域から「逃れられない」存在である。と同時に、地域に住み続けることができる権利、すなわち「定住権」[39]を、経済事業を通じて具体的に保障できる数少ない事業体でもある。実際、原発事故の影響を強く受けた森林組合はこれまでも、個々に、森林汚染という過酷な事態に当惑しつつも事業継続に奮闘してきた。

まず、林業事業体として、「フローの損害」(営業損害や風評被害による収益減少)に対して東京電力に損害賠償を請求し組合存続に努めてきた。だが組合のなかには、損害賠償がなくなれば存続が危ぶまれるものもある。「公共」の一角を占める森林組合の社会的な使命を考えれば、損害賠償の継続は「政府の任務」として付け加えられるべきものであろう。

また、森林所有者の協同組織として、放射性物質による組合員の所有林の汚染という「ストックの損害」に対し、山林財物賠償を東京電力に求める拠点となり、それは賠償対象の地域拡大や賠償金の引き上げという一定の成果を上げた。

たとえば、双葉地方森林組合では当初、組合地区のなかで唯一、避難指示区域が設定されていない広野町が損害賠償の対象地域から外されていた。それでは組合員の連帯性を崩しかねないと憂慮した組合は、組合地区の双葉郡全域に一律の補償をするよう東京電力と交渉を重ね、最終的に組合員間に差が生まれない補償内容を獲得することができた。

さらに、山村地域にある数少ない非営利・協同の担い手として、地域住民の長期避難にともなう山村コミュニティの崩壊という「社会関係資本の損害」を解決するべく、県内外に避難する組合員の再組織化や地域雇用の再創出に踏み出しつつある。

そのうえで、森林組合には今後、次のような「協同の任務」の遂行が期待されよう。

第一に、被災地域の森林事情に精通した林業事業体として、地域森林管理を着実に実行していくことである。従来から取り組む森林の公益的機能を発揮するための森林環境の保全活動に加え、除染――現在展開されている「裏山除染」よりも範囲を広げた「ふくしま森林再生事業」のような本来的な意味での森林の除染を含む――という森林環境の回復活動の担い手となることで、営林の継続と雇用の創出を図るべきである。

第二に、森林所有者の協同組織として、放射性物質による森林汚染という「ストックの損害」に向き合い続けることである。山林財物賠償の交渉の舞台はこれから東京電力と森林所有者の個別協議に移る。避難指示区域等に該当しない地域では、天然林の賠償を受けるには市町村への「伐採及び伐採後の造林の届出書」や取引実績を証明する売買契約書などが必要となるが、実際には「伐採届」を提出しなかったり契約書を交わさなかったりするケースが多く、森林所有者の大多数が賠償金を受け取ることができないのではないかという懸念が生じている。[40] また、シイタケ原木については、地域の慣習によりおこなわれる小規模な取引が中心であり、その実態把握が難しく、そもそも損害賠償請求などの法的措置にはなじまないという指摘もみられる。[41] 森林組合にはこうした問題への対応も含めて、交渉実務の場面で組合員をサポートする役割が期待される。

第三に、長期避難にともなう「社会関係資本の損害」の重大性の認識と、その回復に向けた実践の積み重ねである。避難住民の帰還問題もありその道のりは険しいが、県内外に避難する組合員のもとに出向き交流を重ね、組合員の再組織化を進めることが当面の課題となろう。

第四に、森林の公益的機能の発揮を目的とした環境保全、さらには森林除染による環境回復という、表向きはお金にならないけれども社会には絶対に必要な「社会的有用労働[42]」を担う人々の組織者として、引き続き林業労働力の確保と定着を図っていくことである。

二〇一四年に入り田村市都路町と川内村で避難指示解除準備区域の指定が相次いで解除されたが、両地域とも若年世代の帰還率が高齢世代に比べ低く、雇用の創出など若い人たちの帰還に向けた環境整備が急務となっている（朝日新聞、二〇一四年四月九日付／福島民報、二〇一四年一一月一日付）。

当たり前のことだが、森林環境の保全を図るためには、山村地域に人々が定住する必要があり、その実現には安定した雇用が不可欠である。森林組合にはいまこの当たり前の世界を取り戻す役割、具体的には、定住条件の整備を通じ山村住民の帰還を実現するべく、依然予断を許さない経営環境にありながらも、地域森林管理に責任をもつ林業事業体として、森林所有者の協同組織として、さらには、山村地域の非営利・協同の担い手として、森林組合の固有の役割を発揮することが求められている。

森林組合はこれまで、国家による森林資源計画の末端の代行機関という性格をもち、公共性、より正確にいえば「官」（国）のエージェントとして「政府の任務」を遂行してきた[43]。だが、震災以降における森林組合の協同実践は、森林組合がそうした狭い意味での「公共の任務」の遂行機関にとどまるのではなく、人格的結合に基づく「協同組合」であること、具体的には個人個人では声を上げることのできない――声を上げることができたとしても、その声は小さく届きにくい――森林所有者の協同組合であり、山村コミュニティを存続基盤とする数少ない協同組合であることを、自覚する機会ともなった。事実、それは山林財物賠償の拠り所となったし、山村コミュニティの再興を林業復興、森林再生へと結びつける協同実践を生んだ。

とりわけ後者の取り組みは、協同組合陣営の国際的な集まりであるＩＣＡ（国際協同組合同盟）が一九九五年に示した協同組合原則、「コミュニティへの配慮」の具体的展開であるということができる。山村社会の防波堤として、環境保全と雇用創出のリンケージを強化した山村コミュニティの再興を現場レベルで着実に実行すること、それこそが現時点で森林組合に課された「協同の任務」であるといえよう。

営林活動を継続する意味

原子力災害の最大の問題は、森林を生活の糧や潤いとしてきた暮らしの空間がこのまま失われてしまうのではないかという不安が、現実味を増しつつあるという点にある。福島県では「森林文化」をキーワードに、県民から集めた森林環境税を財源として、森林の公益的機能の発揮と木材生産の両立を図るべく、ソフト、ハードの両面で持続可能な森林づくりを推進してきた。原発事故はそうした取り組みを台無しにし、森林と人々とのつながりを分断した。森林除染に対する政府の姿勢をみると、福島ではまるで公益的機能の一つに放射性物質の「封じ込め」が加わったような感があるし、事実そうであろう。

復興施策の名称にも多用される森林再生とはいったい何を意味するのであろうか。森林が放射性物質の「封じ込め」の場とされ、また、人々の関心が必ずしも高くないなかで、それでもなお絶対に譲れない森林の価値とは何であろうか。

冒頭でも述べたように、筆者はそれを、何らかのかたちでもう一度、森林と人間が結びつくことであると捉えている。「何らかのかたち」とはまことに芸のない表現であるが、それは、震災以前とは異なった森林利用を模索せざるをえない地域もあるからである。森林とともに暮らすということは、森林と人間との間に無関係という「間」を生じさせないことであり、森林という場での何らかの人間活動の再開を通じて、森林とともに暮らす地域をつくるということである。それゆえ、森林と人間の関係を再構築し、人間と人間の交流を再び生み出すことが重要なのである。

残念ながら、いまの段階では、放射性物質に汚染された森林を再生するために、住民が納得できる処方箋を誰ももっていない。おそらく万能な処方箋というものはないし、何をもって森林が再生したと判断するかも人により異なる。ただ、重要なのは、再生の尺度は、本質的には、当事者である住民が決めなければならぬ問題であるということだ。放射性物質に汚染された森林を再生するということは、ただ単に自然環境としての森林を回復することではない。それは、山村住民のなりわいの再生と結びつけて語られるべきである。だとすれば、森林再生とは林業復興であり、山村コミュニティの再興にほかならないということになる。いまの復興事業から欠落しているのは、山村社会がトータルに再生するという概念である。

避難指示が解除された地域では、高齢世代を中心に少しずつ住民が自宅に戻りつつあるが、その視線の先にある山々は放射性物質に覆われたままである。帰還して曲がりなりにも暮らしを再開し、営農にこぎ着けたとしても、その周辺の森林が汚染されたままでは、安心して生活も生産も営むことなどできはしない。「封じ込め」は放射性セシウムの半減期を待つということである。しかし、そのときまでただ手をこまねいているというわけにはいかない。人々の気持ちは揺れ動き、社会は刻一刻と動くのである。自然と社会をトータルにとらえた政策展開こそが求められている。

もう一度生まれ育った地で生活を築いていく。そのために日常生活の一部である森林との付き合いを、以前とは異なったものであるにせよ、何らかのかたちでもう一度とり戻す。そうした意志を執拗に表明し続けることが社会を変え、政策へとつながるのではないか。

避難指示の解除にともない損害賠償金が打ち切られ、帰還するかどうか悩む人がいる——都路地区や川内村のように、今後も避難指示の解除が進めば、こうした悩みを抱える人は増え続けるであろう——。健康問題を憂慮し、孫と離れて祖父母だけが戻る世帯も多い。避難生活をしながら住み慣れた家に通い、ペットの世話や家屋の維持・補修を続ける人もいる。戻ることをあきらめざるをえず、避難先での再出発を決断する人もいる。さまざま人々のさまざまな現実のうえに、政策は何を積み上げることができるだろうか。

生まれ育った地域で心から安心して暮らせるような環境の整備を公的に認めてほしいという思い、世代を超えて受け継いできた森林を次世代にバトンタッチしたいという思いを、社会としてどう支えるか。それは社会経済に原発を組み込むことを許容してきた私たちみんなの問題でもある。

1　「森林除染の考え方の整理（案）」第五回環境回復検討会、二〇一二年七月三一日

2 早尻正宏「森林セクターの雇用保障と公共事業」（井手英策編『雇用連帯社会――脱土建国家の公共事業』岩波書店、二〇一一年）、六三―九三頁
3 福島県農林水産部『福島県森林・林業統計書（平成二四年度）』
4 農林水産省『二〇一〇年世界農林業センサス』
5 注3参照
6 注4参照
7 総務省『平成二二年国勢調査』
8 林野庁『平成二三年木材需給報告書』
9 林野庁『平成二三年特用林産基礎資料』
10 林野庁『平成二三年生産林業所得統計報告書』
11 「第一期対策の森林環境基金事業実績について」平成二十三年度第一回森林の未来を考える懇親会、二〇一一年一一月一五日
12 福島県農林水産部『平成二二年木材需給と木材工業の現況』
13 福田健二・朽名夏麿・寺田徹・モハマド レザ マンスーニャ・モハマド ニザム ウディン・神保克明・渋谷園実・藤枝樹里・山本博一・横張真「千葉県柏市の森林における放射能汚染の実態」（『森林立地』五五巻二号、二〇一三年一二月）、八三―九八頁
14 森治文「森林と放射能汚染――大半が山に置き去り、出口の見えない除染」（森林環境研究会『森林環境二〇一三』朝日新聞出版、二〇一三年）、一五三―一六三頁
15 中西友子『土壌汚染――フクシマの放射性物質のゆくえ』（NHK出版、二〇一三年）
16 福島民報社編集局『福島と原発――誘致から大震災への五十年』（早稲田大学出版部、二〇一三年）、一三二―一三三頁
17 日野行介『福島原発事故　被災者支援政策の欺瞞』（岩波書店、二〇一四年）
18 守友裕一「東日本大震災後の農業・農村と希望への道」（守友裕一・大谷尚之・神代英昭編著『福島　農家からの日本再生――内発的地域づくりの展開』農山漁村文化協会、二〇一四年）、一二一―一三〇頁

19　西﨑伸子「原子力災害の「見えない被害」と支援活動」（清水修二・松岡尚敏・下平裕之編著『東北発　災害復興入門――巨大災害と向き合う、あなたへ』山形大学出版会、二〇一三年）、一四四―一六六頁
20　平田剛士『非除染地帯――ルポ　三・一一後の森と川と海』（緑風出版、二〇一四年）
21　「森林整備による空間放射線量変化の調査」大沼哲夫・渡部秀行、福島県林業研修センター放射性物質関連研究成果発表会要旨、二〇一四年一月
22　「東京電力㈱福島第一原子力発電所事故に係る個人線量の特性に関する調査」放射線医学総合研究所・日本原子力研究開発機構、二〇一四年四月
23　守友裕一「ポスト原発下の地域振興の模索――福島県田村郡都路村農業調査報告」（『東北経済』七八号、一九八五年三月）、一―七五頁
24　同上
25　林野庁『平成二五年度　森林・林業白書』
26　外岡秀俊『三・一一　複合被災』（岩波書店、二〇一二年）
27　注25参照
28　田代洋一『この国のかたちと農業』（筑波書房、一九九七年）
29　菊間満「森林組合を「労働」から再考する――小規模森林組合等のミニシンポ報告をかねて」ベルント・シュトレルケ編・菊間満訳『世界の林業労働者が自らを語る――われわれはいかに働き暮らすのか』（日本林業調査会、二〇一一年）、一五三―一六三頁
30　「木質ペレットの当面の指標値の設定及び「木質ペレット及びストーブ燃焼灰の放射性セシウム測定のための検査方法」の制定について」林野庁、二〇一二年一一月
31　辻内琢也「深刻さつづく原発被災者の精神的苦痛――帰還をめぐる苦悩とストレス」（『世界』八五二号、二〇一四年一月）、一〇三―一一四頁
32　小山良太・小松知未「なぜ放射能汚染問題は収束しないのか？――現状分析を踏まえた安全対策の必要性」（『環境と公害』四一巻四号、二〇一二年四月）、五二―五八頁
33　注３参照

34 大島堅一・除本理史『原発事故の被害と補償――フクシマと「人間の復興」』(大月書店、二〇一二年)、除本理史『原発賠償を問う』(岩波書店、二〇一三年)

35 淡路剛久「福島原発事故の損害賠償の法理をどう考えるか」(『環境と公害』四三巻二号、二〇一三年一〇月)、二一八頁

36 除本理史『原発賠償を問う』(岩波書店、二〇一三年)五七―五八頁

37 「森林の賠償と林業再生の加速化についての要望書」福島県森林組合連合会、二〇一三年一二月

38 「福島県森林・林業の復興再生に向けた要望書」福島県森林組合連合会、二〇一三年一〇月

39 奥田仁『地域経済発展と労働市場――転換期の地域と北海道』(日本経済評論社、二〇〇一年)

40 阿部展也「放射能汚染後の山林所有者の生活」(『グリーン・パワー』四三一号、二〇一四年一〇月)、六―七頁

41 熊田淳「なお続く原木きのこの出荷制限」(『グリーン・パワー』四二三号、二〇一四年三月)、六―七頁

42 内橋克人『共生の大地――新しい経済がはじまる』(岩波書店、一九九五年)

43 菊間満「森林組合研究」(堀越芳昭・JC総研編『協同組合研究の成果と課題――一九八〇―二〇一二』家の光協会、二〇一四年)、一八一―二〇六頁

第四章　海洋汚染からの漁業復興

東京電力福島第一原子力発電所の事故後に発生した海洋汚染にはいくつかのプロセスがあった。大々的な報道により国民に知らされた、二〇一一年四月四日に東京電力が実施した低レベル汚染水の放水によるものだけではない。それ以前から始まっていた、原発構内からの高レベル汚染水の漏洩が事態を悪化させていた。とはいえ現在は、海水の汚染度はかなり落ち着き、原発建屋前の港湾周辺を除いて、震災前に戻ったという評価である。

そのようななか、東京電力は福島第一原発の廃炉作業を進めている。完了は四〇年先と気の長い話になっている。漁民も廃炉作業の完了を待ち望んでいる。しかし、四〇年先まで待っていられない。廃炉作業が進められている傍らで「生業《なりわい》」を早く取り戻したいと考えている。その願いを実現するために、漁業の全面自粛のなかで試験操業という体制が漁業協同組合や水産行政の尽力によってつくられ、二〇一二年六月から始められている。

漁民は、漁で営みを続けていることでしか「矜持」を維持できない。漁に出ることができず、自然と一体化していない漁民は漁民ではないからだ。恵みだけでなく驚異もある自然空間から離れて、物質的豊かさや生活の利便性を追い求めて暮らしている都市生活者とは、生きていくことに対する想いをまったく異にするのである。

しかし、震災から四年が過ぎても、漁民の「なりわい」はまったく再生されていない。それどころか、事故後の原発は漁民の願いと裏腹な状況が続いている。廃炉作業は出足からつまずいており、順調には進んでいないのだ。

その最大の原因が、原発建屋内で増え続ける汚染水の対策が効果を出していないことである。汚染水が溜められた容量五〇〇トンから一千トンの貯留タンクは一千基を超えており、敷地が足りなくなるとまで言われている。

汚染水が増え続く限り、海洋汚染再発の恐れがある。しかも汚染水漏洩の報道も絶えない。漁業への「風評」はいつでも起こりうる状態なのである。日本社会のなかに原発事故由来の社会災害が寄生し続けている。

この危機を理解するには、福島県の漁業の特性を見つつ、過去から現在に向けて浜通り地方の漁村がどのように変化してきたのかを捉える必要がある。そして、原発立地、海洋汚染、汚染水漏洩、そして風評などの悲劇は何を示唆しているのか、本章で考えてみたいと思う。[1]

1　福島県漁業の概観

震災前の福島県漁業

東日本大震災の前年（二〇一〇年）のデータを見ると、福島県における漁業生産量は七万八九三九トン、養殖生産量は一四五九トンである。合計八万三九八トンは都道府県別で見ると二一位（海に面している都道府県は三九）である。生産金額は一八七億円である。二〇一〇年の福島県の農業粗生産額が約二三三〇億円なので、農業と比較するとかなり物足りない数字である。

だが、誇ることのできる数値がある。二〇〇八年漁業センサスによると、全国の自営漁業者総数は一〇万九四五一人おり、そのうち後継者を確保している自営漁業者数は一万九九二九人である。全国の後継者確保率は約一八パーセント。それに対して福島県の自営漁業者総数は七一六人に対して後継者を確保している自営漁業者数は二四四人、後継者確保率は三四パーセントであり、全国平均の倍近い数値となっている。しかもこの数値は全国二位であった。たしかに浜通りには、若い漁業者をたくさん見ることができる地域がある。

二〇一三年漁業センサスの調査によると、福島県の漁業就業者数は、前回の二〇〇八年漁業センサス時が一七四三人であったのに対して三四三人になっている。震災後、福島県沖の沿岸漁業が全面自粛状態になっている状況下で漁業に就業できている数である。具体的には、福島県沖合以外で操業している大型漁船の乗組員（たとえば、北海道沖や三陸沖を主漁場としているサンマ棒受網《ぼううけあみ》漁船や、サバ、マイワシ、カツオなどの漁場で操業をおこなう大中型まき網漁船などの乗組員）数の他、二〇一二年六月から開始された試験操業に参加した就業者数の合計である。

個人経営体数は二〇一三年漁業センサスには掲載されていない。現状はどのようになっているのかまったく分からない。自粛状態が続いているなかでは、試験操業に参加している漁業者以外は実績がないため、個人経営体数を客観化できないからだ。集計もおこなわれなかったのであろう。つまり、試験操業は本格操業ではないので、どれだけの自営漁業者が再開するかが明確になっていないのだ。もちろん、後継者がどれだけいるのかについても同じことが言える。震災による漁業者の淘汰、目減りがどれくらいのものなのかがはっきりとするまでには、まだ時間を要するのである。

魚種の豊かな海

福島県の海岸線は単調であり、県北部にある松川浦という汽水湖を除けば、ほとんどが外海に面している。海岸線が入り組み、深い水深の海が岸に迫っている三陸とはまったく異なる海洋環境である。

震災前までの漁場の使われ方を見ると、磯場ではアワビ漁やウニ漁などがおこなわれ、その沖では、ホッキ漁、刺し網、小型底曳網、船曳網漁業が営まれ、さらにその沖ではタコ籠漁船、沖合底曳網漁船が操業するという状況である。サワラ、イシカワシラウオ、シラス、コウナゴ、マダラ、メヒカリ、アンコウ、ズワイガニ、カサゴ類、何種類もあるカレイ類にヒラメなど二〇〇種類以上の魚介類が漁獲されていた。福島の海の豊かさ、それは魚種の豊富さに表れていた。またそれらの漁業がおこなわれる外側では、サバ類やマイワシなどを漁獲する大中型まき網漁船、サンマ棒受網漁船、近海カツオ一本釣り漁船などが入り合っていた。福島沿岸から五〇キロメートル以上離れた沖合でも漁場が形成されていたのである。

では、浜通りの地域はどのようになっているのであろうか。

漁業と地域の関係を空間的に知るには漁港を一つの拠点として見ると便利である。そこで**図1**に行政区と福島県内の漁港および発電所の位置を表した。

福島県内は、天気予報などでは浜通り、中通り、会津と三つの地方に分けられているが、浜通りは、さらに、県南のいわき市（いわき地区と呼ぶ）と、県央部の双葉郡、県北部の相馬郡の三地区に分けられている。県央部の漁業者が少なくなっていることもあり、いわき地区以北は相双地区と呼ばれている。

次に震災前のそれぞれの漁港周辺の状況について見ておこう。まずは、いわき地区である。

図１　福島県浜通りにおける漁港と発電所

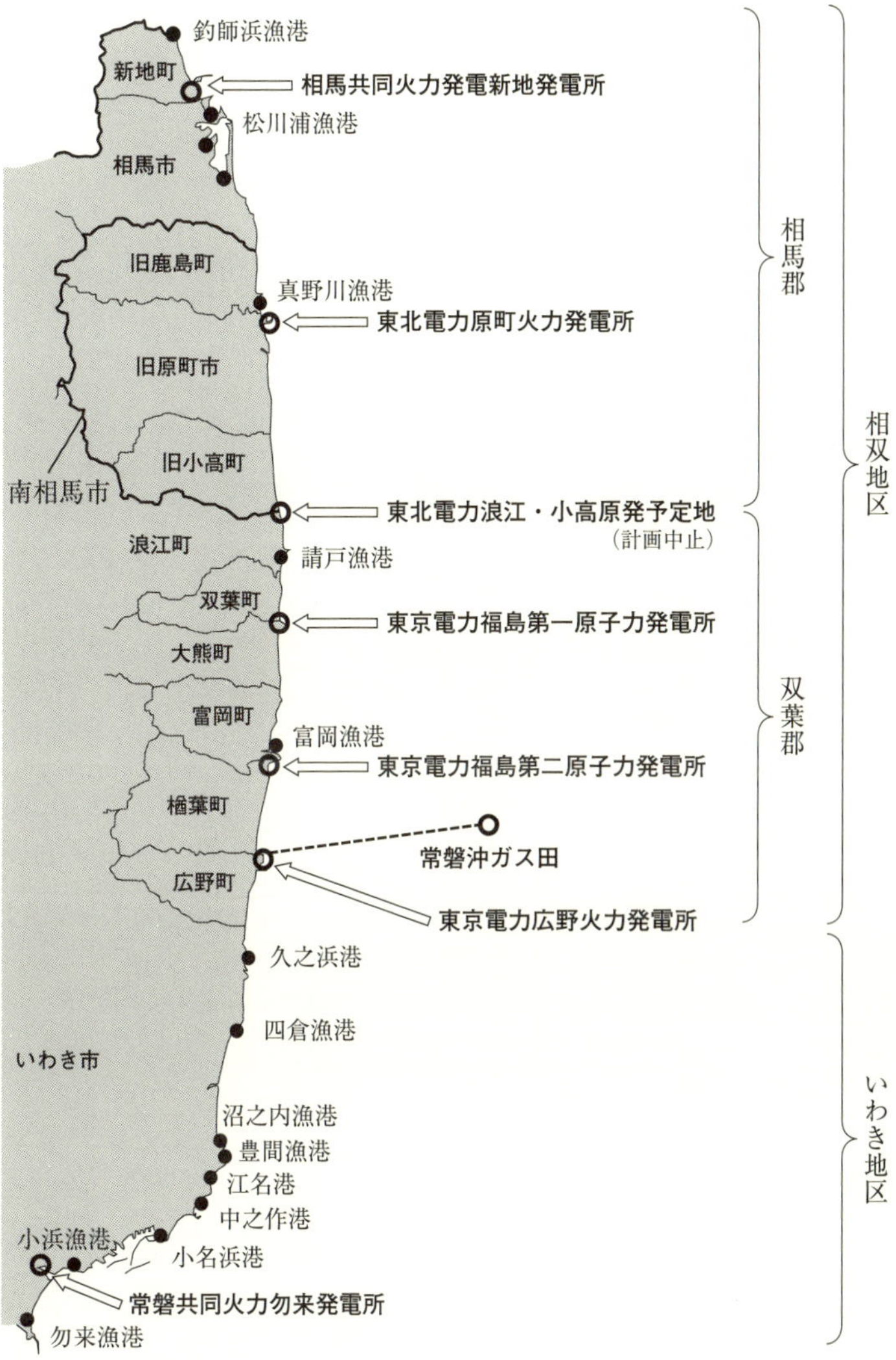

いわき地区――漁港・物流の拠点

いわき地区には、南から勿来《なこそ》漁港、小浜漁港、小名浜港、中之作《なかのさく》港、江名港、豊間《とよま》漁港（豊間、薄磯《うすいそ》、沼之内）、四倉漁港、久之浜漁港という漁港・港湾がある。

行政管轄上、勿来、小浜、豊間、四倉、久之浜は漁港である。小名浜港、中之作港、江名港は基本的には商港であり、その一角に漁港区域があるという港である。さらに、中之作港、江名港は地方港湾、小名浜港は重要港湾として位置づけられている。

小名浜港は常磐炭鉱からの石炭の積み出しがおこなわれてきた歴史のある港である。明治期末期までは中之作港がその役割を担い、その後小名浜港が取って代わった。今や炭鉱こそなくなったが、市街地と隣接し、内陸部と海上交通を結ぶ物資や貨物の物流拠点となった。貿易港でもあり、大規模港湾である。この小名浜港の東側に漁港区域があり、そこには小名浜魚市場（いわき市地方卸売市場）がある。

この市場は福島県の魚の流通拠点になっており、小名浜機船底曳網漁協が卸業者を担っている。かつては、二〇一〇年三月に解散した小名浜漁協も卸業者を担っていた。二業者によって卸売市場で卸が運営されてきたのは福島県内では小名浜のみである。つまり小名浜は重要港湾として栄えただけでなく、漁港・流通拠点としても発展した港であった。中之作港、江名港も商港の漁港区域内に卸売市場がある。中之作港においては近年も小名浜港のように県外漁船を誘致して漁業のまちを維持し、内航船などの廻来船《かいらいせん》の商港としても利用されているが、小名浜港のような拠点にはならなかった。

小名浜港、中之作港、江名港は福島県の漁業基地としての特徴をもつ。浜通りには、海岸線上に漁業集落が点在し、そこには沿岸漁民がなりわいを営んできたが、これらの港の背後地域には、アワビ・ウニ漁やホッキ漁そして小型底曳網漁を営む沿岸漁民だけでなく、地元名士のような漁業資本＝漁業家が会社事務所を構え、資本制漁業を営んできた歴史がある。いわき市内は、漁港や漁業集落が分散しているが、漁業資本が集積しているという意味で、青森県八戸市、宮城県気仙沼市、石巻市、塩釜市といった漁港都市と並ぶ地域である。サンマ棒受網漁業、サケマス流し網漁業、まき網漁業、遠洋マグロ延縄《はえなわ》漁業などといった資本制漁業が発展した。現在は皆無となったが、定置網漁業を営む網元も豊間地区に存在していた。これらの漁業家は高度経済成長期には六〇社以上存在していた。[2] しかし、二〇〇海里体制に入ってからは撤退・廃業が進み、現在存続しているのは一〇社ほどである。

勿来漁港、小浜漁港、豊間漁港、沼之内漁港、久之浜漁港の背後地域はもっぱら沿岸漁民の漁業集落となっている。各漁港には卸売市場があり、地元漁船の他、他港の漁船も水揚げしていた。小浜漁港の漁業集落はアワビ漁やウニ漁をおこなう零細漁民が中心であるが、久之浜漁港の地区には小型底曳網漁業や船曳網漁業あるいは刺し網漁業等を営む中核的な沿岸漁民層が多かった。久之浜漁港にある卸売市場には富岡町の漁民も水揚げしていた。

いわき地区は、一つの行政区にたくさんの漁港があり、以上のように零細沿岸漁民層から中核的漁民あるいは漁業資本まで幅広い経営体が共存してきた。その歴史や経済の変動は相双地区とは異なるダイナミックさがあったが、沿岸漁業層だけでみれば、次にみる相双地区の方が活力が残っていた。

相双地区——沿岸漁業に活気

相双地区には南から富岡漁港、請戸《うけど》漁港、真野川漁港、松川浦漁港（磯部、岩子、和田、松川浦、鵜ノ尾岬、原釜《はらがま》）、釣師浜《つるしはま》漁港がある。

県央部の双葉郡には、広野町、楢葉《ならは》町、富岡町、大熊町、双葉町、浪江《なみえ》町と六町が並んでいる。だが、これらの町の海岸線には、漁港は富岡漁港と請戸漁港しかない。県央部は、いわき地区や相馬方面と比較すると漁業が発展しなかった地域である。貧困地帯だったことから公共投資や漁港の整備が遅れ、人も離れていった。過疎化に対応する原発立地政策に適した地域だった。

富岡町には小良ヶ浜《おらがはま》漁港、大熊町には熊町漁港があったが、現在、整備が進まないで廃港になっている。双葉郡ではなく相馬郡ではあるが、旧原町《はらまち》にあった、真野川漁港と請戸漁港の間で唯一確認できる渋佐《しぶさ》漁港も廃港になっている。

県央部の海岸線は長い。漁港があったということは漁業集落があったはず。にもかかわらず、漁港が消滅し、漁業集落が弱体化しているということは、①漁業資源に恵まれなかったのか、②消費地との流通経路に恵まれない市場条件不利地だったか、③他地区との競合で負けたかということになろう。そこは検証できないが、②③の要因が強かったと思われる。

ちなみに県央部の最大の漁業拠点である請戸漁港は、県外の漁船も寄港できる第三種漁港であり、近世から海上と陸上の物資輸送の拠点として利用され、震災前までは活魚出荷で賑わっていた。

請戸、真野川、松川浦、釣師浜漁港周辺の漁業集落には、船曳網、刺し網などをおこなう中核的沿岸漁民が存在する。松川浦には漁港が六か所に分散しており、漁業集落がいくつも点在している。相馬原釜では沖合底曳網漁業が営まれており、地域経済を支える重要な存在となっていた。また松川浦の湖内ではノリ養殖業のほかアサリ漁がおこなわれ、外海ではホッキ漁がおこなわれていた。磯部では、外海のホッキ漁において、漁業者集団が資源管理としてプール制に取り組んできたことがよく知られている。活力ある漁業者層が存在しているが、いわき地区で見られる沖合・遠洋に投資をする漁業資本は存在しない。

沿岸漁民を比較すると、相双地区の方がいわき地区より活力があった。かつて、相双地区の漁民は、沖合・遠洋に展開するいわき地区の漁船に乗り込んでいた。経済的な地域格差がそのような状況を生み、相双地区はいわき地区に従属するような関係になっていたという。しかし、二〇〇海里体制以後の漁船漁業の衰退によって、相双地区の漁民は船を下りて地元に戻り、地元の漁村振興を図ったのである。

震災前の漁協と市場

海面漁業に関わる漁協は、現在、相馬双葉漁協、中之作漁協、江名漁協、いわき市漁協、福島県旋網《まきあみ》漁協、小名浜機船底曳網漁協、福島県無線漁協である。これらはすべて福島県漁連（福島県漁業協同組合連合会）の会員である。漁場管理団体である沿海地区漁協は、相馬双葉漁協、中之作漁協、江名漁協、いわき市漁協である。

相馬双葉漁協は、二〇〇三年に、東京電力福島第二原発周辺から北側の旧単協（新地、相馬原釜、磯部、松川浦、鹿島、請戸、富熊）が合併した漁協である。旧相馬原釜漁協が本所となった。

いわき市漁協は、中之作漁協、江名漁協を除く、東京電力第二原発の南側にあった単協（久之浜、四倉、沼之内、豊間、江名町、小浜、勿来）が二〇〇〇年に合併した漁協であり、本所機能は久之浜地区に置かれてきた。

福島県旋網漁協、小名浜機船底曳網漁協、福島県無線漁協は業種別漁協といい、組合員は主として大型漁船を所有する船主である。中之作漁協や江名漁協は沿海地区漁協ではあるが、経緯からすると業種別漁協である。かつてはサンマ棒受網漁船や北洋サケマス漁船を所有する漁業家（＝船主）が多かった。これらの漁協の存在はいわき地区が漁業基地であったことの名残である。

次に卸売市場についてである。県内では、もともと一四の卸売市場（新地、相馬原釜、磯部、鹿島、請戸、富熊、久之浜、四倉、沼之内、豊間、江名、中之作、小名浜、勿来）があり、各漁協が卸業務をおこなってきた。震災前には一二市場（豊間、江名は閉鎖）になっていたが、取扱量に大きな格差があった。

二〇一〇年の福島県漁獲高統計を見ると、市場の総取扱高は約一一〇億円であり、一〇年前の二〇〇一年の約一三四億円からすれば二〇億円以上ダウンしていた。ただし、サバやサンマなどにおいて海外輸出が好調であった二〇〇八年は約一四一億円だったので、リーマンショック以後の冷え込みで落ち込んだと言える。

とはいえ、一〇億円を超える販売力をもっていたのは、相馬原釜（四六億円）、小名浜（一八億円）、中之作（一一億円）のみであり、七億円台を維持していた請戸、久之浜を加えた五市場で県全体の八割を取り扱っていたという状況である。それらの市場の動向が福島県からの水産物の流通事情を大きく左右してきた。他の市場は地元漁民と地元の買受人（仲買人）とがつながる細々とした交易の場として存立していた。

震災前の福島県漁業は、決して好調であったとは言えないが、他県と比較して縮小再編が著しいというものでもなかった。だが、東日本大震災においてそうした漁業環境が一変した。現在の全面自粛状態が解除されたとき、福島県の漁業の姿が現れることになる。

以上、震災前の浜通りの地域と漁業の概略を見てきたが、ここからは歴史を振り返って、地域形成のポイントを整理したい。

2　福島県漁業の略史

カツオ産業の盛衰

近世から明治期にかけては全国的に沖合漁業が発展する。福島県では、イワシ漁、カツオ漁、マグロ漁、サンマ漁、ホッキ漁、サケマス漁、タコ漁などが栄えた。ホッキ漁は福島ならではの漁業であるが、他の漁業種については他県でも見られた傾向である。無動力漁船を使った、地曳網、揚繰《あぐり》網、棒受網、打瀬《うたせ》網、竿釣り、壺漁業等がおこなわれていた。これらのなかには近世に紀州から伝搬した技術もある。

ただ、福島県の戦後漁業発展の前史として、知っておくべき明治期に栄えた産業がある。カツオ産業である。

現在、県内でおこなわれているカツオ漁についてはまき網のみで一本釣り漁船は存在しない。漁場も遠い。だが、戦前までのカツオ漁とは一本釣り漁船によるもので漁場は近かった。餌として用いる活きたイワシ類は、県下三〇余りの漁業集落で、岸から見える範囲で棒受網により獲られたものであった。

カツオ一本釣り漁業の発祥の地は静岡県焼津である。このカツオ一本釣り漁業と一緒に栄えたのが鰹節《かつおぶし》産業である。鰹節製造は福島県内でも藩政時代からおこなわれて、土佐の製造技術が関東地方から伝搬したという説がある。しかし、鰹節産業が本格化するのは明治後期からである。しかも、県産の鰹節は「磐城節《いわきぶし》」というブランドで関西方面に流通した。明治二十年代後半から各県で静岡県焼津から技術者を招いて鰹節の製造技術の伝授を受けていたようだが、福島県でも明治三十五（一九〇二）年から焼津の技術者を招き入れ、さらに大正期に入ってからは福島県の水産試験場内に「鰹節伝習所」が設置されて技術指導までおこなわれたようである。

機船底曳網漁船がひしめく江名漁港。昭和初期

こうして江名、中之作、小名浜、四倉においてカツオ産業が発展したのである。請戸でもその傾向が見られたが、いわき地区が中心であった。最盛期には江名だけでも約八〇軒の製造業者がいたという。[3]

しかし、カツオ漁船は、カツオ漁場の遠隔化によって他県の漁船との競合が激しくなり、他漁業への転換が進んだ。江名では大正初期に五五隻あったが、大正末期には二六隻まで減っていたという。それにともない鰹節製造業者も徐々に減り、戦後から近年までは数軒の業者が細々と続けていて、現在もわずかながら存在している。

このように明治期から昭和初期にかけてイワシ棒受網、カツオ一本釣り漁業、鰹節産業で構成されるカツオ産業の栄枯盛衰が見られた。この動きは福島県だけの動きではなく、宮城県気仙沼市、岩手県宮古市、青森県八戸市など、他県の漁港都市でも見られた現象である。

さて、大正期から漁業の世界でも近代化が進み、その姿が変わっていった。資本制の漁業が発展するのである。

大正期初期から機船底曳網漁業が拡大した。小名浜に茨城県磯浜の業者が持ち込んだというルートと、中之作の漁業家が新潟県から導入したというルートが確認されており、どちらも成績が良好であったことから機船底曳網漁船が急増したと言われている。それ以前、打瀬網漁船という、帆で風を受けて風力で網を曳く無動力漁船による漁業が盛んであったことから、それらの担い手が転換したのであろう。拠点は、江名、中之作、小名浜、四倉であった。

昭和期に入ると、小名浜で揚繰網《あぐりあみ》と呼ばれているまき網漁業が始まる。もっぱらイワシ漁である。一九三五（昭和十）年は大漁であったという。しかし、五年後にはまったく獲れなくなった。イワシ漁が再開するのは一九四七（昭和二十二）年からであるが、それもまた長くは続かず、まき網漁船の数は激減した。

戦後復興と北洋漁業の復活

太平洋戦争が勃発すると、国内の漁船は徴用されて不足し、戦中の漁獲量は大きく落ち込んでいた。戦後、極端な食料難のなかで水産物供給には大きな期待がかかった。しかし、漁船が不足していてすぐには生産の回復が見込めなかった。そのため、政府は傾斜生産方式にあわせて、一九四七年に漁船三三万トン計画を実施し、漁業にも復興金融を向けた。許認可体制が十分に整備されていないなかで、全国的に機船底曳網漁船が急増する。福島県内でも一九五二年に機船底曳網漁船が一九五隻にまで達していた。

一九四八年に水産業協同組合法が制定されると、福島県でも沿岸漁民で組織する沿海地区漁協が二六組合設立（二二漁業会から移行）され、主に漁業家が組織する業種別漁協の設立も相次いだ。中之作機船漁協（のちに中之作漁協）、江名機船漁協（のちに江名漁協）、小名浜機船底曳網漁協、福島県旋網漁協、福島県鰹鮪漁協、四倉機船底曳網秋刀魚棒受網漁協である。次いで福島県漁連、福島県信漁連（福島県信用漁業協同組合連合会）など系統団体も設立された。こうして福島県内の漁業組織が完成したのである。

沿海地区漁協は地域別に組織されるため、県内全域まんべんなく組織されるのだが、業種別漁協は漁業家が集まる地域で組織される。業種別漁協が設立された地域を見ると、福島県漁連や福島県信漁連もすべていわき地区内である。福島県漁業の拠点はいわき地区であったと言えよう。

さて、一九五二年にＧＨＱ（連合国軍総司令部）による占領政策が終わると、その際に戦後に設定された漁区ライン、マッカーサーライン（漁船の操業を日本近海域に封じ込める境界線）も廃止された。同時に大正期から国策産業として勃興していた北洋漁業が再開した。

象徴的なのは母船式北洋サケマス漁業である。大手水産会社（大洋漁業、日本水産、日魯漁業）による漁業独占とも言われたが、大手水産が仕立てた巨大な母船は洋上の工場であり、実際にサケ・マスを漁獲するのは独航船と呼ばれる東北中心に全国の浜の漁業家が仕立てた漁船であった。大手水産会社の系列下に属しての船団操業であった。

福島県でも、中之作、江名、小名浜、四倉から独航船が北洋に出かけた。

他方、国内の近海域では、急激な漁船増加によって漁場での紛争が多発していた。とくに機船底曳網漁船の急増が原因であったため、政府は漁場の限界を踏まえた転換政策を打ち出した。「沿岸から沖合へ、沖合から遠洋へ」をスローガンにして、過密になった沿岸・近海域の漁場から漁船を間引きして、沖合あるいは遠洋に転換させる政策である。福島県内の機船底曳網漁船は六六隻が北洋トロール漁船に転換した。その多くがいわき地区の漁業家の漁船である。県内に残ったのは八八隻（一九五六年）である。

高度経済成長期に入ると、漁業投資も外延的に拡大する。いわき地区の漁業家も、北洋サケマス、北洋ト

小名浜港に集結する沖合漁船と町の風景。戦後復興期の昭和20年代

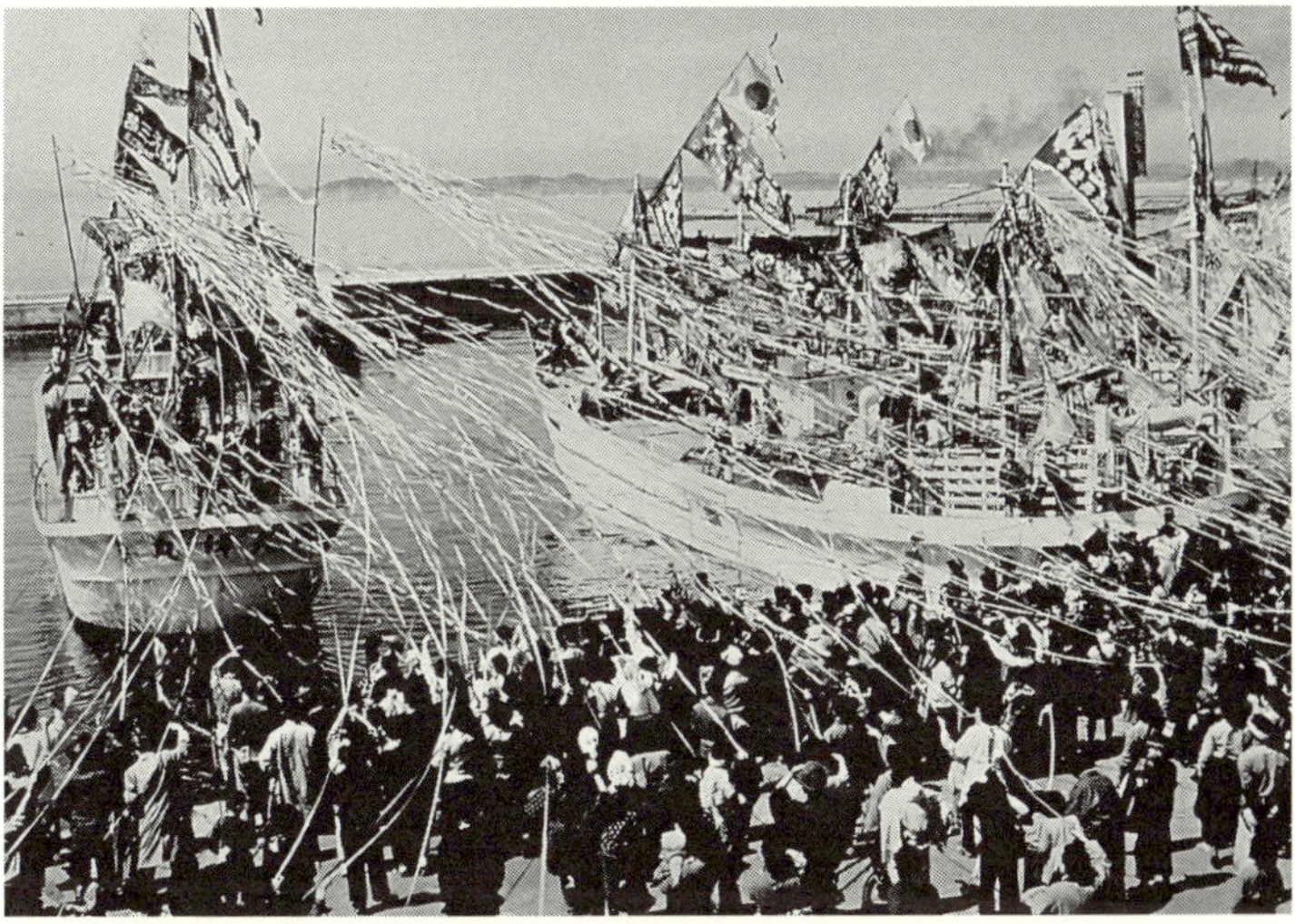

小名浜港から北洋に出港するサケマス独航船。昭和40年代

ロール、遠洋カツオマグロ漁業、サンマ棒受網漁業、大中型まき網漁業、沖合底曳網漁業への漁業投資を活発化させた。

しかし、いわき地区の遠洋漁船は六〇年代から船数が減少し、一九七〇年には一一隻になった。一九七三年に発生した第一次オイルショックを受けて遠洋カツオマグロ漁船は一五〇隻（一九六九年）→六四隻（一九七七年）→六一隻（一九七八年）と減少し、日ソ漁業交渉および二〇〇海里体制への突入により減船事業が進んだ母船式北洋サケマス漁業の独航船は、七八隻（一九七一年）→六三隻（一九七七年）→二一隻（一九七八年）と減少した。サケマス漁業から撤退した独航船は公海イカ流し網へと漁業転換を図った。

漁船は減ったものの、この時代は継続的に物価が上昇していたことから、金額ベースでは漁船漁業の存在は大きかった。遠洋カツオマグロ漁業の水揚げは県内船だけで一〇〇億円（一九七八年）を超えていたし、サンマ棒受網漁業も八〇億円を超えていた。この二種の漁業の合計金額だけで震災直前の福島県全体の水揚金額に達していたのである。しかも、稼いでいたのはいわき地区の漁業家である。この稼ぎは、漁船の乗組員だった相双地区の漁民にも行きわたっていた。

バブル経済から構造不況へ

世界の沿岸国が二〇〇海里宣言を発し、日本漁船が締め出され、遠洋漁業の衰退が決定的となるなか、一方で日本近海ではマイワシの漁獲量が増大する。まき網、定置網などでマイワシ漁が活況を呈し、八〇年代後半には昨今の日本全体の漁業生産量を上回る四〇〇万トンを超えた。小名浜を基地にしたまき網船団も、マイワシの大漁に沸いた。四倉地区には、漁業者団体が運営するフィッシュミール工場も建設された。

ときはバブル経済である。内需拡大政策のなかで、獲れれば売れるという状況であった。しかも、マグロなど高級魚においては価格が高止まりしていたし、金融機関の貸付競争が激しかったことから、代船の建造が相次いだ。漁船漁業の過剰投資に拍車がかかった。

ところが九〇年代に入り、様相は一変する。マイワシ資源が大激減する。漁獲するものを失ったまき網漁船の経営は一気に悪化した。それを受けて一九九二年から大中型まき網の減船事業がスタートする。遠洋カツオマグロ漁船の淘汰も進み、さらに一九九八年には国内で大規模な遠洋・近海マグロ延縄《はえなわ》漁船の減船事業がおこなわれた。

北洋漁業から転換した公海イカ流し網漁業は海産哺乳動物と鳥類を混獲することから非難され、一九九一年に国連総会の決議によってモラトリアムが決まり、漁業者は転換か廃業を余儀なくされ、遠洋イカ釣り漁業へと転換する。しかしながら、その遠洋イカ釣り漁業も、出漁先のニュージーランド、アルゼンチン、フォークランド漁場での不漁や採算割れが続き、すべて廃業に追いこまれた。

こうした漁船漁業の再編のなかで、いわき地区の漁業家も撤退、廃業、経営規模の縮小を進め、福島県の資本制漁業が大きく縮小したのである。

一方、相双地区では、福島県沖合で操業する沿岸・沖合漁業の生産力が高まるとともに、漁船漁業の衰退で生産量が落ち込んだいわき地区と拮抗し、浜の活力は逆転した。船曳網や沖合底曳網漁業は後継者を確保している経営体が多く、またホッキ漁は、資源枯渇などの教訓を踏まえて始めた資源管理やプール制の導入により優良的な存在になっていた。小資本的漁業が栄えたのである。相馬原釜、請戸、新地など相双地区の漁業は相対的に安定した。いわき地区ではあるが、久之浜も含めて販売体制強化で功を奏した。

とはいえ、漁業者の数は減少の一途をたどる。漁協の組合員数を見ると、一九四九年は三三〇九人、一九五九年は四六九八人であったのに、二〇一一年には一五九五人（正組合員一二六七名、准組合員数は三二八名）

とピークの三分の一となった。同じ被災県である宮城県や岩手県の組合員数が正准合わせて一万人を超えていたことから、数だけ見れば見劣りする。しかし、先にも触れたように、後継者確保率が高く、底力を見せていた。

3 電源開発と原発立地

漁民への損害補償

原子力発電所の立地、増設を受け入れた地元に対し、地域振興を名目とした財政上の措置として電源三法交付金制度がある。これにより立地地域にはさまざまな施設が着工される。原発立地地域への経済的恩恵とは、多くが施設建設に関わるのである。浜通りの原発立地市町村はその恩恵を享受した。浜通りに使われた電源三法以外も含めた交付金の総額は、一九七四年から一九九〇年の間で約八一七億七〇〇〇万円である。[4]

一方で、原発立地や埋め立てなどの地域開発の受け入れをめぐっては、どのような地域でも「推進派」と「反対派」に地域住民が分かれ、激しく対立する。原発立地の場合、無益な紛争をさけるという理由で、秘密裏に市町村議会に誘致決議をおこなわせるというケースが相次いだ。そのことがさらに地域社会の分断を決定的なものにした。

漁協の内部でも対立が起きる。立地・開発の受け入れをめぐって推進派と反対派が割れて激しく抗争する。多くの場合、行政職員や議員の画策があって反対派が切り崩されるのだが、最後まで反対する集団とそうでない集団との間で禍根を残すこともある。

だが、立地や開発が決まった後の経済波及効果は大きい。そのひとつは漁業への損失補償である。開発地域あるいはその周辺地域におけるなりわいがその開発によって迷惑を被る場合、開発は民法第七〇九条の「他人の権利又は利益の侵害」にあたるため、開発サイドは開発前なら補償という形で、開発後なら損害賠償という形で、侵害する相手からの補償や賠償の請求に応えなければならない。

漁民が開発を受け入れる場合、地元漁業界と開発サイドとの間で協定が結ばれ、ケースバイケースであるが、事前に補償金、事後に想定外の迷惑があった場合には、協力金を支払う、あるいは警戒船など傭船の斡旋が約束される。

損失補償については漁業権だけが対象と思われがちである。たしかに、港湾開発や埋立開発がある場合は漁業権放棄がともなうし、それに見合う補償金が支払われる。しかし、漁業権を必要としない自由におこなわれている漁業も対象であり、問題はそのようななりわいの実態があるかどうかである。それゆえ、補償金は損害を受ける対象事業のそれまでの所得との関係で決まる。もちろん、算定根拠（年収益、利率をもとに、ある年限分に該当する収益を計算した額）がある。いずれにしても補償や賠償をめぐる手続きはほとんどの場合、漁民の経営を把握している漁協を介してとなる。また漁民の水揚げ損害は漁協にも直結するので、漁協自体も補償に含まれることもある。ただし、補償金をどのように分配するかは漁協によってまちまちであり、漁民個人が受け取らず、漁業振興のための基金にするというケースもよく見受けられる。

原発立地や地域開発の受け入れには、それによる経済効果をいかに引き出すかという条件闘争がつきまとうのもたしかである。条件闘争は地域経済を守るための最後の闘争であるがゆえに、周辺からは冷めた目で見られてしまう。漁協は開発に抵抗すると、国益を妨げると攻撃されるが、開発を受け入れると「ごね得」と攻撃される。いずれにしても、開発候補地となれば、その地域社会は混乱し、地域外から叩かれてしまう。

とはいえ、原発が立地すると、自治体も巨額な税収（固定資産税）が見込まれ、外貨を域内にもたらす重要な資本の拠点になる。漁村では、原発立地や立地企業の工場に漁民の家族が就業することも少なくなく、進出企業と地域は徐々に一体化していくものである。開発を受け入れたあとの漁民は、これら立地企業と共存していくほかはなくなる。このような原発立地地域のことを企業城下町と言う人はいないが、それに近い状態になる。

温排水の放出

福島県の浜通りは農作物の産地であり、水産物の産地でもあるが、同時にこの地域はエネルギー産地でもある。

もう一度、**図1**（二一九頁）を見よう。福島沿岸域に立地する発電所の位置が示されている。原子力発電所は、東京電力福島第一原発と第二原発がある。その他、東北電力浪江・小高原子力発電所の建設計画があった。火力発電所は、相馬共同火力発電（東京電力と東北電力の共同出資会社）の新地発電所、東北電力原町火力発電所、東京電力広野火力発電所、常磐共同火力（東北電力と東京電力などの出資会社）の勿来発電所がある。まさに電源密集地である。

ところで、火力発電所（以下、火発）と原発の違いは、熱源が火力か、原子力かであり、蒸気でタービンを回す基本的機構は同じである。日本では、火発や原発は海辺に立地している。なぜならどちらも燃料資源が輸入資源であり海上輸送されるうえ、どちらも大量の冷却水が必要だからである。

冷却水は、発電のためのタービンを回す蒸気を冷やし、もとの水の状態に戻すために使われる。その冷却水は温排水となって海に放水される。多くの発電所では、取水・放水の温度差は七度以下とされているが、大量に温排水が放水されるのならば海域の生態系に与える影響は無いとはいえない。それゆえ、沿岸漁業者にとって発電所は、火力であろうが、原子力であろうが、どちらも迷惑施設なのである。漁業者に対する権利の侵害についても差異はない。漁業補償は、環境アセスメントの調査によって特定される温排水の影響範囲（海水温が一度以上変化する範囲）に対して実施されることになる。

ただ、原発については火発以上に漁業者が危惧する要素がある。

その第一は、原発から放水される温排水の量は火発よりも圧倒的に多いことである。原発はベースロード電源として位置づけられていて、タービンの稼働率が高いし、火発に較べて蒸気の冷却に大量の用水を必要とするからである。

第二に、温排水のなかに放射性物質が混入するのではないかという疑問である。もしそうであるならば魚介類に放射性物質が濃縮する。またその理屈が魚の買い控えをもたらして、「風評」被害を発生させる可能性がある。ビキニ環礁諸島における米国の水爆事件の後、全国のマグロが暴落したことは有名な話である。[5]漁業界では忘れられない日本初の風評被害だった。

漁民側の懸念に対して行政当局、電力会社、福島県開発公社によって温排水や放射能の安全性に関する説得活動がおこなわれるのだが、当時は海への影響はよく分かっていないことが多かった。そこで海洋生物環境研究所が一九七五年に発足し、[6]電源立地にともなう海洋環境への影響調査が本格的におこなわれるようになった。一方では、温排水の有効利用も始まった。温排水を利用した魚介類の幼稚魚の育成事業である。福島県では一九八〇年一月に福島県栽培漁業協会が設立され、大熊町に栽培漁業センターが建設され、東京電力福島第一原発の温排水が利用されるようになった。

東京電力福島第一原発の建設

福島の沿岸に立地した初の発電所は東京電力福島第一原発である。一九六〇年に佐藤善一郎福島県知事が原発誘致を表明し、その後、東京電力によって土地買収などがおこなわれ、建設に至る。立地は双葉町と大熊町を跨ぐ用地である。その用地の大半は、戦前は旧陸軍航空隊基地、戦後は製塩事業を一時営んでいた国土計画興業の所有地であったことから、国土計画興業に対しては東京電力が直接交渉し、民有地については福島県開発公社が地権者に対して用地買収の交渉をおこなった。民有地のほとんどは大熊町側にあった。大熊町は、地域開発に関する総合調査を早稲田大学と東京農業大学に依頼していたこともあり、企業誘致に意欲的であった。

買収は比較的円滑に進んだ。しかし漁業補償の交渉においては難航した。東京電力から福島県漁連に申し出があったのが一九六六年四月九日、東京電力と漁協との間で「漁業権損失補償協定」が結ばれたのは同年一二月二三日であった。もちろん、協定締結に向けてのプロセスが始まる前から、放射能による海洋汚染を危惧して反対を表明する漁業者がいたり、共同漁業権消滅にともない優良な漁場を失うことへの反発もあったりと混乱があった。しかしながら、福島県の浜通りのなかでも、富岡町、大熊町、双葉町は最も貧困地帯であったことから、行政関連機関や地元政治家の説得のもとに妥結に向かった。

むしろ協定締結に難航したのは、地元よりもその他の地域の漁業者との交渉であったという。通常、漁業補償の締結先は温排水の影響が及ぶ範囲であるが、東京電力福島第一原発立地予定地の沖合には、相馬地区といわき地区の漁業者（一本釣り漁業、刺し網漁業などを営む）の入会《いりあい》になっていた。温排水の影響はそれらの漁業者にも及ぶ。そのことから、締結が難航したのである。なお東京電力福島第一原発六基の全出力は四六九・六万キロワット、冷却水は毎秒二四五立方メートル、用水は一日当たり一万一千立方メートルであった。温排水の容量は用水に匹敵する。火発の温排水の放水量とは桁違いであった。

福島県開発公社との交渉は福島県漁連が窓口となったが、補償対象漁協は温排水が直接影響する旧請戸漁協、旧富熊漁協、旧久之浜漁協だけでなく、旧四倉漁協、旧小高漁協、旧鹿島漁協、旧磯部漁協、旧相馬原釜漁協、旧新地漁協であった。ただし、補償金の根拠はあくまで東京電力福島第一原発の立地・開発にともなって放棄される地先の共同漁業権海面五四ヘクタール（沖合一五〇〇メートル、横幅三五〇〇メートル）に対してであった。

漁業補償は総額一億円。これとは別に漁業振興基金（漁業振興に使われる基金）二千万円が積み立てられた。各漁協に支払われた補償金額や、各漁協で組合員にどのように分配したか、また分配しないでどのように処分したかは定かではない。おそらく漁協の事業利用実績に応じて組合員に補償金を分配しつつも、一部は漁協に内部留保したと思われる。

ただ、組合員に分配される金額は多額とは言えない。すべて配分されたとし、関係した組合員が二千人（一九六六年の県内の組合員数四二一一人）だとすると平均五万円である。福島県漁連への一〇パーセント増資が約束されていたことから平均四万五千円となる。現在と比較すると物価水準が低かった時代とはいえ、巨額の補償金を得ていたというわけではなかろう。[7] しかし、その後の電源立地にともなう漁業補償は高額化していくのである。

「東北電力浪江・小高原発」計画、四五年間の攻防

一九六八年一月四日、木村守江《もりえ》福島県知事が東北電力浪江・小高原発と東京電力福島第二原発の構想を公表した。東北電力浪江・小高原発については震災後の二〇一一年一二月浪江町議会において白紙撤回決議が

なされ、東北電力においても二〇一三年二月二八日に計画の取りやめを公表するに至った。四五年間、原発推進派と反対派の攻防があった。漁業界では、一九八〇年七月二八日に旧請戸漁協を含む七漁協と東京電力との間で交渉（福島県漁業振興基金五億七千万円）[8]がまとまったが、旧請戸漁協の漁業者のなかに反原発派がおり、「浜通り原発火発反対連絡協議会」代表に建設予定地内の土地六四四平方メートルを無償で提供し、建設を阻止していたのである。東北電力は用地買収の説得を続け、反対派勢力が衰えるのを待ちながら建設計画を延期したが、そうしている間に東日本大震災が発生したのである。福島県内に電力供給できれば新たな地域工業化が推進できるので、福島県としては「東北電力の原発建設こそ、本来の願望であった」[9]という。

ちなみに、東京電力福島第一原発の七号機と八号機の増設計画が九〇年代に入ってから浮上していた。この増設を双葉町が受け入れようと議会で誘致を決議し、二〇〇〇年には関係七漁協と漁業補償協定が締結（補償額は広野火発五、六号機増設の補償と併せて一五二億円）していたが、福島県が受け入れていなかった。そして、東京電力は二〇一一年五月に増設計画の中止を正式に公表した。

漁業補償

さて、東京電力福島第一原発の一号機の運転が始まったのは一九七一年のこと。この年四月三〇日、東京電力から福島第二原発（四基、四四〇万キロワット、冷却水毎秒三一二立方メートル、用水一日当たり一千立方メートル）と広野火発（二基、一二〇万キロワット、冷却水毎秒五三立方メートル）の補償協定の申し出があり、委託を受けた福島県開発公社と福島県漁連との間で締結に向けての交渉が始まった。福島第二原発の立地地域は富岡町と楢葉町の境界に跨がる用地であり、広野火発は広野町であった。これらの町のなかには漁協は旧富熊漁協しかなく、しかも零細であった（ただし、楢葉町と広野町の沿岸には漁村がないが、海面の管轄権は、旧久之浜漁協にあった)。締結は一九七三年六月一三日。補償金は福島第二原発が一一億八千万円、さらに協力金として五億円、広野火発においては補償金が一三億二千万円、協力金が五億円である。協定書を確認できていないため定かではないが、補償金は港湾建設も含めた漁業権放棄、協力金は発電所立地による船舶航行の増加などにともなう船舶航路の警戒業務に対する費用に充当されたと考えられる。このとき福島県漁連への二パーセント増資も決まった。

一九七八年一月二五日には「核燃料の海上輸送と水産物に対する影響補償等の協定」が締結される。一九八〇年には、築地市場で請戸沖の漁獲物が出荷停止となる。これとあわせて使用済み核燃料の船積みに関わる迷惑料を福島県漁連が東京電力に要求する。一九八一年二月二五日に福島県漁連一千万円、東京電力が七億円を出捐《しゅつえん》して、福島県相双沿岸漁業調整基金が設立された。

一九八一年七月一六日には広野火発三号機と四号機の増設をめぐって協定が締結。補償金一七億八千万円、追加分一億七七五〇万円、事務費三千万円。さらにこの増設をめぐって一九八二年一月三〇日に福島県いわき地区漁業調整基金(福島県漁連が五〇〇万円、東京電力が六億四千万円を出捐)が設立された。

一九八三年三月三〇日には東北電力原町火発の建設をめぐる協定が締結された。補償金は三九億八千万円、事務費四九八九万円である。東北電力はさらに一九九二年三月二五日、福島県漁業振興基金に四億円を出捐した。

旧原町に電源が立地した背景には、近隣の漁村の活力が弱かったこともあろう。旧原町にあった漁協の歴史をみるとその状況がうかがえる。戦後、旧原町には、下渋佐漁協、北泉漁協、大甕南部漁協、大甕北部漁協という四漁協があったが、零細であったことから、一九五六年、六二年と合併を重ね原町漁協となった。

しかし一〇年後の一九七一年には旧鹿島町にあった鹿島漁協(一九六〇年に南海老浜漁協、右田浜《みぎたはま》漁協、烏崎漁協が合併）に吸収されたのである。

次いで一九八四年三月二四日には、相馬共同火力発電の新地発電所（二基、二〇〇万キロワット）の建設計画の協定が締結する。補償金二一億円。さらに相馬共同火力は福島県漁業振興基金に一二億円を出捐、福島県相双沿岸漁業調整基金に五億円を出捐した。また事務費として漁協に二四四二万円が支払われた。優良漁業地域に電源が立地したのはこの発電所だけである。

一九八五年七月九日には核燃料の輸送・搬入をめぐって「福島第二原子力発電所に関する協定」が締結され、東京電力は福島県漁業振興基金に二億円、福島県相双沿岸漁業調整基金に五千万円を出捐した。

浜通りでは電源開発だけでなく、ガス田開発もおこなわれた。一九八一年常磐沖ガス田開発、一九九〇年相馬沖ガス田開発、一九九二年石油資源開発である。これらについてはすべて福島県漁業振興基金、福島県相双沿岸漁業調整基金、福島県いわき地区漁業調整基金に出捐という形がとられた。

福島県漁業振興基金、福島県相双沿岸漁業調整基金、福島県いわき地区漁業調整基金の合計は現在それぞれ三二億円、一二億円、六億円となっている。これらの基金は、増殖（稚魚を放流して魚を増やす）対策事業、漁業被害救済対策事業、海難防止対策事業など、福島県漁業に関わる非収益事業や、漁協に対する無利息貸付金として利用されたのである。

こうして電源立地が進んだ。この電源立地にともなう補償金（協力金を含む）は六六年から八五年までの間に一一五億円に至った。換算すると年間約六億円である。当時福島県近海でおこなわれていた漁業の年間総水揚高は、一〇〇億円ほどであったことを考えれば六パーセントである。補償金や協力金すべてが組合員の手に渡ってはいないが、もしすべてを組合員が受け取ったとして換算すると総額平均五五七万円（延べ二千人だとする）となる。

4　原発事故と放射能による海洋汚染

漁業者の分断

悲劇は二〇一一年三月一一日。東日本大震災発生後から始まった。東京電力福島第一原発の原子炉冷却システムが停止する。翌一二日には一号機の建屋が水素爆発を起こし、一四日に三号機建屋が、一五日に二号機と四号機の建屋が爆発した。

すぐに真相は明かされなかったが、その直後から東京電力福島第一原発においてメルトダウンだけでなくメルトスルーも発生していたのである。しかも、震災から三週間後の四月四日に東京電力は一万トンの低レベル汚染水を海に放水した。

しかし、この低レベルの放射性廃液は集中廃棄物処理施設に津波によって流入した海水であり、それを抜いて貯留施設を確保しなければ、三月末頃から海洋に漏れ出していた原発二号機の建屋に溜まった高レベル汚染水が海に大量漏洩する可能性があった。低レベル汚染水は微量の放射性セシウムや放射性ヨウ素が含まれているが、放水しても環境や魚介藻類への安全性の影響は小さく（毎日摂取しても成人の実効線量は〇・六ミリシーベルト）、むしろ「低レベル汚染水の海洋放出は海洋汚染の回避策」[10]であったという。

東京電力は原子力安全・保安院の許可を得て、原子炉等規制法の第六四条（危険時の措置）に基づき、その日のうちに放水した。原子炉等規制法第六四条の適用下での緊急措置は事業者責任となり、とくに漁業者団体など民間機関への連絡や合意が必要なく、国も緊急措置に対する責任を負わなくてよい。とはいえ、漁業者団体への事前連絡を怠ったことから、東京電力への不信感が漁業者のなかで異常なまでに強まった。汚染水の放水は福島の漁民だけでなく周辺県も含め全国の漁業者にとっては許しがたい行為だった。全国漁業協同組合連合会（全漁連）を含め、漁業者団体が四月五日以後東京電力へ何度も抗議活動をおこなった。

東京電力への抗議が集中しているなかでも、放射能による海洋汚染は広がっていった。汚染は海流に乗って広範囲に及んだ。

ところが海洋汚染の由来は放水された低レベル汚染水ではなく、原発二号機から漏洩していた高レベル汚染水であることがのちに明らかになった。[11] 低レベル汚染水は一万三九三トン、一五〇〇億ベクレルであるのに対して、二号機からの高レベル汚染水は四月二日からの約六日間で五二〇トンしか漏洩していないが、四七〇〇兆ベクレル（セシウム134：九四〇兆ベクレル、セシウム137：九四〇兆ベクレル、放射性ヨウ素：二八〇〇兆ベクレル）と推定されているのだ。いずれの汚染水も離岸流、沿岸流で広がった。

津波被害が深刻であり、その混乱のなかで漁業の即時再開は無理ではあったが、原発事故後の放射能物質の拡散による海洋汚染が拡大し、それが全国、全世界に報道されていたために、福島県の漁業は全面自粛を掲げることになった。たとえ再開できるような状態であっても、この情報化社会にあって、漁業を再開し、魚を流通させるとなれば、激しい批難を受けることが予想されたからである。

マスコミの対応も早かった。海洋汚染の報道は大々的であった。国民の多くは魚食を諦めなければならないと思ったであろう。東北太平洋側の海辺で暮らす漁民は、津波により家を失い途方に暮れていたが、福島県ではさらに放射能汚染の問題も被せられたため、絶望視する漁民も多かった。これからどのように生活したらよいのかと。

そうしたなか、二〇一一年五月三一日、福島県漁連をはじめとする業界から出されていた東電に対する損害賠償請求を政府が後押しして、賠償金の仮払いが実現することになった。以後、福島県の漁業者全員に対しては、過去五年の水揚げ記録から最高の年と最低の年を取り除いた三か年の平均の約八割を賠償している。賠償請求者数は約九〇〇人、賠償額は七〇―八〇億円（推定）となっている。賠償は過去のデータから日割り計算され、月ごとに漁業者に支払われている。

福島県の農業に対する賠償先は線引きによって対象地区が限定されているが、漁業においてはそのような線引きがなく、福島県全域が対象となっている。漁業と農業とでは、就業者数と金額が桁違いだから、東京電力は福島の漁業者全員の賠償に応じることができたのであろう。他県の漁業者に対しては出荷制限や風評被害を受けた魚種ごとの損害賠償請求に応じているが、休業賠償をおこなっていない。全面休業を宣言した福島県の漁業への対応とは明らかに異なっている。

とはいえ、福島県漁業の損害賠償金の受け取りをめぐっては、漁業者のなかでもさまざまな意見がある。深刻なのは、賠償金で生活していると漁業者は働かなくなるというものである。また雇われ漁業従事者の漁業離れが進むという危機感もある。

現在、福島県の漁業は全面的に操業自粛していることから東京電力から休業賠償がおこなわれているが、海洋汚染が本格的に収まり操業自粛が解かれると、休業賠償はなくなる。また後に述べる試験操業に参加したら少なくとも売上げが発生するので、こちらのケースも休業賠償ではなくなる。試験操業に取り組む漁業者に対しては営業賠償に切り替わるのである。どちらも売上損失分の損害に対する賠償であるが、営業賠償では操業するためのコストも発生する。流出した漁船、漁具などを調達して、燃料も使う。そのためコストが発生しない休業賠償の方が、営業賠償よりも手元に残る金額は大きい。震災を契機に漁業をやめるかどうか悩んでいる漁業者にとって漁の再開の動機が弱まるのである。

しかも、漁業が再開できる状態ならば、加害者（この場合、東京電力）は、休業賠償を出さなくてよい。再開した漁業者だけに営業賠償をすればよい。東京電力の立場に立てば、早くその状態になるように望む。早期に再開したい漁業者と利害は一致するのだ。そのため、そのような漁業者と再開に悩む漁業者との間で「溝」が深まりやすく、後者が前者の足を引っ張る、前者が後者を非難するという「同業者の分断」が発生しかねないのである。実際に現場ではそのような対立があったという。

それゆえ福島県の漁業者は、東京電力に対して連帯を強める必要があり、「県下の漁業者が一丸となって復興する」という意識づくりと漁業再開に向けた具体的なアクションが必要だった。

具体的なアクションとは、漁業者が漁業者らしく、漁業に従事しうるようになんらかの取り組みをおこなうことである。漁業が再開できないなかで、震災以後も一応は海で働くという機会が設けられてきた。その一つ目は、津波で海に流された瓦礫《がれき》を撤去する作業（海底にたまった瓦礫を、漁船を使って回収する作業）である。水産庁において震災復興関連の予算として準備され、漁協が雇用するという事業形式である。この予算は二〇一四年度まで継続した。二つ目は、放射能汚染のモニタリング検査のためのサンプリング（魚の捕獲）である。福島県が傭船形式で実施するモニタリング検査に従事することになる。実際に漁獲行為をおこなうので、より漁業者らしい仕事ではあるが、漁獲物を持ち帰ったり売ったりしてはならず、あくまで調査のための捕獲である。

傭船による調査とはいえ漁獲があることで漁業者は救われるのだが、獲った魚に値段がつかない漁獲行為は漁業とはいえない。漁業者の漁業離れを防ぎ、漁業によって復興するには、獲った魚を売り、漁業者が経済の一角を担っているという感覚が大事なのである。

海洋汚染と魚への影響

原発事故による海洋汚染は、二〇一一年四月四日に放水した約一万トンの低レベル汚染水による汚染はもとより、先にも触れたとおり、四月二日から六日にかけて原発二号機につながるピットから漏れた高レベル汚染水による汚染、そして水素爆発後、原発建屋から飛び散った放射性物質が河川や雨水を通して海に流れ込んでの汚染であった（**図2**）。

海に流入した放射性物質は、海洋の動態（波浪、潮流、海流）によって移動し分散する。放射性物質が飛散して市街地、農地、山林に積もる陸上の汚染とは異なる。海中では陸上のような除染作業はできないし、それどころか陸上にある汚染物質が海に流れ込む。大量に飛散した放射性セシウムは吸着しやすく、落ち葉、

図2　海洋汚染のプロセス

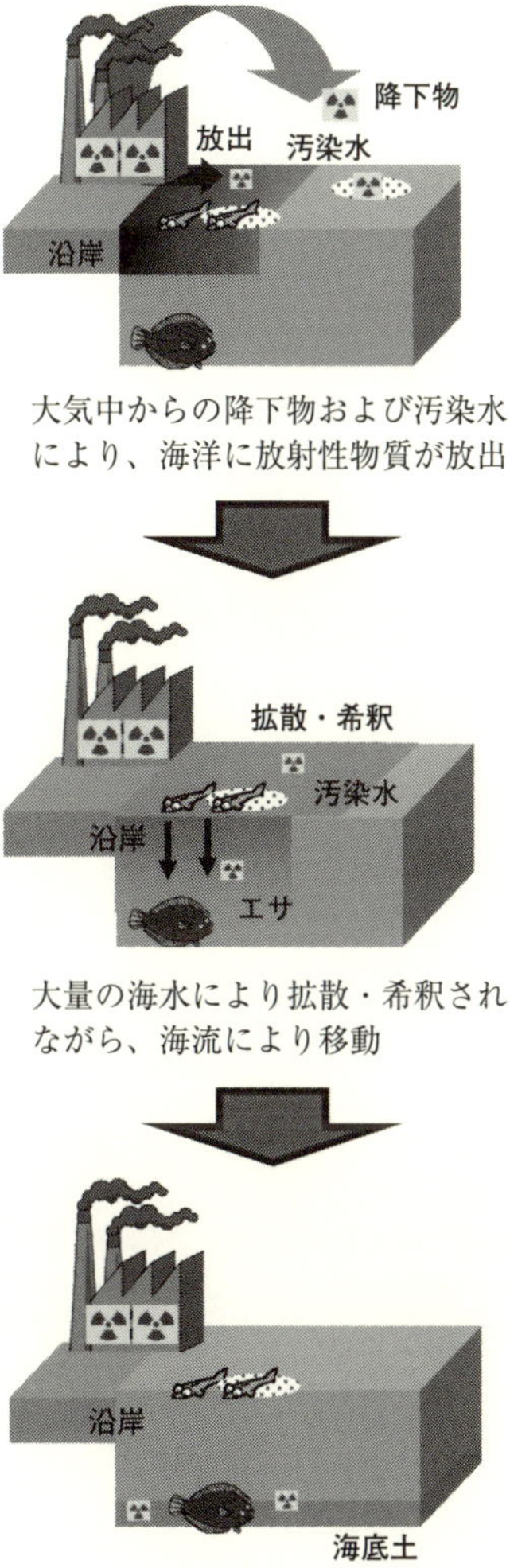
降下物
放出
汚染水
沿岸
大気中からの降下物および汚染水により、海洋に放射性物質が放出
拡散・希釈
汚染水
沿岸
エサ
大量の海水により拡散・希釈されながら、海流により移動
沿岸
海底土
徐々に海底に移動

出典：水産庁資料（HP）

土、砂などに付着し、それが海に流れ込むと言われている。

また、セシウムは海水に溶けやすいアルカリ性金属（化学的性質が非常に似ているリチウム、ナトリウム、カリウム、ルビジウムおよびセシウムを指す）に属している。水に溶け込んだ溶存態のまま海に流れ込んだとしても、懸濁物、砂、泥などに吸着して粒子にもなる。粒子になれば沈降する。粒子にならず溶存態のままでも、拡散し希釈される。[12] 高レベルの汚染水が大量に流出した時点では汚染水の水塊が形成されるが、その水塊も時間経過とともに拡散・希釈され、やがて吸着してあるいはそのまま海底に沈降する。また海底に沈降して溜まっても、海洋にあるさまざまな流れの影響を受けて動く。海底の窪みに溜まりホットスポットを形成することもあるが、それでさえ流れてくる海底土に覆われる。とはいえ、対流の発生によって海底土が吹き上がることがあるので、完全に沈着してそれで収まるものではないし、再び沈降するので、それが海水の汚染濃度を引き上げるものでもない。

こうしたことから、放射性物質にともなう海洋汚染は除染作業が必要な陸上の放射能汚染とは違い、環境浄化力によって沈静化に向かう可能性がある。実際に、これまでのモニタリングでは、原発建屋に接する港湾周辺を除き、海水は震災前の状態に戻っている（**図3、上図**）。海底土については場所にもよるが、放射性物質の濃度はゆっくりではあるが落ち着いてきている（**図3、下図**）。

だが、海洋の環境浄化力といっても限界があろう。収容力を超えた放射性物質が海に流れ込んでしまったら、汚染地帯が固定化されてしまう。そのことから、本来は原発から汚染水が海に流れ込まないようにしなければならない。東京電力は二〇一一年の五月には汚染水漏れの止水工事を完成させた。ところが、その二年後になって汚染水が地下水を通して漏洩していたことが発覚したのである。この点は後述する。

図 3　海洋汚染の変化（上図：海水汚染、下図：海底土汚染）

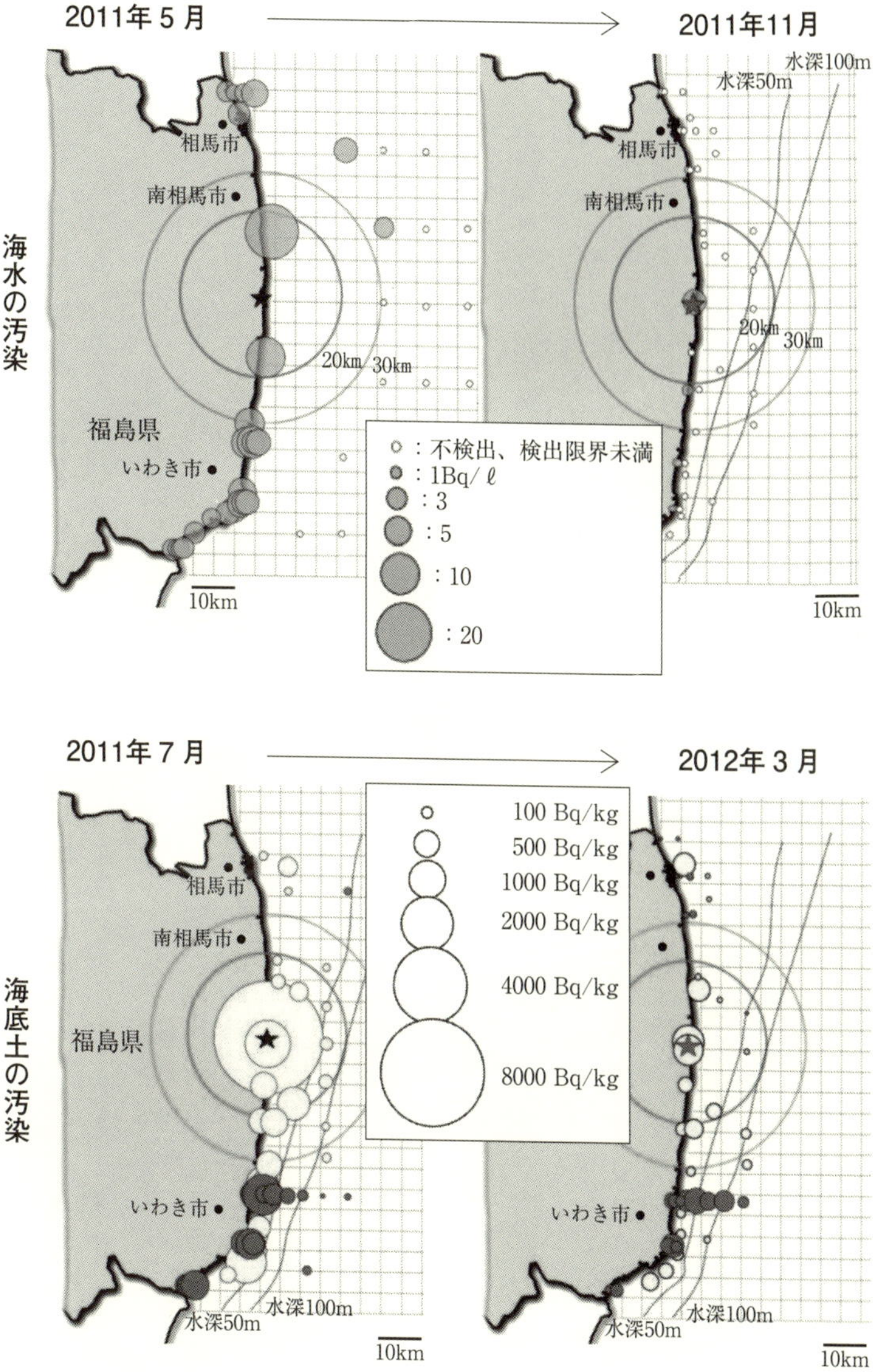

出典：水産庁資料（HP）

魚への影響と濃縮係数

海洋に流れ込んだ放射性物質は、核種により異なるが、プランクトンや海底土に付着するか、粒子のまま海中に漂う。それらはやがて魚介藻類に移行する。高濃度汚染水が漏洩したとされている二〇一一年四月期の汚染調査では、コウナゴから高濃度の放射性ヨウ素が検出されている。四月二日大洗町沖で一キログラム当たり一九〇〇ベクレル、四月五日、北茨城市沖で一キログラム当たり四〇八〇ベクレルである。コウナゴは「小女子」と書く俗名であり、イカナゴの仔稚魚である。冬に生まれたコウナゴは三―四月に海面近くに浮遊し、常磐沖ではその時期に船曳網で漁獲されてきた。低レベル汚染水が放水された、あるいは高レベル汚染水が漏洩していた時期はちょうど船曳網によるイカナゴ漁の漁期だったのである。

二〇一一年四月五日になって厚生労働省が魚介類に対する放射性ヨウ素の暫定基準値（一キログラム当たり二千ベクレル）を定めたが、それ以前に高い数値が検出されていたということになる。次いで四月一三日いわき市四倉沖で一キログラム当たり一万二千ベクレル、四月一九日久之浜沖で一キログラム当たり三九〇〇ベクレルが検出された。放射性ヨウ素は半減期が八日間であるため、五月以後は検出されなくなったのだが、海面に漂った高濃度の放射性物質がイカナゴに移行するという証拠にもなった。

こうして海洋汚染が魚介類に移行している状況が知られるのであったが、その後のモニタリング調査ではさまざまな魚介藻類から放射性セシウムが検出され、魚介藻類の汚染が決定的となった。

放射性物質の魚の生体への移行経路はいくつかある。餌生物や泥に付着して体内に入る経路と、海水から入る経路である（**図4**参照）。プランクトンや海底に生息する魚の餌になる底生生物（ゴカイなど）が汚染されると、それを捕食する小魚に放射性物質が濃縮し、次にその小魚を補食する魚に放射性物質が移行する。そのため大型魚ほど放射性物質が濃縮されやすい。

だが、放射性物質が魚の体内に無限に取り込まれ続けるというものではない。セシウムを例にとると、海水に浮遊しているセシウム粒子は、鰓《えら》から抜けるものと、鰓から体内に取り込まれるものがある。経口摂取によって体内に取り込まれたセシウムは餌生物と一緒に胃の中に入るが、セシウムは骨などの硬組織に向かわず、一部が筋肉など軟組織に入っていく。しかし軟組織に入ったセシウムでさえ、時間経過とともに尿から排出される[13]（**図5**）。魚類の生体の中では、セシウムはカリウムなど塩類と同じ挙動となるからである。とくに、海産魚の場合は、体外に塩類を排出する生理機能をもっていて、海水中のセシウム濃度が下がればセシウムを体外に放出するという傾向が強い。

とはいえ、生息環境の海水が汚染されていれば、魚介藻類も汚染される。ただし、魚種によってその状況は大きく異なる。**図6**に魚種ごとの濃縮係数を示す。濃縮係数とは、魚介類内部に入った放射性物質の濃度を海水中の放射性物質の濃度で割った数値であり、魚種によって大きく異なる。大型魚で大きく、プランクトンや無脊椎動物（頭足類［イカ、タコなど］、貝類、甲殻類［エビ、カニなど］）では小さい。

大型魚については捕食の関係から濃縮されやすい。なかでも底魚類は汚染されやすい。海底に定着している餌生物を補食したり、海底の泥を吸い込んだりするからだ。無脊椎動物は塩類が海水と生体中を自由に行き来しているため、海水中の放射性セシウム濃度が低下するとすぐに体内の放射性セシウム濃度が低下するという特性をもっている。海水や海底土の環境さえ回復すれば、これらの生物の汚染も回復する。

食品安全基準とは

現在、食品衛生法では、一般食品中（肉、魚など）の放射性セシウムの基準値は一キログラム当たり一〇〇ベクレルとなっている。この数値は二〇一二年四月以後の一般食品についてのわが国の安全基準というこ

図4　海中の放射性物質の挙動

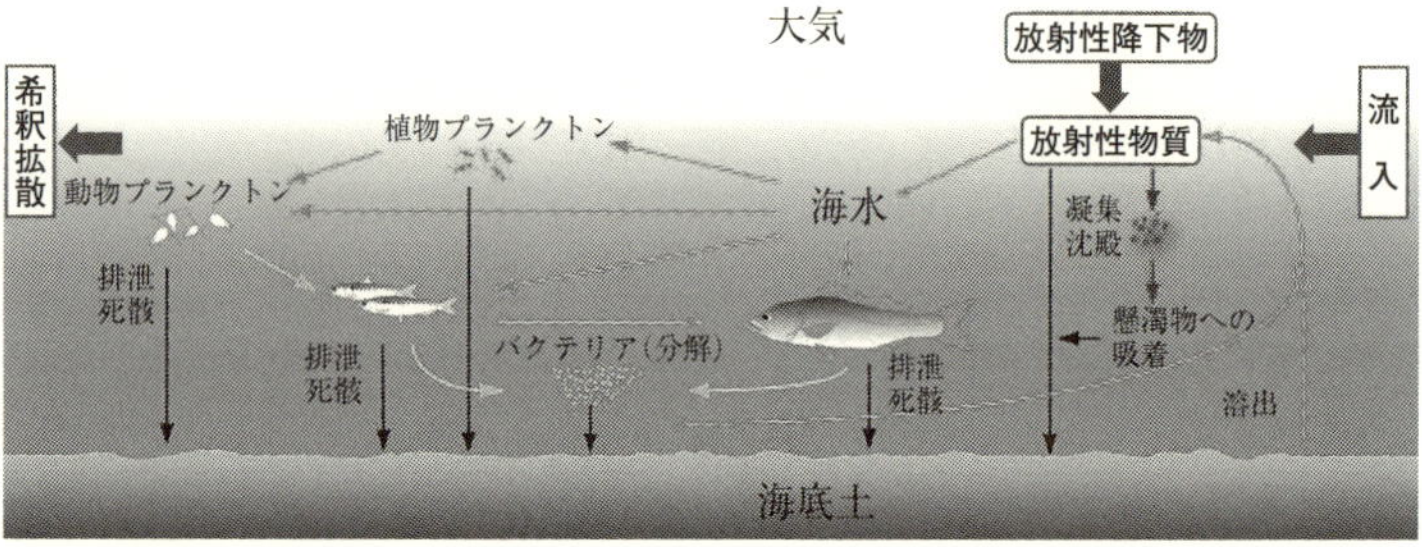

出典：『海生研ニュース』（No.110　2011年４月）

図5　魚類の生体への放射性物質流入経路

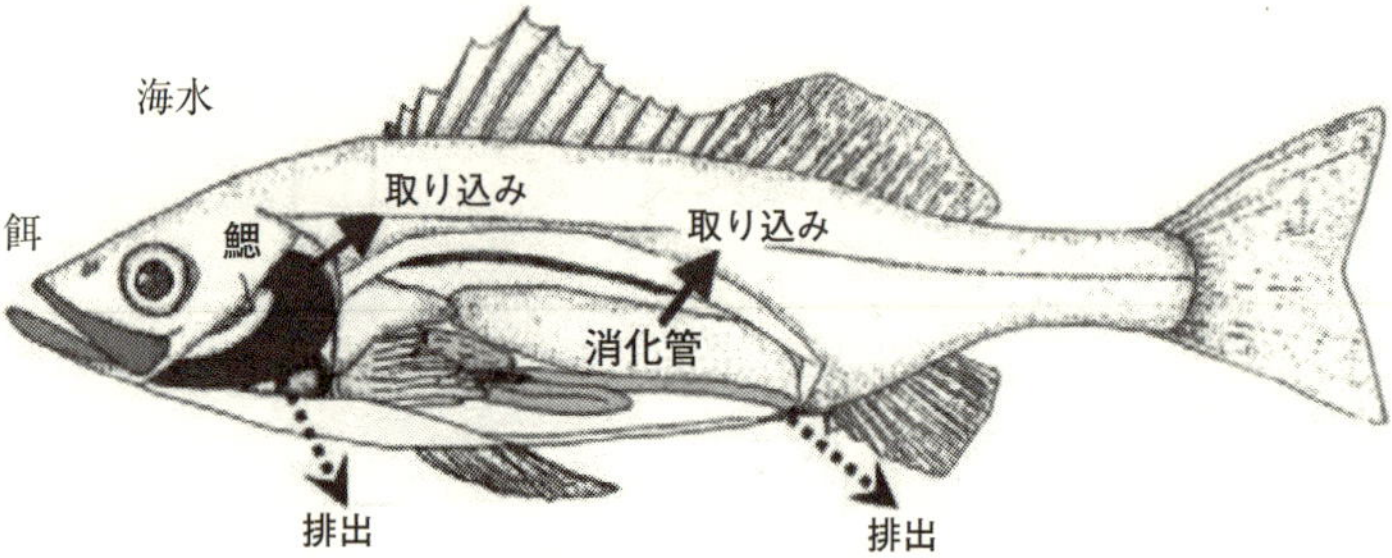

出典：『海生研ニュース』（No.120　2013年10月）

図 6　海中生物の放射性セシウムの濃縮係数

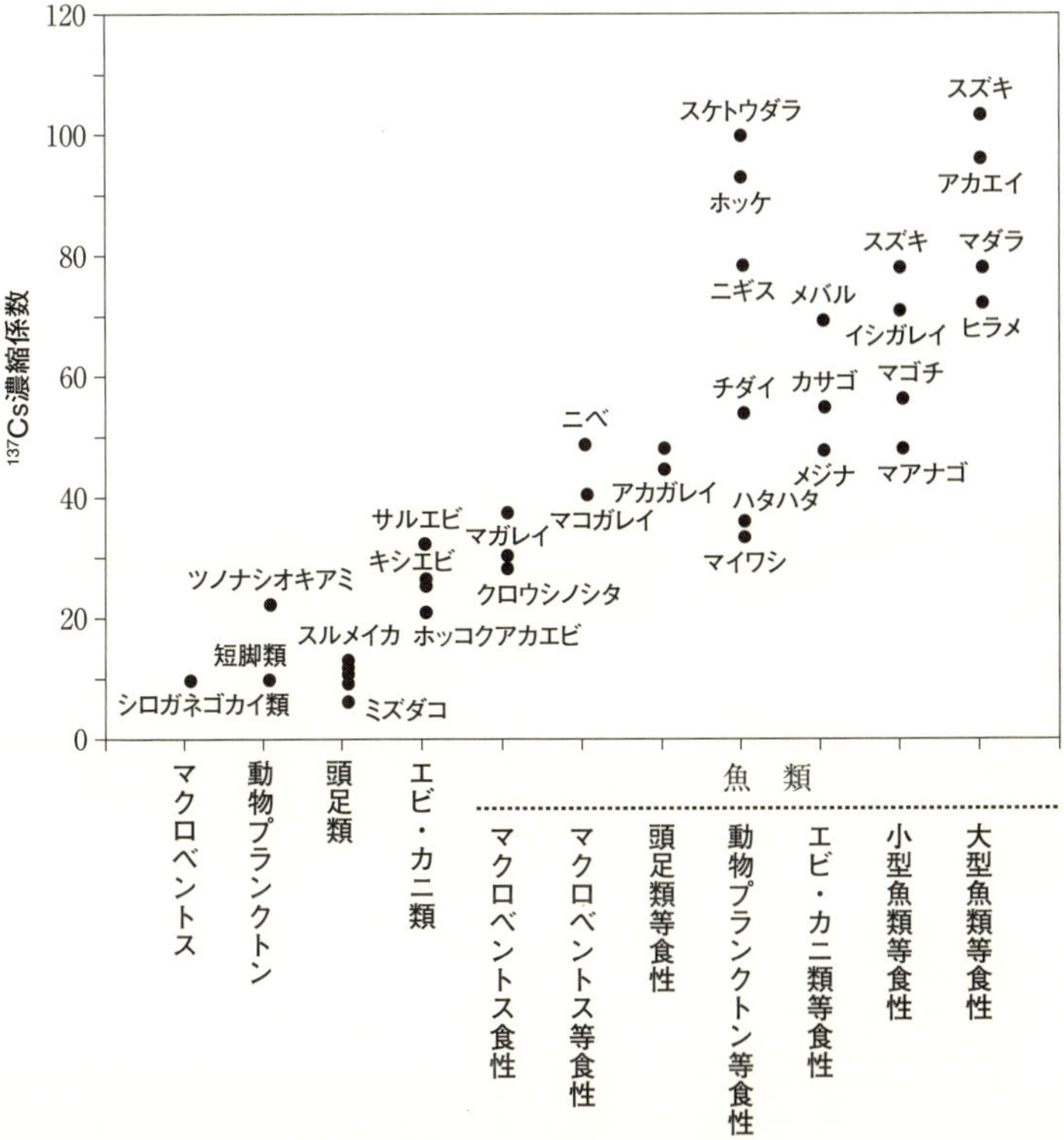

出典：『海生研ニュース』（No.72　2001年10月）

とである。この根拠は、流通している食品の半分が放射能汚染されているという前提のもとで、内部被曝を年間一ミリシーベルト以下に抑えるための基準であり、もっぱら食べ盛りの一〇代の食性向を踏まえて計算された値である。

だが、放射性物質はさまざまな核種がある。にもかかわらず、セシウム以外の核種をなぜ検査の対象にしないのかという疑問が多い。たとえば、ストロンチウム90は体内でカルシウム不足だと骨に蓄積される。体内に入ってもやがて尿と一緒に体外に出るセシウムとは異なる危険性がある。しかし、汚染度が高い原発構内の港湾内に生息する魚の検査を除いては、セシウムさえクリアできれば心配ないことになっており、外海のモニタリング調査ではストロンチウム90やプルトニウム241などセシウム以外の核種の検査はおこなわれていない。その理由を知るには、一般食品の基準値となっている一キログラム当たりの放射性セシウム一〇〇ベクレルの計算根拠を理解する必要がある。

まず、食品の半分が放射能汚染されているという仮定である。この時点でありえない仮定が前提となっている。次いで、内部被曝は、飲料水から年間〇・一ミリシーベルト、食品から年間〇・九ミリシーベルトで合計年間一ミリシーベルトを想定しているが、これは自然界にある線量よりも小さい。また、その線量の一二パーセントがセシウム以外の核種であり、さらに、水産物だけは放射性セシウム以外の核種の線量も放射性セシウムの線量と同量であることが仮定されている。ただし、これまでの水産物の検査では、「ストロンチウム90の線量は放射性セシウムの約五〇〇分の一から約五〇分の一程度の割合」しかないため、安全基準はセシウムの検査だけで十分に満たされうるとされている。

もちろん、ストロンチウム90やプルトニウム241の検査をおこなわない理由にはコストと時間を要することもあるが、セシウム以外の核種からの被曝はかなり低リスクであることがその根拠なのである。つまり、一キログラム当たりの放射性セシウム一〇〇ベクレルという基準は、安全性を考慮し、かなり悲観的な前提で設定されている基準値なのである。

この基準をもとに震災後に実施されてきた政府公認のモニタリング調査の結果を魚種別に見ると、次のような傾向が出ている。サンマ、シロサケなどの回遊魚、カニ類、エビ類は事故後放射能セシウムが検出された検体はあるものの、基準値を超えた検体はないし、イカナゴ、シラスなど表層を泳ぐ小型魚、ヤリイカ・ミズダコなど頭足類、アサリ・ウバガイなど貝類は、汚染水の影響を受けているが時間の経過とともに基準を超える検体は急減した。イシガレイ、マコガレイ、ヒラメなど底魚類は基準値を超えている検体数が減少しているものの、その減少傾向は他に較べて遅い。イシガレイにおいては二〇一四年一〇月時点でも基準値を超える検体がある。

しかし、それでも海水の汚染度を示す数値は震災前の状態に戻り、海底土の放射能濃度も減少しているので、現状では汚染した魚介類も自然浄化されている。そこで震災直後から福島県沖合で実施されてきたモニタリング調査の結果をまとめた**図7**をみよう。

震災直後の二〇一一年四―六月期には基準値を超えている検体数が五三パーセントとなっていたが、その後低下し続けて、二〇一四年一〇―一二月は〇・四パーセントまで下がっている。しかも、二〇一四年になって基準値超えが検出されている魚種はイシガレイの他、シロメバル、ババガレイ、コモンカスベ、ウスメバル、スズキ、クロダイなどに限定されているし、基準値を上回る検体でも震災直後の基準（暫定基準値：一キログラム当たり五〇〇ベクレル）を完全に下回っている。東京電力福島第一原発の港湾内は海底土の汚染濃度が高いこともあり、底に生息する魚はいまだ高濃度に汚染されているが、外海で捕獲される魚介類においてはかなり落ち着いていると言えよう。

図７　福島県沖の魚介類の放射性セシウムのモニタリング調査の結果

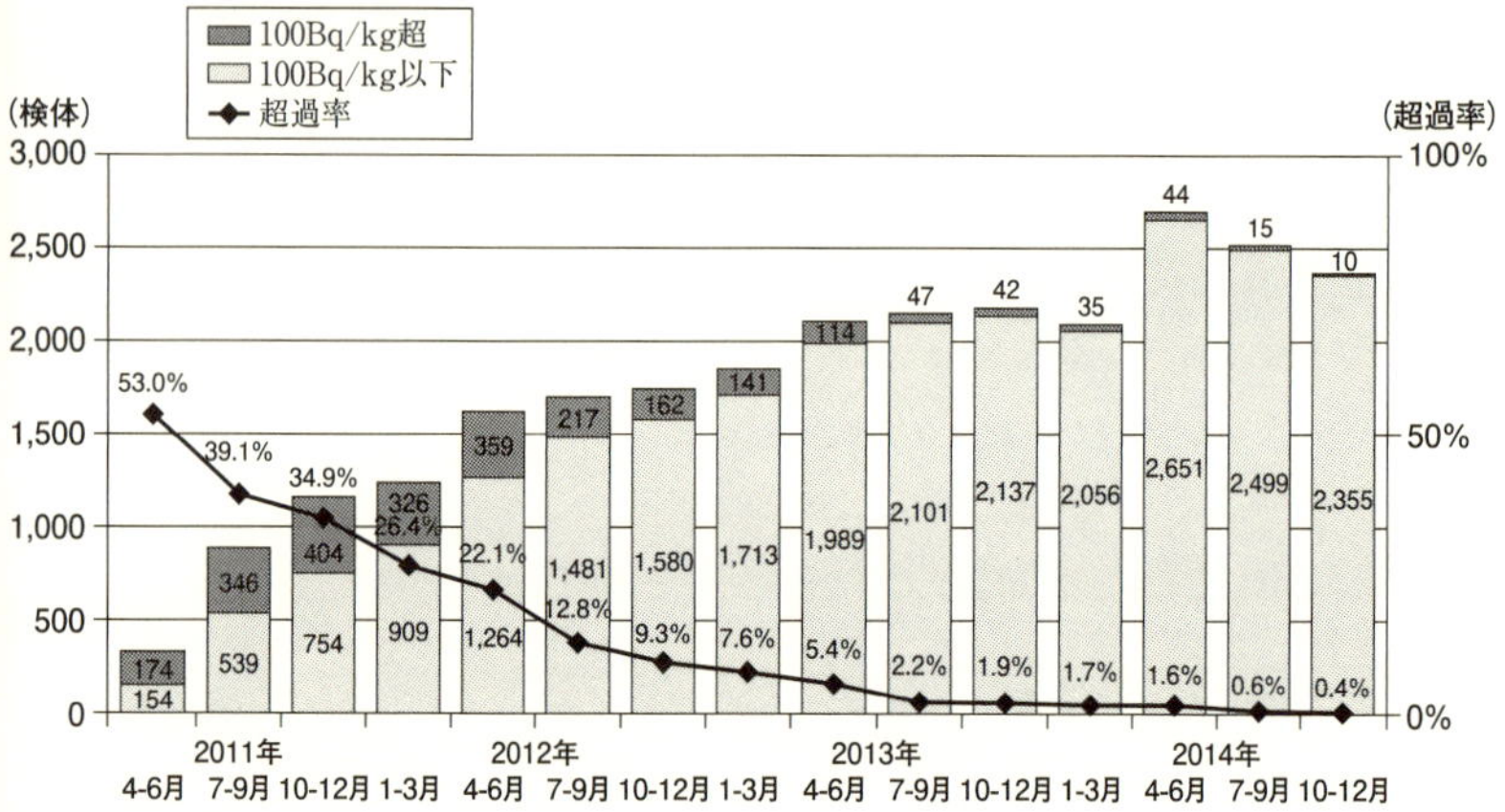

出典：水産庁（HP）

出荷制限指示

原発建屋の爆発事故から数日後、農作物への放射能汚染が表面化した。当初問題となったのは福島県・茨城県・群馬県・栃木県のホウレンソウ、カキナおよび原乳であった。そこで二〇一一年三月二〇日、原子力災害対策本部長（総理大臣）は各自治体に対して出荷制限指示を発動した。

水産物に対して出荷制限指示が出たのは先に汚染実態を記したコウナゴであった。二〇一一年四月二〇日のことである。しかし、被災県においては漁村・漁業が壊滅状態であったし、福島県の漁業は震災後、全面自粛体制になっていたことから、水産物に対してはしばらく出荷制限指示を出す必要はなかった。イワナやヤマメなど内水面魚については早くから出荷制限指示が出されたものの、海産魚においてはスズキ、シロメバル、マダラなどに対して出荷制限指示が発動されたのは二〇一二年四月に入ってからであった。しかも、当初は茨城県や宮城県に対してである。福島県におい

表1　福島県における出荷制限指示の魚介類の状況（2015年2月5日時点）

出荷制限設定日	魚　種	出荷制限解除日
2011年4月20日	コウナゴ（イカナゴ稚魚）	2012年6月22日
2012年6月22日	アイナメ	
	アカシタビラメ	
	アカガレイ	2013年10月9日
	イカナゴ（稚魚を除く）	
	イシガレイ	
	ウスメバル	
	ウミタナゴ	
	エゾイソアイナメ	
	キツネメバル	
	クロウシノシタ	
	クロソイ	
	クロダイ	
	ケムカジカ	
	コモンカスベ	
	サクラマス	
	サブロウ	
	シロメバル	
	スケトウダラ	2013年12月17日
	ニベ	
	ヌマガレイ	
	ババガレイ	
	ヒガンフグ	
	ヒラメ	
	ホウボウ	2014年7月9日
	ホシガレイ	
	マアナゴ	
	マガレイ	2014年4月16日
	マコガレイ	
	マゴチ	
	マダラ	2015年1月14日
	ムシガレイ	
	ムラソイ	
	メイタガレイ	
	ビノスガイ	
	キタムアサキウニ	2014年7月9日
2012年7月12日	マツカワ	
	ナガヅカ	
2012年7月26日	ホシザメ	
2012年8月23日	ショウサイフグ	2014年10月15日
2013年2月14日	サヨリ	2014年7月9日
2013年8月8日	カサゴ	
2014年3月25日	ユメカサゴ	2014年5月28日

資料：福島県庁
注：マダラの出荷制限解除は、水深120メートル以深に海域限定

ては二〇一二年六月二二日に出荷制限指示が発動された。このタイミングで出荷制限指示の魚種が決まったのは、後述する試験操業が始まったからである。

表1を見よう。二〇一二年六月二二日にコウナゴの出荷制限が解除されると同時に、三五魚種が出荷制限指示の対象となった。その後、ナガヅカ、ホシザメなどが順次加えられ、四二魚種まで増えた。しかしながら、昨今の放射性セシウムの濃度減少を受けて徐々に解除されるようになり、三四種類（二〇一五年二月五日）にまで減少している。現在、ババガレイ、ムシガレイなどの解除が検討されている。

なお、二〇一五年二月五日現在、福島県外において出荷制限指示となっている魚種は、宮城県や岩手県の一部ではスズキとクロダイのみで、茨城県はスズキ、シロメバル、コモンカスベ、イシガレイである。モニタリング調査の結果からすると出荷制限指示は厳しい対応であるが、米でやっているような全袋検査ができない水産物ではやむをえない対応であろう。

5　原発周辺地区の状況

原発周辺の漁村・漁協

東日本大震災は漁業者からさまざまなものを奪った。漁業者を最も苦しめたのは、全面操業を自粛せざるをえない状況のなかで漁ができなくなったことである。津波で漁船を失い、漁港が壊れたということもあるが、それでも三陸方面では残った漁船を使って協業体制の操業を始めることができた。自主休漁、操業自粛という名目で、福島では仕事場を奪われ続けた。県内でも、津波被害、放射能汚染の状況が異なるゆえに、ひとくくりにはできないが、事故後に指定された「警戒区域」で暮らしていた漁業者は地元に帰ることさえできず、今もなお故郷から離れたところで暮らす日々が続いている。

警戒区域とは、避難指示区域のなかでも工事や仕事など作業目的がありかつ許可がないかぎり、人の立ち入りが許されず、福島第一原発から半径二〇キロメートル圏内であった。[14] しかし、二〇一二年四月以後、避難指示区域は見直され制限をつけられながらも元住民が徐々に地元に戻ることができるようになった（第二章**図1**）。避難指示解除準備区域や居住制限区域では仕事を再開する事業者が出ている。

警戒区域に入っていた漁村はどうであろうか。福島第一原発の北側にある浪江町の相馬双葉漁協の請戸支所と南側にある富岡町の相馬双葉漁協の富熊支所に属する地域である。これらの組合員が暮らす集落は避難指示区域内にあり、請戸支所のある浪江町の沿岸地域は再編され「避難指示解除準備区域」になっているが、富熊支所のある富岡町はほとんど「帰還困難区域」であり、当分はいずれも地元に戻って暮らすことはできない。

両支所の地域は、原発に隣接するがゆえに原発との関係において共通点がある。原発関連の仕事に関わっている住民が少なくなく、漁家の構成員が東京電力や関連企業に勤めているというケースも多い。ある意味で原発と共存してきた地域である。しかし、両支所の組合員の状況は震災前も震災後も大きく異なっている。

再開準備を進める請戸支所

請戸支所は浪江町唯一の漁協であった旧請戸漁協である。この旧請戸漁協の系譜は、戦後からある請戸漁協と、旧小高町（現在南相馬市の小高地区）にあった小高町漁協とに分かれる。この合併は一九七〇年のことである。小高町漁協は、旧小高町内にあった福浦漁協、福浦村上漁協、小高漁協が合併し、一九六四年に設立された組織である。旧小高町での漁業経営は厳しかったのであろう、一九七〇年の合併以後、漁港や施設は請戸地区にすべて集約された。それに対して請戸地区は近世から双葉郡の沿岸の要所だったことから、漁村としての力量があったと思われる。

震災前の請戸支所は、正組合員一四四名、准組合員六九名と、相馬双葉漁協七支所のなかで三番目の規模であった。また震災前の請戸漁港は、地元船の利用がほとんどであったが、県外船の受け入れも可能な第三種漁港であり、それなりの規模を有していた。

漁業としては、ヒラメやカレイなどを漁獲対象とした固定式刺し網漁業、シラス、コウナゴを漁獲する船曳網漁業、タコ籠漁業、一本釣り漁業が盛んであった。二〇〇八年漁業センサスによると、請戸支所の管轄地域（浪江町、南相馬市小高区）においては後継者をもつ漁業者が約三〇パーセント存在していた。相馬原釜支所の五〇パーセントほどではないが、全国平均をはるかに上回る状況であった。

乾政秀の調査[15]によると、震災前の正組合員の年齢分布は、二〇歳代が三人、三〇歳代一六人、四〇歳代が二五人、五〇歳代が二三人、六〇―六五歳が三七人、六五歳以上の高齢者は四〇人であり、全国の傾向からすると若手の漁業者は少なくない状況であった。この地区の震災による人への被害は、死者・行方不明者二七人（正一六人、准一一人）、震災後の病死八人（正三人、准五人）であり、合計三五人減少した。死者・行方不明者は高齢者が中心であるが、三〇―四〇歳代が四人おり、また父子操業の二一経営体のうち、四経営体が父親を亡くし、三経営体が子どもを亡くした。

生存した漁業者は県内外に避難している。県外としては、宮城県、山形県、新潟県といった近隣の県だけでなく、熊本県、関西、愛知県蒲郡《がまごおり》、関東にも避難していた。他の被災地と違い、こうした避難者は地元に戻ってくるあてがなかった。それは漁業者だけでなく漁協の職員も、である。

二〇一二年三月時点では東京都江東区に避難した漁業世帯は四世帯あり、浪江町からの避難者として集団で移動して公務員宿舎である東雲《しののめ》住宅に入居していた。東雲住宅は高層ビルでもありすぐに東京湾が見える地区ではあるが、漁業者にとっては暮らしにくい空間のようであった。

富田宏の調査[16]によると、彼らは漁業を今後も続けていきたいと思ってはいるが、地元に戻れない限り無理だと感じていたようである。すなわち、彼らは慣れ親しんだ海でないと、またそこに同じコミュニティが存在しないと《操業再開》ということが想像できないという。福島県内の他の地域で再開するという途もあろうが、都内で暮らしている以上、なにも進展しないし、なにも決まらない。このことがなによりもストレスであり、こうした感覚は県外で避難生活をしている他の漁業者も同じであろう。

一方で、地元近隣で避難生活を送っている請戸支所所属の漁業者らは操業再開に向けて準備を始めていた。震災後、沖出しして残った漁船は八隻。補正予算（共同利用漁船等復旧支援対策事業）を活用して新船建造を発注した漁船は六隻。中古船などを修繕した漁船は三隻。再開のめどはまったくついていないが、二〇一三年三月末時点では請戸支所の漁船勢力は二〇隻になる予定であった。さらにその後新規建造が三隻、共同利用漁船等復旧支援対策事業において審査中の漁船が五隻である（二〇一四年三月末時点）。二六隻は確実に再開すると言ってよく、さらに増える可能性がある。見込みでは三〇隻としている。

震災後ちりぢりになって暮らしていた組合員は、二〇一一年七月に瓦礫処理事業が開始されることから近隣に戻ってきた。補正予算で準備された瓦礫撤去事業は三陸では実質四月から始められていたが、福島県内では遅れていたのである。請戸支所の組合員は瓦礫処理事業に三九名が参画した。福島市内や二本松市内から通っている組合員もおり、八〇—九〇世帯の漁家で構成されていたコミュニティが再生されたとは言いがたい。

現在の請戸漁港。2014年11月　撮影：林薫平

乾政秀の二〇一四年三月の調査[17]によると、二〇一三年三月時点で一〇人の組合員が中通りや県外から浜通りに戻り、浜通りで暮らす組合員は五五人となった。うち三四名が南相馬市内に暮らしているという。請戸支所の組合員は徐々に海辺に戻ってきているのだ。

再開準備を進めている漁業者らは、将来的には請戸漁港での再開を目指している。請戸漁港周辺も、もともと請戸支所の漁業者が多く暮らしていた南相馬市小高区（旧小高町）も、警戒区域が再編されて避難指示解除準備区域となり、将来的に地元に戻り漁業を再開できる可能性が出てきたのである。それゆえに、希望を捨て切れないのである。

他方、現在、請戸漁港内の外郭および護岸施設、岸壁等が工事中で、二〇一五年度内に完成する予定である。また、漁港の荷捌《にさば》き施設などは二〇一六年度内に建設開始予定であり、漁港における漁船の係留は二〇一六年度から可能の予定であるが、本格運用の開始は荷捌き施設の完成後、二〇一七年度に予定されている。

漁港後背地のうち、近接した地域は防災林域として整備予定である。浪江町は、防災集団移転地として数か所の造成を予定している。ただし漁港周辺地域は、津波被災地のため居住制限区域に指定されてしまったため、一時滞在は可能であるが、居住および宿泊できる施設は建設できないという。たとえ請戸漁港が竣工したとしても、浪江町の請戸漁港周辺で暮らしていた組合員は請戸漁港へ通うことになる。

現在、請戸支所の組合員は試験操業に参加しているが、南相馬市小高区よりさらに北側にある南相馬市鹿島地区にある真野川漁港（**カラー口絵写真**、四頁下）を拠点としている。もちろん鹿島支所の組合員と協力しあってである。

真野川漁港は沿岸にはなく、真野川から水路で繋がる内陸部にあり、震災時に河川と漁港を結ぶ水路が津波により泥で埋まってしまった。その後航路の浚渫と漁港の復旧工事がほぼ終了し、現在の真野川漁港は請戸支所の漁船を受け入れるかのような姿になっている。また二〇一二年夏時点では、地元造船所が岸壁で工場の建屋なしに操業を再開していたが、今では工場建屋が出来て本格的に操業している。

かつて請戸支所の卸売市場で水揚物を買い付けにきていた買受人は、鹿島支所の卸売市場でも仕入れていたことから、流通サイドとの関係からも鹿島支所での再開が合理的である。しかし今後、相馬双葉漁協の各支所に分散していた卸売市場を集約化するという構想もある。震災前は合併漁協であるとはいえ、それぞれの支所が自立していたが、震災を契機に流通面の再編が進むのかもしれない。

先が見えない富熊支所

富熊支所は、富岡町と大熊町を管轄地域としている。戦前は双葉中部という漁業組合であった。東京電力福島第一原発と福島第二原発の間にあり、原発と最も共存している地域である。

震災直前の富熊支所は、正組合員一五名、准組合員二四名であった。正組合員数は水産業協同組合法の法定定員を下回っており、合併により支所として存続している。小型定置網、刺し網漁業、釣り漁業が主におこなわれてきた。

秋谷重男の調査によると、[18]富熊支所は旧富熊漁協の時、一九七〇年頃まで組合員数は七〇を超えていたが、二つの原発立地により多くの漁業者が漁業を辞めて原発関連の仕事に移っていた。そのことから、一九九一年には、正組合員数が二三人にまで減っていた。富岡町には小良ヶ浜港という断崖絶壁に囲まれた船溜場《ふなだまりば》がない天然港があり、ここを拠点に昔ながらの小漁業が続けられていた。小良ヶ浜港は築港ではないことから岸壁はなかった。出漁時には岩場から漁船をおろし、入港時は漁船を引き上げる。これを集落の家族総出でおこなっていた。八〇年代まで「結《ゆい》」が残っていたのである。「現代技術から生み出された双子の兄弟[19]」二つの原子力発電所の麓で、である。漁協に職員はおらず、組合長の自宅が漁協の事務所となっていた。

その後、残った漁業者は、電源立地促進対策交付金（四億円）によって富岡町が増築した富岡漁港に拠点を移し、レジャー産業、原発産業との共存を図る道を歩むことになったという。富熊地区は二つの原発立地により翻弄され、地域漁業は風前の灯火となったが、県央部で唯一遊漁案内業がある地区であり、二〇〇八年漁業センサスによると後継者のいる自営漁業者が四人いた。福島県の沿岸の主力漁業である小型底曳網漁船が三隻存在していた。漁業者が少なく、漁業集落として存続が危ぶまれた地域かもしれないが、漁業が消滅していたという状況ではなかった。富岡支所として職員も一名雇っていた。

東日本大震災はそのような地域に追い打ちをかけた。津波被害により富熊支所に所属していた組合員（正・准）は二名が死亡し、二四名が行方不明となった。生存者はたったの一三名となった。組合員として実働していたのは八名だったという。そのなかには遊漁主体の経営体もあり、漁業専業はごくわずかであったという。震災前に登録されていた漁船は一三隻（稼働していたのは一一隻）あったが、沖出しによって津波被害を免れた漁船は二隻のみ。修繕した漁船一隻、震災後建造した漁船一隻、新たに建造中の漁船が一隻ある。漁船は久之浜漁港に係留している。

大熊町と富岡町の多くは帰還困難区域と居住制限区域であり、今後どうなるのかまったく見通しが立っていない。組合員とその家族の多くはいわき市内の仮設住宅で暮らしている。再開を望んでいる組合員は少なくとも六名おり、なかには三〇代の若い漁業者も数人いる。彼らは、いわき市漁協の久之浜支所の組合員らと行動を共にして瓦礫撤去作業に従事してきた。所属漁協は異なるが、久之浜漁港は富熊支所から約二〇キロメートル海岸線沿いに南に移動した場所にあり、富熊支所の組合員の一部は従前から久之浜漁港で水揚げをしていたという。そのような経緯もあり、再開するとなれば久之浜が拠点になる見通しである。

富岡漁港は津波被害を受けたままになっており、復旧工事は開始されていない。しかしながら、富岡支所の建屋が置かれていた漁港近辺は避難指示解除準備区域に指定されたため、富岡支所の再開は可能である。そのことから、富岡支所の組合員は漁港の復旧を希望しているようであり、行政機関もそれを受け入れているという。ただし、工事着工のめどは立っておらず、また復旧した場合でも漁民は遠隔地から通うことになる。

試験操業に取り組むいわき地区と相馬原釜支所

いわき地区では、遠隔地で操業するサンマ棒受網漁業や大中型まき網漁業など大型漁船による漁業も発展し、かつ県外漁船の水揚げも受け入れてきた小名浜魚市場がある。サンマ棒受網漁船や大中型まき網漁船においては被災していない船もあったことから、震災直後から操業を再開していた。もちろん、被災した漁船の修繕や代船建造によって再開した漁船も現在稼働している。

しかしながら、これらの漁船は震災直後、福島県以外の漁港で水揚げをしていた。復旧した小名浜魚市場にこうした大型船の水揚げが始まるのは二〇一一年八月からであり、二〇一一年（震災後）は二五六八トン、二〇一二年は四四六八トン、二〇一三年は三三六七トンと推移した。福島県から離れた海域で漁獲した魚であるにもかかわらず福島県で水揚げされたことから、販路が広がらないという「風評」に苛まれている。

沿岸漁業者は漁業再開について絶望的な感覚を持っていた。いわき地区では二〇一三年春まで試験操業に取り組もうとはしなかった。

一方、相馬双葉漁協の相馬原釜支所は、福島県内だけでなく、国内でも有数の活力のある地区である。若手の漁業者が多く、先にも触れたが後継者も多い。漁協の青年部や女性部の活動も活発である。組合員数は正組合員が三九四、准組合員が二一であり、津波被害状況は死者二三名、行方不明者二名であった。この支所の登録漁船数は二三三隻で内九六隻が全損し、一〇六隻が半損した。それでも、当支所では、震災直後から漁業を早期に再開しようという意欲的な漁業者が多かった。以前から活力があった地域であったうえ、県南と比較すると放射能汚染が低レベルであったからであろう。とくに主力の沖合底曳網漁業の経営者らは再開に意欲的であった。たしかに、福島県内で最初に試験操業に取り組んだのは、相馬原釜支所の沖合底曳網漁業であった。

当地区の沖合底曳網漁業の震災前の漁船勢力は二九隻。津波によりほとんどの漁船が被災したが、このうち一九隻は修理で復旧した。また中古船購入と新船建造により四隻が加わった。

その他、船曳網漁業、刺し網漁業、ホッキ漁業がある。これらの漁業の操業海域は比較的沿岸域であるが、すでに試験操業に取り組んでいる。

相馬原釜の卸売市場の買受人（仲買人）も、試験操業に積極的に関与しており、漁業者とともに復興への足並みを揃えている。震災前から優良地区であったことから、震災後の回復力も県内で群を抜いている。

次にいわき漁協の久之浜支所についてみよう。久之浜支所はいわき市漁協の支所のなかで、最も沿岸漁業者の活力が高かった地区である。久之浜支所はいわき市漁協の本所である。ここには震災時正組合員が七七人おり、震災で二人が死亡した。その後脱退、廃業が四人おり、現在の正組合員数は七一人となっている。船曳網漁業、さまざまな魚種を対象にした刺し網漁業、ウニ・アワビ漁などがおこなわれてきた。

久之浜支所の津波被害状況は次のようになっている。家屋は組合員五三世帯中一六世帯が被災。漁船は、小型の船外機船はすべて滅失したが、沖合に出漁できる漁船の被害は五隻のみである。震災時、主力漁船はほとんどが沖出ししたことから漁船への被害は小さかった。久之浜支所において共同利用事業で整備した船は船外機船が一一隻、その他五隻である。漁船勢力はほぼ震災前の状態になっている。久之浜漁港は防波堤、係船岸を整備中ではあるものの、二〇一三年秋から始まった試験操業により、他の仕事に就いていた組合員が地元に戻り、試験操業に取り組んでいる。底曳網の試験操業は八隻すべてが、船曳網は一四隻のうち一二隻が試験操業に取り組んでいる。そのほか、イシカワシラウオ刺し網やアワビ漁（採鮑組合）の試験操業もおこなわれている。

しかし、卸売市場が再建できるかどうかが問題になっている。久之浜の卸売市場で買い付けをしていた仲買人の復旧状況が芳しくないためである。登録買受人のなかの大手七名のうち復旧したのは仲買人組合の組合長一人のみだからである。仲買人も高齢化し、後継者がおらず、再開していないというのである。震災前、久之浜本所の卸売市場では入札などの改革をおこなって安定した価格が実現していたが、流通面の復興に不安が残っている。

現在は、モニタリングや、次に紹介する風力発電周辺海域の漁獲調査など傭船の仕事がある。東京電力福島第一原発の二〇キロメートル圏内でのサンプリング調査で月一回、二隻が県や民間からの委託で傭船されている。だが傭船や賠償金がなくなれば、高齢者の組合員や後継者がいない組合員は廃業するだろうと予想されている。

現在、小名浜、沼之内や、四倉などでも、底曳網、ホッキ漁、船曳網、アワビ漁の試験操業が取り組まれるようになり、地元に漁業者が戻っている。だが、いわき地区のなかで卸売市場として再開できているのは小名浜魚市場、中之作漁協が開設している卸売市場のみである。後者の取扱量はごくわずかである。

震災前、いわき地区には複数の卸売市場があった。震災復興とあわせてこれらの市場の集約化が議論されている。しかし、拠点の小名浜魚市場の卸は、いわき市漁協ではなく、小名浜機船底曳網漁協が運営している。同じいわき市内にある複数の流通の拠点を今後どうするのかが、いわき地区の水産復興の鍵となっている。

浮体式洋上風力発電の開発と漁村

ところで、こうした水産復興策が定まらないときから、その沖合では新たな電源開発の実証事業が始められている。浮体式洋上風力発電のプロジェクト「福島復興・浮体式洋上ウィンドファーム実証研究事業」である。本プロジェクトでは漁業との共存を掲げており、場所は東京電力福島第二原発の沖合二〇キロメートルである。

この事業の管轄官庁はもちろん経済産業省である。丸紅（プロジェクトインテグレータ）、東京大学（テクニカルアドバイザー)、三菱商事、三菱重工業、ジャパンマリンユナイテッド、三井造船、新日鐵住金、日立製作所、古河電気工業、清水建設および、みずほ情報総研からなるコンソーシアムによって進められている。洋上の風力発電の設置は、国内でもいくつか実験的な例はあるが、立地にともなって漁業との共存が課題となる。そのため通常、海面利用の調整が開発サイドと漁業者との間で綿密におこなわれる。固定式ならば占有面積が小さいのだが、浮体式は係留索が広がっているから漁業者にとっては厄介な存在である。しかも巨大な施設である。過去、浮体式風力発電の実証試験がおこなわれたのは長崎県五島市の椛島《かばしま》沖のみである。

福島復興・浮体式洋上ウィンドファーム実証研究事業は、まだ試験操業さえ始まっていない二〇一二年三月に立ち上げられた。福島県漁業界としては「漁業関係者検討協議会」を組織してこの事業の受け入れを検討したが、円滑には進まなかった。相馬原釜支所の漁業者らが反対したが、結局、全面自粛状態のなかでの実証研究事業であるため、国の指導もあって協定が結ばれた。国策が優先された格好だ。漁民に対する漁業補償はないものの、事業に関わる洋上の警戒業務や漁獲モニタリングの仕事(傭船)を事業者が斡旋することになった。

風力発電機の名称は「ふくしま未来」。二〇一三年一一月一一日から試運転が始まっている。現段階では採算性は確保されていないが、実用化に向けての開発努力が投じられている。風力発電は、再生可能エネルギーであり、クリーンなイメージがある。一方で風力発電は騒音という公害問題を有していたことから、陸地から遠く離れた海上に設置する浮体式洋上風力発電にかかる期待は大きい。

しかし、この巨大プロジェクトによって漁業の未来がどう開けるのであろうか。原発災害からの漁村復興のなかで、どのような意味を持つのか。明確な答えは見えてこない。

6　復興への道筋としての試験操業

試験操業

魚の汚染状況を調べるモニタリング調査の結果は、福島県から漁業者らにはすぐに伝わっていた。放射性セシウムが検出されない検体数が時間を追うごとに増え、基準値を超える検体数が減じていくことを実感しており、震災発生年の秋期には漁業の再開を待望する漁業者が現れていた。震災後すぐに操業再開の準備を始めてきた相馬双葉漁協の相馬原釜支所の底曳網漁業者らである。

相馬原釜のある相双地区は県北に位置している。モニタリング調査によるとその沖合は、県央部や県南のいわき地区沖合よりも汚染されていない。沖合に行けば行くほどそうした状況が明らかであった。彼らは、魚種を限定すれば問題ないということを確信していたことから、流通も含めた「試験操業」に向けた要望を福島県漁連や行政機関へ伝えていたのである。また相馬原釜の卸売市場で買い付けていた仲買人も市場の再開を待ち望んでいた。そこで二〇一一年の一〇月には「福島県漁協組合長会」で試験操業の構想が議論された。しかしながらこのときは時期尚早という判断となった。

試験操業とはいえ、汚染した魚を流通させたとなると、国民から批難される恐れがある。震災後、環境NGOがスーパーなどで販売されている魚を抜き打ち検査していた。監視の目が厳しかった。一匹でも見つかればパニックを起こしかねない。拙速な判断は「やぶ蛇」になる。

その後のモニタリング検査でも、基準値超えの検体数の割合が下がり続けた。そこで、二〇一二年二月に試験操業を実施するための体制が整えられた。

試験操業は、流通までも含めたモニタリングのためであるとともに、漁業者が漁業者として生きていく機会を増やす試みでもある。漁協が管理主体となり、海域や水産物のモニタリング調査をおこなっている福島県との検討を踏まえて操業計画が練られる。その計画案は、試験操業をおこなおうとする地区の試験操業検討委員会が作成し、次に福島県地域漁業復興協議会に諮問される。この協議会は第三者機関であり、消費者団体、水産流通加工業者、大手量販店水産担当者、水産庁、県行政、金融機関、学識者なども含めた公開協議を毎月のようにおこなっている。マスコミにも開かれている。協議会の事務局は福島県漁連であり、この協議会で承認された計画案がさらに福島県漁協組合長会議で最終承認されるという、三段階の審議体制になっている。

試験操業とはいえ、基準値を超える放射性物質が検出されるような水産物を流通させてはならない。そのことから、魚種選定、漁場選定、出荷体制、検査体制など多項目にわたり、実施体制が慎重に構築されていなければならない。もちろん、統制のとれた漁業者グループや出荷物を買い取る仲買人との協力体制が大前提である。

実際、最初に取り組んだ相馬原釜の底曳網漁業の操業計画案は、漁協のコーディネイトの下、参画漁業者、仲買人、行政関係者、水産試験場職員などが一堂に集まって協議して作成された。魚種選定や漁場選定においては水産試験場のモニタリング調査の結果に基づいて、何度も検討が重ねられた。

相馬原釜支所では、二〇一二年四月に卸売市場の近隣に魚介類の放射能汚染度を測るスクリーニング検査のためのプレハブ検査室（魚をミンチ状にして計測する装置であるヨウ化ナトリウムシンチレーションスペクトルメータを二台配備）を整備、漁協職員五名の研修も終え、試験操業体制を整えた。試験操業は二〇一二年六月から始まった。

初回試験対象魚種は、三魚種（ミズダコ、ヤナギダコ、シライトマキバイ）のみであり、操業海域は東京電力福島第一原発から五〇キロメートル離れた沖合の海域（**図8**の①）であった。また相馬双葉漁協は沖合タコ籠漁業も試験操業を始めた。その後、基準値を超える検体が減少し続けたことから、試験対象魚種を徐々に増やした。二〇一三年三月からはコウナゴを漁獲対象とした相馬双葉漁協の船曳網漁業が試験操業（海域は**図8**のA）を始め、沖合底曳網漁業の操業海域は**図8**の①〜④までに拡大した。

二〇一三年一〇月からは、いわき地区の沖合底曳網漁業や船曳網も試験操業を始めた。海域は**図8**の⑥やBが加わった。その後、固定式刺し網、アワビ漁、ホッキ漁なども試験操業を始め、対象魚種は二〇一四年一二月時点で五七魚種（計画承認された魚種と漁業種を**表2**に示した）となり、沖合底曳網漁業においては操業海域（⑥、⑦）も拡大した。

試験操業の漁獲量は二〇一二年が一〇八トン、二〇一三年が三七三トン、二〇一四年九月末が五六一トンであった。震災前までは一〇〇種以上の魚介類が漁獲され、三万トン以上の漁獲量があったことから、漁獲量は震災前の五パーセントにも満たない。それでも、試験操業参加は当初、県北部の相馬原釜支所の沖合底曳網の二三隻のみであったが、現在（二〇一四年九月末）は県内全域に及んでおり、参加漁業種は九漁業種、参加隻数は一九一隻となっている。相馬双葉支所における二〇一四年九月の水揚量は三〇・五トンと前年の三・五倍になった。試験操業の拡大は着実に進んでいる。

とはいえ、試験操業がすべて円滑におこなわれたわけではない。試験操業をめぐっては震災前の漁場利用の棲み分けが崩れる可能性があり、先に取り組む漁業種（または地区）と、取り組みが遅れる漁業（または地区）との間で、複雑な感情が生じるからである。

たとえば、福島県に限らず、底曳網漁業と固定式刺し網漁業は漁場利用をめぐり相性が悪い。前者は海底

図8　試験操業の水域

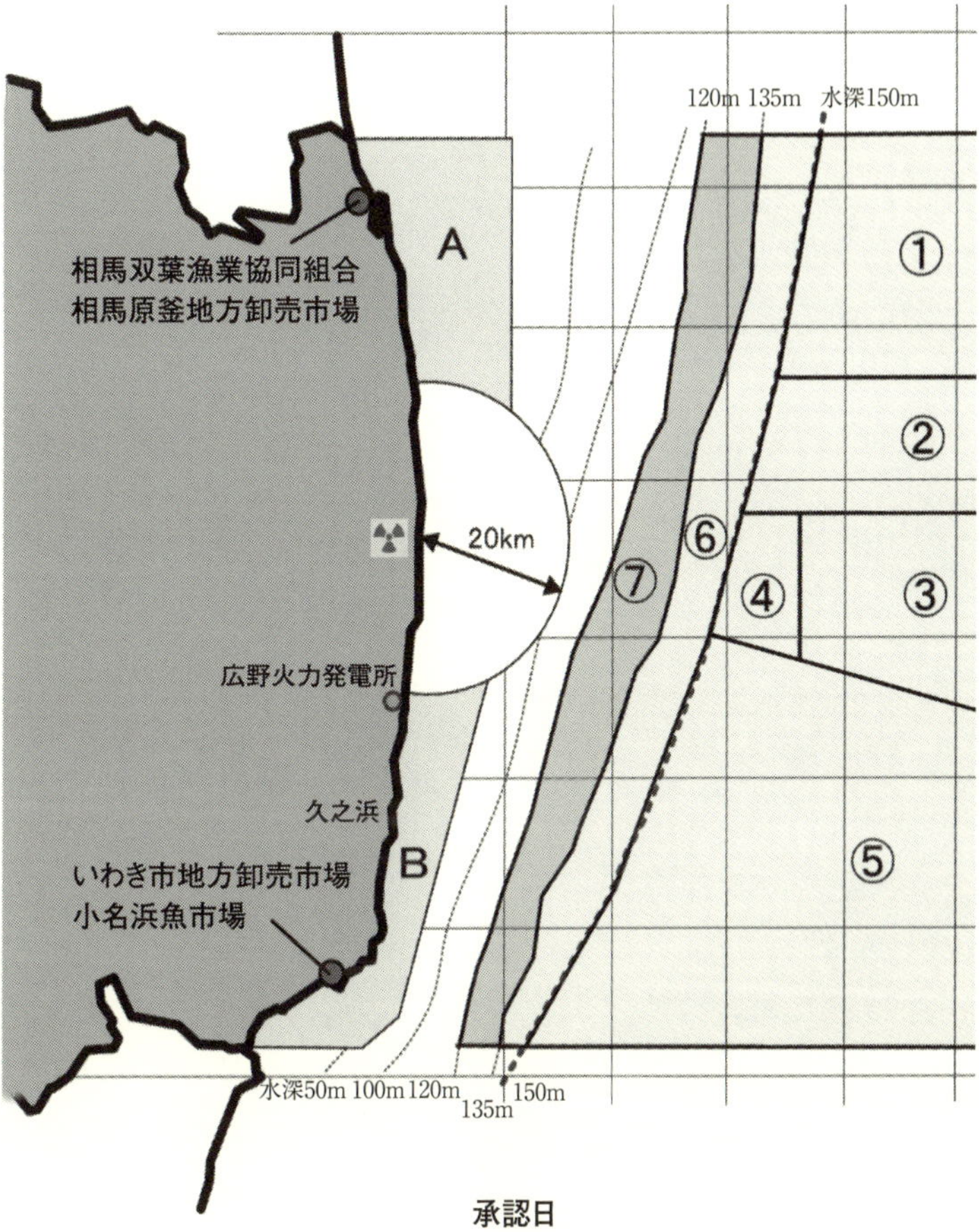

承認日

① 2012年 6 月18日
② 2012年10月19日
③ 2013年 2 月18日
④ 2013年 5 月24日
⑤ 2013年 8 月28日
⑥ 2014年 8 月25日
⑦ 2014年12月25日
A 2013年 3 月27日
B 2014年 2 月25日

資料：福島県漁連

表２　試験操業の対象魚種（2014年12月末時点）

計画承認 年	計画承認 月	試験対象魚種	漁業種	漁協
2012年	6月	ミズダコ、ヤナギダコ、シライトマキバイ	底曳網、籠	相馬双葉
	8月	キチジ、スルメイカ、ヤリイカ、ケガニ、沖合性ツブ（チジミエゾボラ、エゾボラモドキ、ナガバイ）	底曳網	
	11月	アオメソ（メヒカリ）、ミギガレイ（ニクモチ）、ズワイガニ	底曳網	
2013年	3月	コウナゴ（イカナゴ）	船曳網	
	4月	ユメカサゴ、ヤナギムシガレイ	底曳網	
	8月	キアンコ	底曳網	
		シラス	船曳網	相馬双葉、いわき市
	10月	アカガレイ、サメガレイ、アカムツ、ヒレグロ、マアジ、メダイ、ケンサキイカ、ジンドウイカ	底曳網	
	12月	ベニズワイガニ、ヒゴロモエビ、ボタンエビ、ホッコクアカエビ	底曳網	
2014年	2月	スケソウダラ	底曳網	
		イシカワシラウオ	固定式刺し網	
	4月	アワビ	潜水漁業	
	5月	ヒラツメガニ、ガザミ	固定式刺し網、籠	いわき市
		ホッキガイ	貝桁網	
		マイワシ、マサバ、ゴマサバ	流し網	相馬双葉
	8月	ウマヅラハギ、オオクチイシナギ、カガミダイ、カナガシラ、ソウハチ、ホウボウ、マガレイ、マダイ、マトウダイ、オキナマコ	底曳網	相馬双葉、いわき市
		サワラ、ブリ	流し網	
	9月	シロザケ	刺し網	いわき市
	10月	ヒメエゾボラ、モスソガイ、マダコ	籠	相馬双葉、いわき市
	12月	サヨリ	船曳網	
		アカガレイ	底曳網	

に定着する網漁具を曳いて漁獲する漁法であり、後者は魚の通り道に平面状の網漁具を一定時間設置して漁獲する漁法である。前者のような漁具を運用する漁船が後者の設置漁具を引っかけて破損させる、あるいは後者の漁具の設置によって漁場を先に占有して前者の漁船が漁場に入れないようにするという紛争が生じやすいのである。

こうした漁場利用をめぐる漁法と地域間の対立への対応策として、複数の地域の入会漁場であっても、漁場を使う時間や漁場を棲み分けするなどの操業ルールが話し合いで決められてきた。福島県内においても同様である。

しかし、そうした漁場利用の漁業者間の関係は、準備が整った漁業者集団から始める試験操業によって崩れる可能性がある。先陣を切って試験操業に取り組んだ相馬原釜支所の沖合底曳網漁船の操業海域が拡大するにつれ、まだ試験操業に取り組んでいないその他の地区の漁業者が試験操業の拡大に不安を抱える。そのことから、**図8**の操業海域の拡大は、まだ始めていない漁業者からの合意を経て承認された。

また、試験操業が拡大することは歓迎されることだが、その一方で出荷・検査体制に関する懸念がある。検査時間の増大とマンパワーの不足である。試験操業の対象魚種が増えると同時に、スクリーニングの検査体制の負担も大きくなる。漁協がおこなっている検査はサンプルの魚を一匹ずつミンチにしてから計測するので、時間を要する。魚種が増えれば検査時間もそれだけ増える。宮城県石巻市水産物卸売市場では時間短縮が可能な非破壊式の検査器が利用されているが、検査結果を厳密に公表している福島県の試験操業ではその検査器を導入すべきか否かの決定ができていない。現段階では検査器の精度が安定していないという判断である。

さらに、いわき市漁協では水揚げ港を限定していないため、各漁港で漁協職員が漁獲物の計量をするだけでなく、組合員が対象魚種以外の魚を水揚げしていないか、漁獲物を勝手に持って帰らないかなどをしっかりと監視しなければならない。そのためのマンパワーを必要とするが、いわき市漁協では震災後大幅な職員の合理化を図ったため、試験操業への参加隻数や漁獲対象魚種が増えると、監視に限界が生じる。

試験操業は急拡大しているが、検査方法や監視のあり方に関しては新たな課題が浮かび上がっている。

検査体制と出荷基準

試験操業は消費者への信頼を獲得するための苦労がつきまとった。

その一つに、検査体制がある。原子力災害対策本部長によって出荷制限指示を出されている魚種は、「出荷制限食品安全委員会における放射性物質の食品健康影響評価を受け、厚生労働省薬事・食品衛生審議会の答申を受け、食品衛生法の規格基準」に基づき、検体から検出された放射性セシウムが一キログラム当たり一〇〇ベクレルを超えたものである。試験操業で対象となる魚種においては、出荷制限指示の基準値より厳しい一キログラム当たり五〇ベクレルを自主基準として、モニタリング検査においてそれを一定期間下回る魚種とした。もちろん、スクリーニング検査でこの数値を上回れば出荷停止にするだけでなく、試験対象魚種から外すことになる。

この自主基準一キログラム当たり五〇ベクレルについては次の経緯がある。原発災害後一キログラム当たり五〇〇ベクレルを基準の暫定値としていたが、二〇一二年四月一日に一般食品の基準値が一キログラム当たり一〇〇ベクレルと定められたとき、茨城県の漁業界が漁獲対象魚種を決める際に自主基準値を一キログラム当たり五〇ベクレルとした。当時、この自主基準値の設定が、野菜などの他の食品供給体制にも影響して波紋を呼んだ。自主基準値の引き下げ競争が始まったのだ。小売業界はさらに厳しい自主基準値（一キログラム当たり二〇ベクレルなど）を設定することになった。

こうした経緯が影響してか、二〇一四年一月から試験操業におけるスクリーニング検査で検体の検査結果が一キログラム当たり五〇ベクレル以下であっても二五ベクレル以上の場合は、すべて水産試験場でゲルマニウム（Ge）半導体検出器によって再測定（精密検査）することになった。暗黙のルールのようではあるが、消費地の流通業界は、モニタリング検査やスクリーニング検査の検出結果が一キログラムあたり二五ベクレル以下の魚種しか仕入れない、というのである。再測定の内規設定は、それへの対応であった。

試験操業が拡大するにつれて、出荷体制はより慎重で厳格かつ統一的な規則になっていった（出荷・検査の全体像は**図9**を参照）。だが、残念ながら福島県がおこなっているスクリーニング検査において対象魚種から基準値を超える放射性セシウムが検出され、出荷停止になったという事態が発生した。

まずは、二〇一四年二月二七日のことである。いわき市漁協における試験操業でのスクリーニング検査でユメカサゴ（四倉沖で漁獲）から放射性セシウム一キログラム当たり一一二ベクレルが検出された。その後、より詳しく調べるために水産試験場のゲルマニウム（Ge）半導体検出器によって再測定したところ、一キログラム当たり一一〇ベクレルを検出した。それまでの海域のモニタリング検査では、ユメカサゴは八八検体中八三検体が検出限界値未満であった。ユメカサゴは、その結果を受けて試験対象魚種になったのだが、基準値を超えたことから、原子力災害対策本部長によって三月二五日以後は出荷制限指示の対象魚種となった。

いわき市漁協の試験操業においてユメカサゴの検体から基準値を超える放射性セシウムが検出されたとき、相馬双葉漁協の試験操業ではすでにユメカサゴを出荷しており、出荷物は出荷先の都市部から回収された。卸売市場でまだ仲卸人に販売されていなかったため間にあった。福島県の漁業者が一体となって復興するという試験操業であったので、相馬双葉漁協における試験操業のスクリーニング検査では問題がなかったのだが、彼らもその精神に従って対応したのであった。

これを契機に、スクリーニング検査で自主基準値を超えた場合、当該漁協だけでなく、他の漁協においても同一日に水揚げされた同じ魚の流通を停止するという内規（二〇一四年六月二九日）が設けられた。

次に二〇一四年三月一二日、相馬双葉漁協の沖合底曳網漁業の試験操業で漁獲されたアカガレイから自主基準値（一キログラムあたり五〇ベクレル）を超える六六ベクレルが検出された。これを受けてアカガレイの出荷を停止し、試験操業対象魚種からアカガレイを外した。

その後、ユメカサゴはモニタリング検査で基準値以下の状況が続いたことから五月六日に出荷制限が解除され、九月からは再度試験操業の対象魚種となった。アカガレイはしばらく見合わせたが、二〇一四年一二月に再び対象魚種となった。

試験操業の最大の懸案事項は、スクリーニング検査において基準値あるいは自主基準値超えが発生したとき、どう対処するかであった。とくに自主基準値超えの検出があった場合、それを隠さず、即座に報道機関にその情報を開示することや、報道後のさまざまな問い合わせや消費者からの抗議に丁寧に対応するかどうか、である。もちろん、マスコミに取り上げられたものの、漁協・県漁連が即座に情報を出し、疑われるような対応をしなかったことから、この件に関しては大きな問題にはならなかった。

しかし二〇一三年の六月頃から取りざたされるようになった東京電力福島第一原発の汚染水問題が、「風化」しつつあった「風評」を呼び起こすことになった。

図9　試験操業の出荷・検査体制

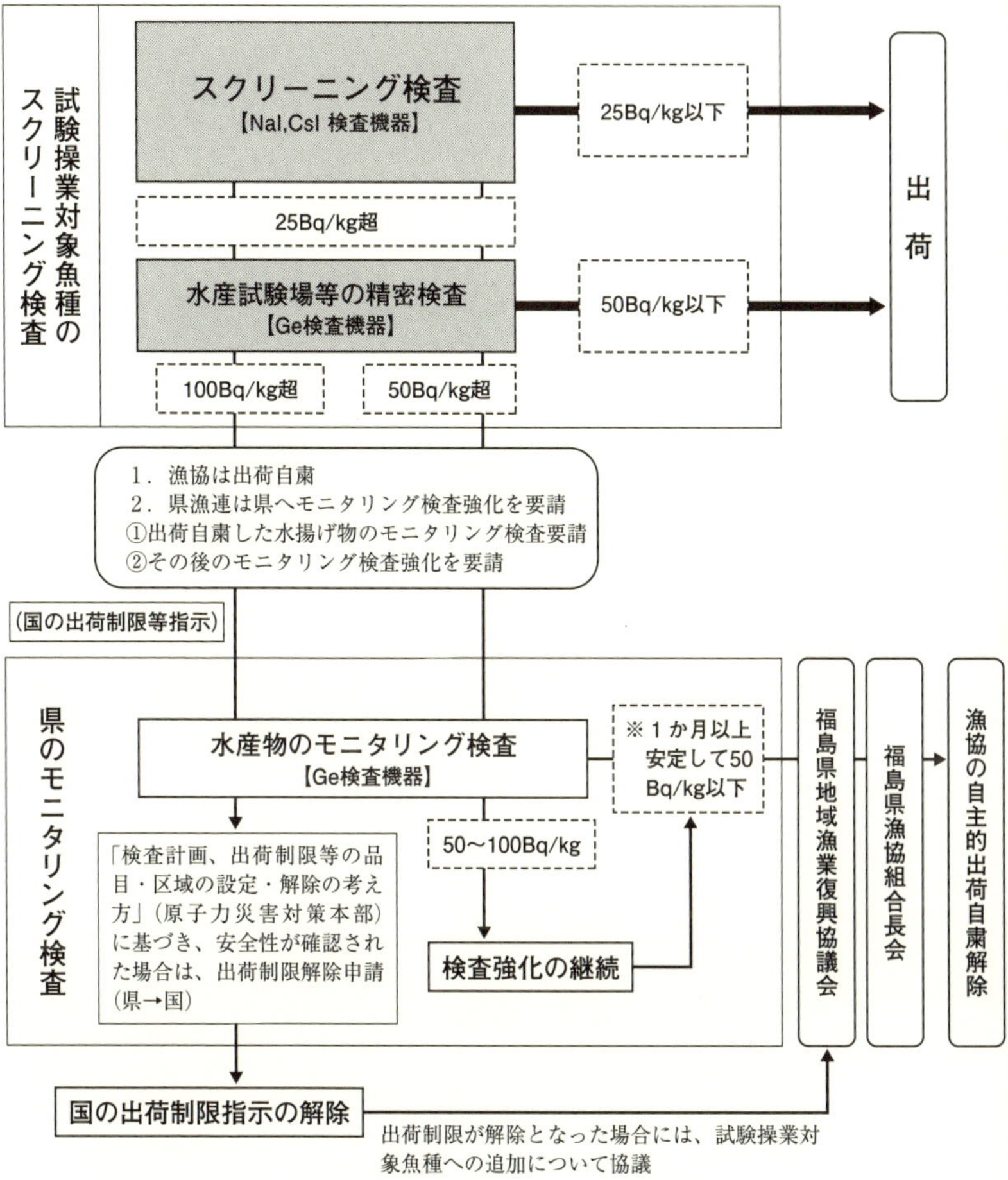

※条件
◇複数の場所において、一週間程度の間隔をあけて検査を実施
◇過去に50Bq/kgを超過した当該魚種の検体が漁獲された場所では必ず検査する
◇検査結果が安定して50Bq/kgを下回っていること

出典：福島県漁業協同組合連合会（2013年12月25日）

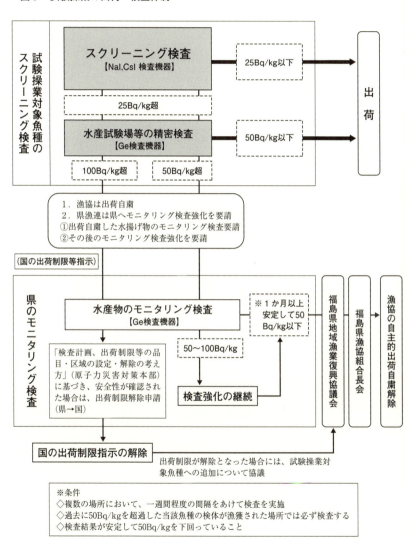

7 汚染水漏洩問題——災害の再生産

止まらない地下水の流入

福島第一原発事故の最大の問題は、六基の原発建屋とタービンがあるうち、一号機、二号機、三号機の原子炉圧力容器の中の核燃料棒などが溶けて、しかもそれらが原子炉圧力容器を溶かして原子炉格納容器内に燃料デブリ（核燃料棒が溶けた廃材）となって落ちていることである。メルトダウンだけでなくメルトスルーが起こったのである。あくまで可能性ではあるがメルトアウトもありうる。

米国のスリーマイル島の原発事故では、原子炉圧力容器は溶けないメルトダウンで終わっている。それでも、圧力容器に注水して核燃料棒がむき出しにならないようにして燃料デブリを取り出すことに、多大な時間とコストがかかった。しかも事故は一機のみである。

東京電力福島第一原発の廃炉工程は、「瓦礫撤去・除染」→「燃料取り出し設備の設置」→「燃料取り出し」→「保管／搬出」という【工程①：使用済燃料プールからの燃料取り出し工程】がまずある。地下水の建屋流入がコントロールできていないことから、一号機、二号機、三号機は「瓦礫撤去・除染」の段階である。四号機はすでに「使用済み燃料の取り出し」が終わった。続いて「除染、漏洩箇所調査」→「止水、水張り」→「燃料デブリ取り出し」→「保管／搬出」という【工程②：燃料デブリ取り出し工程】がある。これが廃炉工程のなかで一番の問題である。そして最後に「シナリオ・技術の検討」→「設備の設計・政策」→「解体等」と【工程③：原子炉施設の解体】に入る。二号機が最も時間を要するとされており、工程①の終了予定は二〇一七年度以降としている。全工程が終了するのに四〇年間は要すると想定されている。しかし、廃炉作業は出だしでつまずいている。原発建屋への地下水の流入が止まらず、汚染水が増え続けている

図10　原発建屋内に入る地下水と汚染水の発生過程

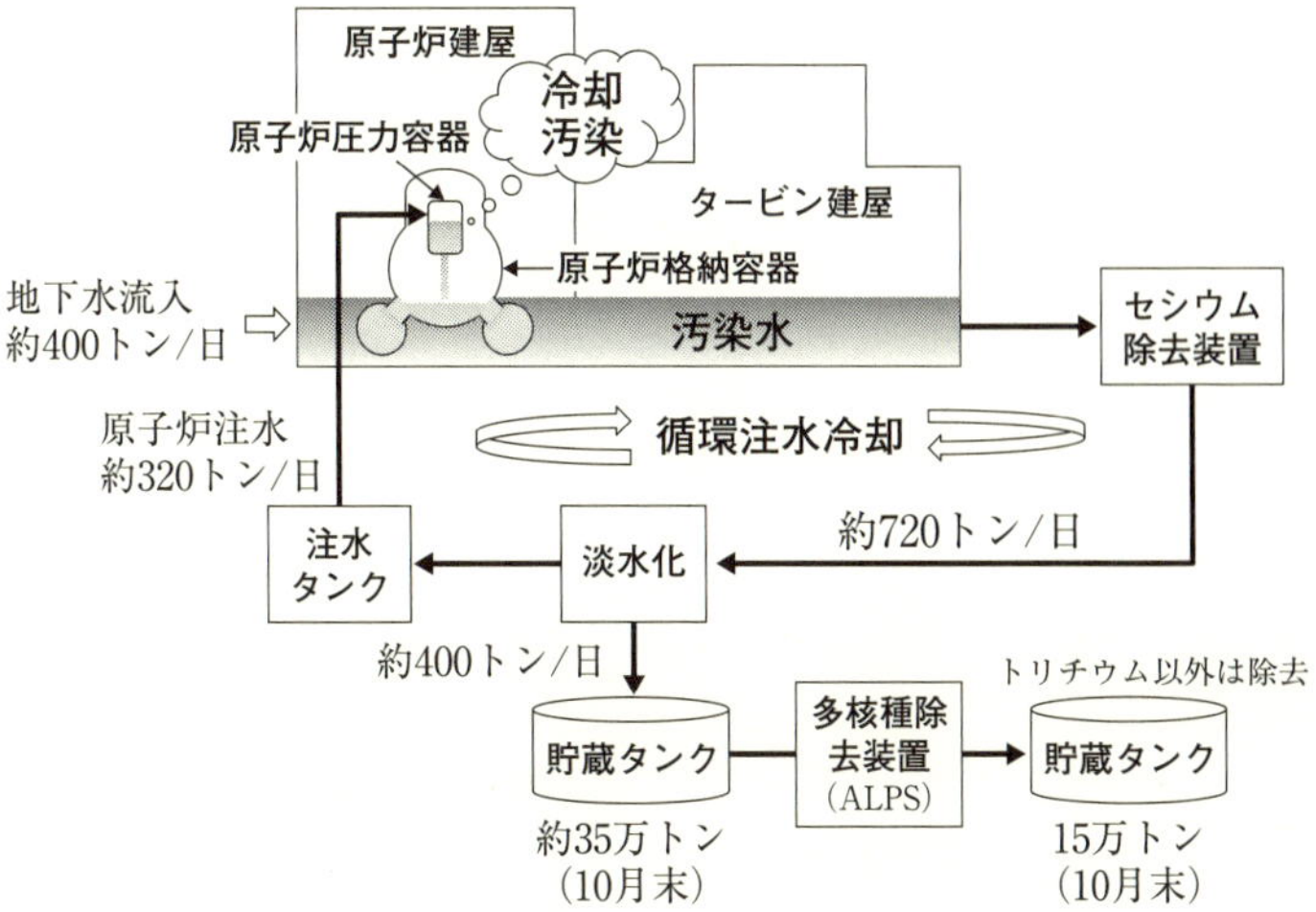

資料：東京電力の資料をもとに筆者が作成

のである。

図10を見よう。東京電力福島第一原発では、発電所構内地下に流れる地下水が原子炉建屋に毎日四〇〇トン入っている。一方で、核燃料を冷却するために、メルトダウンした一号機、二号機、三号機の原子炉圧力容器のなかに毎日三二〇トンの淡水を注水しているが、それが汚染水となって原子炉建屋、タービン建屋に溜まっていく。毎日七二〇トンの汚染水が建屋に溜まることから、その汚染水をセシウム除去装置（二〇一一年八月一八日から運転開始）で浄化し淡水化して、そのうち四〇〇トンを貯蔵タンクに貯めて、残りの三二〇トンを原子炉に注水するという作業がおこなわれている。つまり、セシウム除去の処理はされているものの、毎日四〇〇トン分の汚染水が増え続けていることになる。そして二〇一三年三月からは多核種除去装置（以下、ＡＬＰＳ）が設置され、トリチウム以外の核種（放射性物質）を取り除いた処理水

汚染水貯留タンク
左側：フランジ型
右側：溶接型

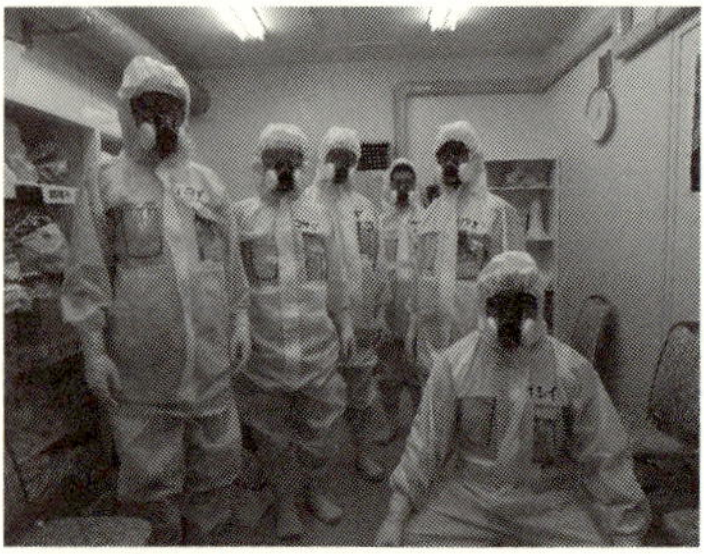

福島県地域漁業復興協議会の有志で東京電力福島第一原発を視察した本書筆者たち（濱田・小山・石井）
2014年12月24日

汚染水処理施設の建屋

を貯蔵タンクに貯めている。セシウム除去装置はセシウムのみ、ＡＬＰＳは六二種類の核種を取り除くことができるが、トリチウムのみは取り除くことができない。トリチウムは水に近い物質だからである。

こうして事故後、汚染水を貯めたタンク（容量五〇〇トン、一千トン）は増え続けている。二〇一四年一〇月二八日までに濃縮廃液貯槽（蒸発濃縮方式の淡水化装置により発生した塩水のタンク）に三五万トン、多核種除去設備による処理済水のタンクに一五・四万トン、増設多核種除去設備（二〇一四年一〇月九日に増設した改良型装置）による処理済水のタンクに一・九万トン、高性能多核種除去装置（二〇一四年一〇月一八日に設置した新型装置）による処理済水のタンクに一千トンの汚染水が貯蔵されている。地上タンクについては二〇一五年三月末までに許容容量八〇万トンを確保することになっている。

このままでは原子炉建屋やタービン建屋に入った汚染水が地中を伝ってゆっくりと海側に流れるので、海洋汚染が拡大しかねず、地下水流入を減らさないかぎり、永遠に汚染水タンクを増設しなければならない。タンク増設のための敷地確保にも限界がある。廃炉の工事を進めるためには建屋に溜まる汚染水を取り除きつつ、建屋に入る地下水を止めなくてはならないし、また海洋汚染を防ぐためには汚染水を減量する努力が必要である。

増え続ける汚染水

東京電力は、地下水バイパス、建屋通関部の止水、サブドレンによる水位管理、凍土方式による遮水壁、海側遮水壁などの計画を二〇一一年一二月末には立てていた。しかし、汚染水対策については国の強い関与が必要であることから、二〇一三年九月三日に原子力災害対策本部が「東京電力（株）福島第一原発における汚染水問題の基本方針」を公表、「汚染源を「取り除く」、汚染源に水を「近づけない」、汚染水を「漏らさない」」を原則として、複合的に汚染水を減らすことになった。政府は廃炉対策推進会議の下に汚染水処理対策委員会を設置し、汚染水対策の管理体制をより強化したのである。

汚染水対策として進めている具体的内容は以下である。

まず、**図11**右側で進められた、海への地下水の流出を防ぐ遮水壁の建設と地盤改良である。原発の海側は港湾になっている。その港湾の護岸には原発タービンの冷却用に送る海水を吸い取る取水口がある。そこを埋め立てて水ガラスで地盤改良するとともに、長さ一八―二七メートルの鋼管矢板の遮水壁を設置する。こ

図11　汚染水対策の略図

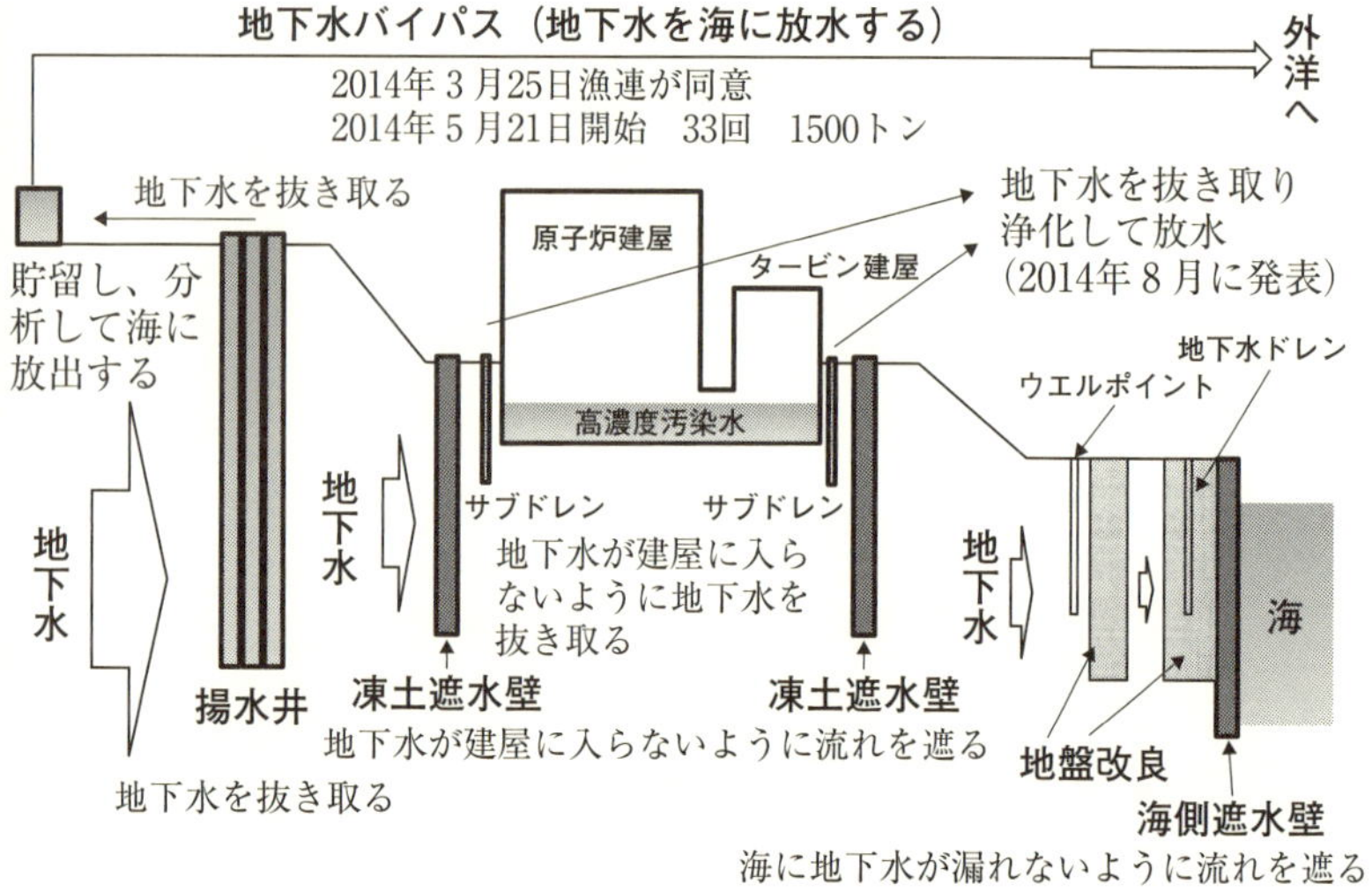

資料：東京電力の資料をもとに筆者が作成

右上：遮水壁がめぐらされた原発構内の港湾岸壁
左上：海側遮水壁と地盤改良後の状況
左下：港湾岸壁近くの地下水ドレン

れにより原発構内の地下水が汚染されていたとしても、海側への流出を防ぐことができる。護岸に設置した遮水壁の内側には、地下水を汲み上げる地下水ドレンが設置される。工事は二〇一二年五月に開始して二〇一四年九月に完成の予定であったが、まだ完成はしていない（二〇一四年一〇月末時点）。さらにそれより建屋側にウエルポイントという地下水汲み上げ井戸を設置して、その井戸を囲むように地中に壁を造成（地盤改良）して地下水が海側に近づかないようにする。東京電力の公表数値を見ると、ウエルポイントの海側の地盤改良は効果が出ている。

次に原発建屋に地下水が入り込む前の上流域で地下水を汲み上げて海に放流する地下水バイパスの設置である（**図11**左側）。発電所構内の内陸側から海側に向かって流れている地下水を原子炉建屋に流入する前に内陸側で汲み上げ、その流れを変えて地下水位を下げることにより、原子炉建屋への流入量を減少させるという方式である。汲み上げた水はいったんタンクに貯蔵し、その水質が運用目標内[20]であることを確認してから海に排水する。

ちなみにこの運用目標は原発からの放出規制でもある法令告示濃度[21]をはるかに下回る値である。

この計画が政府と東京電力との間で決定したのは二〇一二年四月二三日であったが、実行に移ったのは二年後の二〇一四年四月であった。漁業者から風評被害の源になると同意が得られなかったのである。しかし経済産業省も動いて全漁連を説得し、三月一九日にはいわき市漁協、三月二四日には相馬双葉漁協も容認した。そして四月四日に福島県漁連の同意が得られ、四月九日、原発建屋の山側に設置された井戸から地下水の汲み上げをおこなった。ただ、四月一七日に一二の井戸のうち一つの井戸から基準値を超えるトリチウムが検出されたことで放水は見送られた。その後、基準値を下回ったことが確認されて、五月二一日に汲み上げて貯蔵した地下水を海へ放水した。ただし、その後も井戸から基準値を超えるトリチウムが検出されている。

次にサブドレンの復旧である（**図11**中）。サブドレンとは、建物周辺の地下水が建物の中に入らないように水位を調整する施設である。この施設を復旧して、地下水の流入量を低減するという計画である。しかし二〇一四年八月に入ってサブドレンは復旧したものの、東京電力はサブドレンから汲み上げた地下水を貯蔵するのではなく、一時的に貯蔵して浄化してから海へ放出するという案を公表した。サブドレンで汲み上げる地下水は建屋の周辺の水であり、汚染源に触れる前にもかかわらず若干汚染されている。それゆえ、地下水バイパス計画と同様に漁業者の反対意見が強く、現時点（二〇一五年二月）では実行に移されていない。現在は放出せず浄化のテストをおこない、貯蔵タンクに汚染水をためている状況である。

さらに、原子炉およびタービン建屋の周辺を囲むように地下に凍土遮水壁を造成する計画である（**図11**中央）。これは建屋に入り込む地下水を凍土壁で遮水させるものである。汚染水処理対策委員会においてこの計画が決定したのは二〇一三年五月三〇日であった。しかし、原子力規制委員会の審査では工事の全体が認可されなかった。そのため、認可されているところから工事を始めている。工事着工は二〇一四年六月二日である。ただし、凍土遮水壁の工事は予定どおりには進まなかった。

図12を見よう。点線で示している凍土遮水壁をつくるには、タービン建屋からつながる海側トレンチ（電源ケーブルが通る地下道）に溜まっている汚染水を抜き取り、トレンチに充塡材を入れて充塡・閉塞しなくてはならない。東京電力は、トレンチとタービン建屋の接続部に特殊なセメントを流し込み、凍結止水を進める計画を二〇一四年四月末から始めたが、凍結管を入れて三か月経過しても、「氷の壁」は形成されなかった。ドライアイスや大量の氷を入れて汚染水を冷やす試みもうまくいかなかった。七月末になって凍結止水工事が難航していることを公表した。

図12　トレンチ内の凍結止水工事

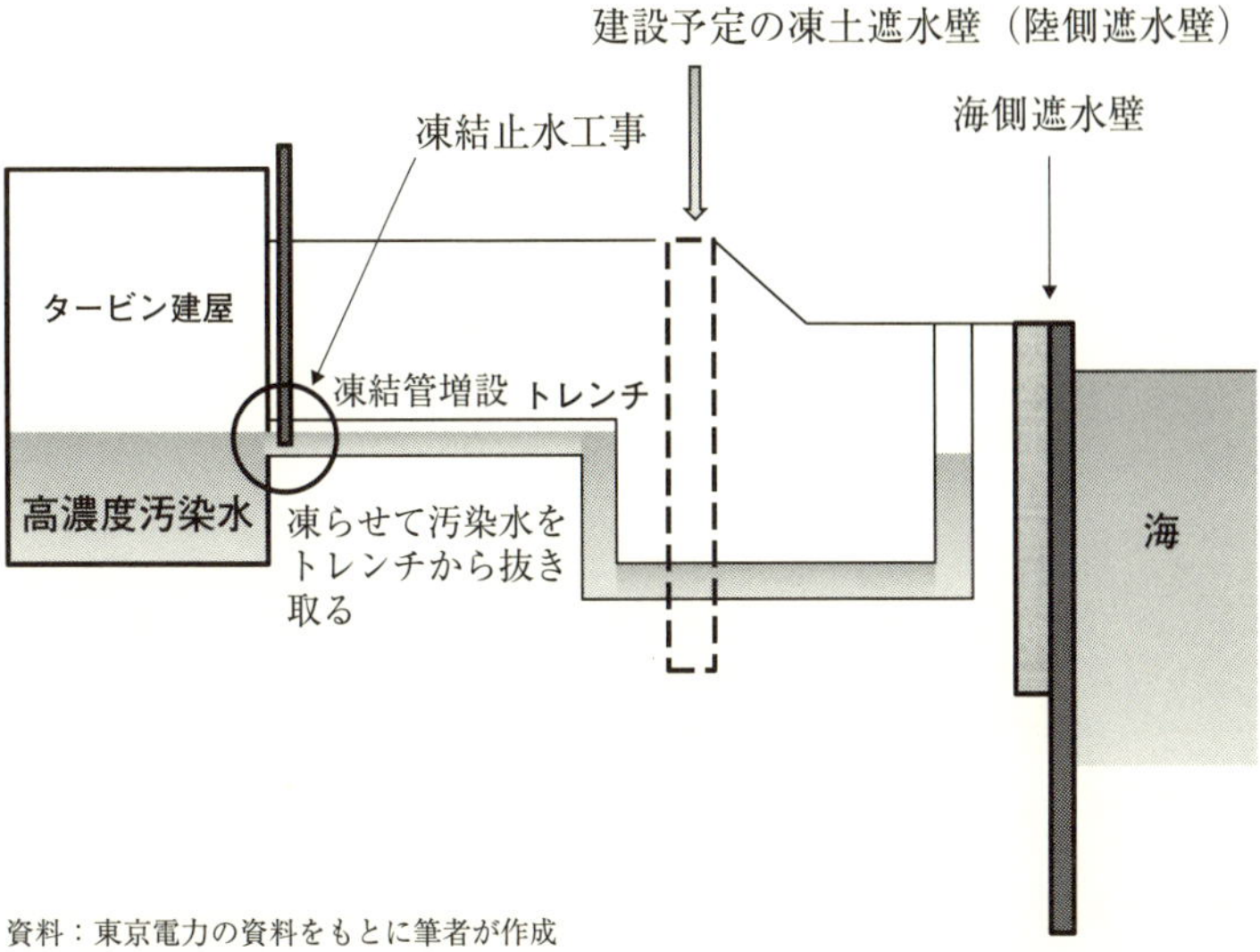

資料：東京電力の資料をもとに筆者が作成

以上のように汚染水対策はほとんどの計画が実行に移されてはいるものの、まだ途上であり、問題はまったく解決されていない。そのうえ、二〇一三年八月からは大雨や台風のたびにタンクから汚染水が漏れる事故が発生し、また当時は、タンクに貯蔵した汚染水から放射性物質を除去するＡＬＰＳの不具合が続いていたのだ。

廃炉を進めるために欠かせない汚染水対策は、増え続ける汚染水の対処に振り回されており、綱渡りのような状況が続いている。

汚染水はブロックされているのか

東京電力は二〇一一年六月以後は大規模な汚染水の海洋放出はないと発表してきた。しかし、二〇一三年六月二六日、状況が一変する。

この日、原子力規制委員会の委員による「構内の汚染された地下水が港湾内の海水に影響している可能性について強く疑われる」という指摘に対して、東京電力は「判断できない」と返答し、汚染水の海洋流出を認めなかった。

だが、自民党が圧勝した参議院選挙の翌日（二〇一三年七月二二日）に「港湾内の海水と地下汚染水は水面下で行き来している」ことを認めたのである。政局とタイミングが絡んでいたことから、汚染水問題はよりクローズアップされることになった。その後、「海洋汚染」が再びメディアに大々的に取り上げられるようになり、しかもその後も汚染水漏洩事故が多発し、そのたびに汚染水に関わる断片的な情報が報道されるようになった。

二〇一三年一月から二〇一五年二月中旬までに、東京電力が公表し報道で取り上げられた内容と政府の行動、漁業界の対応を章末の**別表**に示した。

二〇一三年八月七日には、原子力災害対策本部が「試算では汚染水の海への流出量は一日三〇〇トン」と公表し、「東電に任せず、国として対策を講じる」と安倍晋三首相が表明するに至った。にもかかわらず、八月に入ってからは地下水の汚染状況だけでなく、漏水問題の公表が急増したのである。汚染水対策を講ずる現場の状況が安定していなかったことが伝わる。

これにより試験操業は暗礁に乗り上げた。漁協や県漁連にかかってくる試験操業に対する抗議の電話が増えたという。モニタリング検査の結果、魚への影響はなかった。しかし、「風評」や国民からのバッシングを恐れて、試験操業は中断された。

さらには、九月六日には韓国政府が「日本の八県（青森、岩手、宮城、福島、茨城、千葉、栃木、群馬）から水産物輸入を禁止」と発表。東京オリンピック誘致に対する牽制ではないかと言われていたが、それに対抗するかのように、九月七日、安倍首相がブエノスアイレスで開催されていたＩＯＣ総会でオリンピック開催地誘致演説中に「影響は港内の〇・三平方キロの範囲内にコントロールされている。放射能は完全にブロックされている」と発言した。

一方で、九月一三日、東京電力幹部が民主党会合で福島第一原発の汚染水について「コントロールできていない」と発言、しかし、その六日後の九月一九日には安倍首相が福島第一原発に現地視察して、その場で「影響は港内の〇・三平方キロメートル内で完全にブロックされている」と、報道機関に向かって発言した。

そのようななかで、九月一日の再開を見送っていた試験操業が九月二五日から始まることになった。相馬原釜支所の沖合底曳網漁業である。モニタリング調査の結果、海水や魚には、汚染水漏洩が影響していなかったので、ならば、「風評」に負けてはならないという意識で始めた試験操業をためらう必要はない、という考えが改めて確認されたのである。

ところが、試験操業を再開した一〇月に入ってからも汚染水の漏洩事故が多発した。一〇月二〇日には、「台風二六号（一〇月一六日）の影響で汚染水タンク周辺堰（一二か所）から高濃度汚染水が漏れた。検出されたストロンチウムが含まれる汚染水の最高値は一リットル当たり七一〇ベクレル」と東京電力が公表。そのようななかでも、一〇月二一日の衆議院予算委員会において安倍首相は「全体としてコントロールされている」とくり返し、広がる汚染水問題の沈静化を図ろうとした。

だが、その翌日の一〇月二二日。東京電力が「港湾外でセシウム137（一リットル当たり一・六ベクレル）を検出。これまでで最高値」を公表。以前にも港湾外でセシウム137が一リットル当たり一・四ベクレル検出されていたことから、最高値といっても抜け出た値ではなかったが、最高値を受けて、衆議院予算委員会において維新の会の松野頼久議員が汚染水問題について問うた。それに対して、安倍晋三首相は「汚染水の影響はブロックされている。健康への被害という意味でも完全にブロックされている。この考え方は変わっていない」と発言したのであった。

翌一〇月二三日、東京電力は「高濃度汚染水の三〇〇トン漏れした貯蔵タンク周辺に設けた「堰」から一〇月二〇日に採取した水からストロンチウム90を含むベータ線を出す放射性物質が一リットル当たり五一万ベクレル、二二日に排水溝からベータ線五万九〇〇〇ベクレルが検出された」と公表した。

その後も事故が起きるたびにメディア上で汚染水漏洩事故問題が取り上げられたのである。

8 汚染水漏洩事故をめぐる社会災害の構図

「風評」も「風化」

二〇一三年夏には参議院選、秋には二〇二〇年のオリンピック開催地を決定するIOC総会があり、二〇一三年上半期は被災地への国民の関心は明らかに「風化」していた。

時間の経過とともにモニタリング検査の値が震災前の状態に向かっていた。そのことから、試験操業に参加していた漁業者は試験対象魚種を増やすよう要請を強めていたし、まだ参加していない漁業者は試験操業への参加の意欲を強めていた。

福島の漁業については復興に向けての前向きな報道はあるものの、試験操業の拡大を阻む「風評」についても「風化」していた。

翻ると、日本漁業は何度も「風評」被害を経験しているが、いずれも「風評」を「風化」させたのは時間経過であった。たとえば、二〇〇三年に、キンメダイの水銀濃度が高いとして、厚生労働省が「妊婦は摂取量を制限するのが望ましい」と公表。この内容が報道機関によっていっせいに取り上げられた。そのため、末端においてキンメダイの買い控えが拡大し、卸売市場の価格が大きく下落し、漁業者が出漁を控えるという事態にまで至ったのである。しかし、価格は数か月で回復した。報道機関は日々のニュースを供給するためにニュース性の高い新たな現象に目移りしていく。報道数は限られていき、すぐに「風化」が始まったのである。

政治にとっても、東京電力福島第一原発の事故からの時間経過は好都合であった。時間経過とともに安倍政権は原発をエネルギー政策のベースロード電源に定めようと（エネルギー基本計画が国会を通過したのは二〇一四年三月）、再稼働に向けての政治活動を強めていたのである。一方の反原発・脱原発運動は時間経過とともに勢いを失っていった。一般市民のなかでは、被災地への関心とともに原発への関心も「風化」していったのである。

ところが、二〇一三年六月以後、汚染水の海洋流出をめぐる政府関連組織と東京電力とのやりとりや、汚染水漏洩事故がメディアを通して一気に広がったことから、福島県においては原発事故が収束しているどころか、汚染水問題がまったく解決されていないことがあからさまになった。

そのことで、七月二一日の参議院選挙において自民党の議席数が圧倒し、原発再稼働の政治的動きが強まっていたことにも呼応して、震災年より徐々に陰りを見せていた脱原発運動が再び勢いづいた。その一方で、「コントロールされている」という安倍晋三首相の発言は、韓国からの日本の水産物輸入禁止宣言、オリンピック誘致、原発政策の今後や再稼働を考慮した政治的発言であった。状況を正確に言うのならば、「汚染水は漏れているが、外洋や魚に対する影響は出ていない」であった。

こうした脱原発の運動と原発政策推進サイドとのぶつかり合いは国政レベルでも市民レベルでも激しくなり、さらに八月以後の度重なる汚染水漏洩事故がメディアを騒がせつづけたことから、「風評」問題が再び炎上したのである。汚染水が海洋に流出していることが明らかになり、汚染水漏洩事故が多発しているにもかかわらず、試験操業をおこない魚を流通させることに対する批難が強まったのだ。

試験操業に取り組む漁業者の操業意欲は殺《そ》がれてしまい、「風評」を恐れて試験操業への参加を見送った漁業者も多かった。福島県下の漁業者が一体となって復興しようとしていた足並みは完全に乱れてしまった。こうして福島の漁業界は引き裂かれたのだ。

海への放水は漁業者が判断

東京電力や政府は、地下水バイパス計画やサブドレンから汲み上げた汚染水を浄化して放水するという計画は福島の漁業者の同意なしではおこなわないとして、漁業者団体への説明会を開催してきた。

すでに触れたとおり、福島県漁連は二〇一四年四月四日に地下水バイパス計画を受け入れた。当初は風評を誘発しかねないと猛反発してきたが、汚染水問題が解決しないかぎり、漁業の本格再開も遠のくため、受け入れたのである。もちろん、周辺を流れる地下水なので、汚染を受けにくい水であることが納得する材料だった。しかし、それでも観測井戸の水から放水の基準値（排水規制をはるかに下回る厳しい数値である）を上回るトリチウムがときどき検出される。さらにすでに三三回、一五〇〇トンの放水（二〇一四年一〇月末まで）をおこなったが、地下水の建屋流入に対する効果については、降雨などが多くて、分かりにくい。

他方、サブドレンから汲み取った汚染水を浄化して海に放水するという計画については、現時点（二〇一五年二月）では東京電力が漁業者を説得中である。

表3を見よう。サブドレンで汲み上げられる地下水は一定程度汚染されているが、セシウム除去装置やALPSによって浄化すればトリチウム以外は除去できる。しかもサブドレンで汲み上げる地下水は、建屋に

表3　サブドレンからの汲み上げ汚染水の浄化結果と制限との比較

単位：Bq／ℓ

	サブドレンからの汲み上げ直後の水質	サブドレンからの汲み上げ水浄化後の水質		地下水バイパスの運用目標	WHO 飲料水ガイドライン	法令告示の濃度限度[注]	原発建屋内の汚染水
		東京電力	第三者機関				
セシウム134	57	ND	ND	＜1	＜10	＜60	85万～750万
セシウム137	190	ND	ND	＜1	＜10	＜90	220万～2000万
全ベータ	290	ND	ND	＜5	＜10（ストロンチウム90）	＜300	250万～6600万
トリチウム	660	660	610	1500	10,000	＜60000	36万

注：実用発電用原子炉の設置、運用などに関する規制の規定に基づく線量限度を定める告示
資料：東京電力の資料をもとに筆者が作成

入る前に核燃料に触れないのでトリチウム[22]の濃度は一リットル当たり六〇〇ベクレル程度であり、先に記したトリチウムの放出規制（法令告示濃度）の一リットル当たり六万ベクレルをはるかに下回る。WHOが定めた飲料用だと一リットル当たり一万ベクレルである。ちなみに建屋に入った汚染水のトリチウムは一リットル当たり三六万ベクレルである。そのことから、サブドレンで汲み上げて浄化するほうが、放水できるレベルになるし、建屋内での汚染水の増加を効果的に防ぐことができる。

　だが、納得いくように浄化できたとしても、その処理水は一度は汚染されている。その放出を受け入れること自体が「風評」につながる可能性を孕んでいる。安全性を理解できても、漁業者内で意見が分かれる。拙速な決断は諍《いさか》いの原因になる。東京電力の誠意のある説明はもちろんのこと、漁協主導によるしっかりとした合意形成の手立てが求められる。

　ただ、冷静に考えると、汚染水は増える一方なので、浄化処理後の水が排水規制値以下なら放水は避けて通れない。問題解決を図っていくためには、どこかの段階で漁業者は

その計画を受け入れざるをえなくなる。つまり、放水の最終判断を「漁業者にさせる」という負担の構図である。

そしてこの問題は、ALPSによってトリチウム以外の核種を汚染水から取り除いた処理水の放水を漁業者に認めさせる、というところに行きつくと思われる。処理水のトリチウム濃度は原発建屋内の汚染水濃度と同じと考えればかなり高い数値であるが（**表3**）、トリチウムは水に近く、他の核種と比較して人体への影響が小さい放射能物質であることから、水で薄めて放水できるという議論が出ているからである。

たしかに、トリチウムは原子炉内の核反応で大量に生成され、これまでもその一部が液体廃棄物として放出規制の範囲内（年間放出量や法令告示濃度）に抑えられて原発から海に放水されてきた。すでにALPS処理後の処理水はタンクに貯留されている。またタンクに貯留されている汚染水も大量にある。処理水を希釈して放水すれば増え続ける汚染水を貯留しなくてすむし、タンクの増設が必要なくなり、敷地の確保も必要なくなる。さらに、汚染水漏水事故を起こしているボルトでつなぎあわせたフランジ型タンクの耐久性は四—五年と言われており、現在溶接型のタンクに入れ替える作業が急がれているが、この対応も和らぐ（タンクの写真は二八〇頁）。

漁業者は猛反発するであろうが、東京電力だけでなく、原子力規制委員会でも処理水の希釈・放出の考えは強まっている。こうした考えはALPSが導入されるときからあった。二〇一三年一月二四日の原子力規制委員会でそのことが表出した（章末の**別表**を参照）。そのときに、全漁連が抗議を続けたことでいったんは表面化しなくなったが、二〇一四年一二月二四日、原子力規制委員会において「処理済み汚染水を海へ放出する対策が必要」という原子力規制委員会委員長の意向が共有化されるに至っている。[23] サブドレンの汲み上げ水の浄化後の放水計画はトリチウム大量放出への序章に過ぎない。

さて、報道の多くは、事故や問題の核となるところを短い時間、狭い紙面でクローズアップする。漏洩事故は問題だが、漁業者や生活者にとって海や魚への影響のほうがもっと重要である。しかし、記事は事故を取り上げているばかりで、影響についてはあまり報道しない。事実であったとしても、ことの重大性などについて視聴者や読み手に誤解を生む可能性はある。被災地の苦労を共有しようという思いは風化しているのに、汚染水問題の報道だけはやむことなく、「風評」だけが「風化」しないのだ。

もし、これから報道などで、サブドレンの汲み上げ水中のトリチウムが除去できないことだけが切り取られて、基準を大きく下回って安全な範囲であることが伝わらなければ、さらにトリチウムの値を疑う話が広がれば、そのことで放水を受け入れようとする漁業者や漁協は、脱原発運動や環境運動家から公害に対抗しない加害者といわれることになる。「風評」以上に、このことが漁業者を苦しめることになる。漁業者、漁協がスケープゴートに落とし込まれる構造がここにある。

9　経済発展を無意識に受け入れてきた国民感覚

福島県沖はさまざまな回遊魚の通り道である。かつてはカツオ、サンマ、マイワシなど、多獲性魚が来遊しては浜を賑わしていた。カレイ類などの底魚もバリエーションがある。しかし来遊する魚は時代によって変化することから分かるように、決して漁業が安定していたわけではない。漁業の歴史は自然史と重なるところが多い。

三陸と異なり、安定した養殖業や定置網漁業の振興による漁村づくりは、一部を除きほとんどなかった。

磯場では、近世から小生産者の集団によって続けられているアワビやウニの潜水漁もあるが、漁船を走らせて獲る漁業が中心であった。漁船漁業は最も狩猟的な産業である。そのことから活力のある漁村の漁民は前浜から沖合の漁場に進出し、漁場を広域化しようとするため、県内外で漁場紛争が絶えず発生してきた。漁村の活力は、漁場条件や漁村の風土などの違いからも生じるが、漁場・資源の奪い合いの結果からも生じているのである。そのため、活力が残る漁村がある一方で、衰退が早い漁村が必ず存在するのである。

福島県の県央部（双葉郡）の南側（双葉町、大熊町、富岡町、広野町）をみると、広い海岸線であるにもかかわらず、漁業集落が少なく、漁協は戦後から富熊漁協の一つしかなかった。しかも零細である。その沖合には相馬地域やいわき地域の漁船が進出していた。

また東北電力原町火発が立地した周辺地域においても劣勢な漁村が多く、発電所立地時には度重なる漁協合併によって南相馬市内（旧鹿島町、旧原町、旧小高町）の広い海岸線は一漁協体制になっていた。

地域一帯が低開発地帯だったということも関係しているが、なぜ、この沿岸地帯に電源が密集したのかは、これまで見てきたように漁村・漁協の状況からも理解できよう。

ところで、戦後、わが国の都市近郊の沿岸地帯では、大規模臨海工業地帯、大規模港湾などの開発が盛んにおこなわれた。石油化学コンビナート、製紙工場、製鉄所、倉庫群、造船所などが密集した。たとえば、瀬戸内海にあった漁村や塩田のある風景は工業地帯に一変した。漁村社会は分断され、または消滅に追い込まれた。こうした乱開発が進む一方で、残った漁民は、水銀・PCBなど有害化学物質を含む工場廃液に、地域開発にともなう浚渫・埋立てによる干潟・漁場喪失など、公害・風評・環境破壊にさまざまな犠牲を強いられてきた。大規模な地域開発は、経済的弱者をより弱い立場に追い込む外部不経済の構造をもたらしてきたのである。

こうして国民経済の発展は、海という自然と人間のあいだにあるなりわいを破壊してきた。にもかかわらず、いまだに漁業の衰退は資源管理など漁業政策問題に置き換えられることが多く、経済発展と表裏一体にある弱者の存在が直視されていない。福島の復興を考えなければならない今こそ、なりわい、文化、自然を壊す経済発展を無意識、無批判に受け入れてきた国民感覚が問われるべきである。

筆者がこう述べる理由は、未曾有の災害が発生したにもかかわらず、これからも確実に福島の海でなりわいを続けようとする漁民がいて、われわれの社会と自然をつなげるなりわいが再生する可能性があるからである。

最近のモニタリング調査では、魚介類から基準値を超える放射性セシウムが検出される検体数はごくわずかになってきた。その他の科学的データも考慮すれば、一部の魚種を除けば出荷制限魚種ですら流通可能であろう。本格再開は目前のように思える。しかし本格再開をしたとして、福島産の魚介類が買い控えされる可能性は消えていない。さらには、東京電力第一原発の汚染水漏洩問題が解決するまではメディアの目[24]があるため、たとえ今のように魚介類が汚染されていなくても、試験操業をしばらく続けざるをえない。

東京電力や国の公表は的確な情報を伝えるために固い表現になり、マスコミは限られた時間・紙幅のなかで前後の文脈を切り取った表現になりがちである。そして国民はメディア情報に頼らざるをえない。魚は大丈夫でも、風評はいつでも発生する。

この状況から福島の漁民が本格的な復興を遂げるには、国民の理解が必要なのである。ではどのような理解か。それは、経済発展という歴史の裏側で漁民がどのような立場に立たされてきたのか、「風評」を生み出す図式のなかで今、福島の漁民がどのような立場にあるのか、そして、海のなりわいはわれわれの食と密接な関係にあるということを、われわれは考えつづけなければならないということである。

このことをわれわれが共有して、初めて復興への筋道が見えてくると思われる。

1 濱田武士『漁業と震災』(みすず書房、二〇一三年)の第九章に福島県・茨城県の漁業の被害と復興状況を記したが、本章はその内容とその後の状況を加えて考察した。
2 『福島県水産大観』(いわき民報社、一九六〇年)
3 草野日出雄『写真でつづる実伝・いわきの漁民』(はましん企画、一九七八年)
4 清水修二「電源立地促進財政の地域的展開」『福島大学地域研究』(第三巻四号、一九九二年)
5 各地の魚屋では「原子マグロではありません」と風評対策を講じていた。
6 一九六〇年代から一九七〇年代初頭にかけて電源立地をめぐる混乱が各地で起こっていた。原発の場合は放射能汚染への心配も加わるが、電源一般でとくに焦点になっていたのは温排水の影響である。当時、温排水や放射能の影響についての科学的知見の蓄積が少なかったことも混乱の一因であったとし、全国漁業協同組合連合会、日本水産資源保護協会、電力中央研究所、日本原子力産業会議が協力、関係省庁の指導も得て、一九七五年一二月に海洋生物環境研究所を発足させた。この目的は、「発電施設からの温排水による海洋生物、資源、漁場環境等への影響について科学的立場から調査研究を系統的に実施し、その成果を公開して問題点を解明し、温排水対策等技術の向上、開発を図り、もって温排水問題の解決に資し、沿岸漁場環境の保全に寄与する」というものである。
7 『全漁連の運動と事業のあゆみ　創立四〇周年記念(漁協系統運動史　第二巻)』(一九九三年)、一五五―一六四頁によると、多くの地域において少額の補償金で漁業権を放棄し、建設を認めていたという。
8 原子力総合年表編集委員会『原子力総合年表――福島原発震災に至る道』(すいれん舎、二〇一四年)、四八八頁
9 中嶋久人『戦後史のなかの福島原発　開発政策と地域社会』(大月書店、二〇一四年)、一四一頁
10 空本誠喜『汚染水との闘い――福島第一原発・危機の深層』(ちくま新書、二〇一四年)、六〇頁

11　同上書、一三一頁
12　及川真司・高田兵衛「海産生物と放射性物質――放射性物質は移動する」『海生研ニュース』（一一六号、二〇一二年一〇月）
13　磯山直彦「海産生物と放射性物質――放射性核種の海産生物への取り込み」『海生研ニュース』（一二〇号、二〇一三年一〇月）、森田貴己「海洋生物の放射能汚染と将来影響」『水環境学会誌』（第三六巻第三号、二〇一三年）
14　それに加えて放射能汚染が著しかった飯舘村、葛尾村、浪江町の全域、川俣町、南相馬市の一部が計画的避難区域に指示されていた。
15　乾政秀「原発事故と福島県漁業の動向」『別冊「水産振興」東日本大震災特集Ⅱ　漁業・漁村の再建とその課題――大震災から500日、被災地の現状を見る』（東京水産振興会、二〇一二年八月）、一〇四―一一六頁
16　富田宏「〝陸に上がった漁師〟の無念と決意　属地性を否定された沿岸漁業と漁村の再生シナリオを考える」『脱原発の大義　地域破壊の歴史に終止符を』（農山漁村文化協会、二〇一二年五月）、七二―八八頁
17　乾政秀「福島県沿岸漁業の復興過程（2）――試験操業の拡大と避難指示区域の漁業者の動向」『漁業・水産業における東日本大震災被害と復興に関する調査研究――平成25年度事業報告』（東京水産振興会、二〇一四年七月）、一二五―一四二頁
18　秋谷重男「原発のある風景と、漁業のありかた」『漁協・くみあい』（33号、全国漁業協同組合連合会、一九九一年）
19　同上書、二五頁
20　セシウム134：リットル当たり一ベクレル未満、セシウム137：リットル当たり一ベクレル未満、全ベータ：リットル当たり五ベクレル未満、トリチウム：リットル当たり一五〇〇ベクレル未満。
21　セシウム134：リットル当たり六〇ベクレル未満、セシウム137：リットル当たり九〇ベクレル、全ベータ：リットル当たり三〇ベクレル未満、トリチウム：リットル当たり六万ベクレル未満。毎日二リットルの水を飲み続けた場合の年間被曝線量が約一ミリシーベルトになる数値である。「実用発電用原子炉の設置、運用等に関する規制の規定に基づく線量限度等を定める告示」（経済産業省告示第一八七号）

22　トリチウムは水素の放射性同位体（H_3）である。放射性同位体とは同じ元素なのに、原子核を構成する中性子の数が異なり、質量が異なる。それゆえ、放射線を出す。通常の原発の温排水にも含まれており、また自然界にも微量に存在している。ほとんどが水に溶け込んでいて水から分離するのは不可能である。半減期は約一二・三年であるが、出ているベータ線のエネルギーは弱く、身体の内部まで入らない。飲んでも蓄積されず尿として排出される。『食品と放射能Q＆A』（第九版、消費者庁、二〇一四年一一月）参照。

23　「「汚染水は海へ放出を」原子力規制委が見解　福島第一」『朝日新聞デジタル』（二〇一四年一二月二五日）

24　『東京新聞』（二〇一四年一二月一日朝刊）では一面記事に「海洋汚染　収束せず」を掲載し、独自でおこなった海水調査を報じている。

別表　汚染水をめぐる東京電力・政府・漁業界の動き

2013年	
1月24日	【東京電力】原子力規制委員会に汚染水の濃度を下げたうえで海洋放出する計画を提案。
1月25日	【漁業界】全漁連が汚染水の海洋放出発言した東京電力に厳重抗議。
3月1日	【東京電力】原子力規制委員会で小森常務が「原発内に滞留している汚染水の海洋放出を検討する」と発言。
3月7日	【漁業界】全漁連が「福島第一原発汚染水の海洋への放出記事」（毎日新聞）に関して厳重抗議。
5月13日	【漁業界】地下水を海に放出する計画について福島県漁連で会合。汚染される前の地下水ならやむをえないという意見と風評につながるという意見で対立。
6月7日	【東京電力】地下水バイパス計画（地下水の海洋放出）を相馬双葉漁協で説明。 【漁業界】「東電はセシウムはゼロと言っていた」が、微量のセシウムが検出されたことに、東電を信用できないとして漁業者が猛反発。
6月16日	【東京電力】「汚染水の処理設備で、汚染水を一時的に溜めるタンクの受け皿に水が数滴垂れた跡があり、0.18ミリシーベルトの放射線量が測定された」と発表。
6月19日	【東京電力】「5月24日に原発二号機建屋海側の観測井戸の地下水からトリチウム50万ベクレル／ℓ、二号機タービン建屋の観測井戸の地下水からストロンチウム1000ベクレル／ℓを検出」と発表。
6月21日	【東京電力】「原子炉冷却に使った水から塩分を取り除く装置の流量計から放射性物質を含んだ汚染水約250ℓが漏れた。汚染水はセシウム除去後のもの。作業ミス」と発表。
6月26日	【政府】原子力規制委員会が構内の汚染された地下水が港湾内の海水に影響している可能性について「強く疑われる」と指摘。 【東京電力】原子力規制委員会の汚染水の海洋流出の指摘について、その可能性は否定できないとしつつも、データ不足で判断はできないとした。
6月29日	【東京電力】「6月28日に一号機、二号機の海側の観測井戸の地下水からストロンチウムを含むベータ線の放射性物質が3000ベクレル／ℓ検出された」と発表。
7月7日	【東京電力】「観測用井戸から採取した地下水からトリチウムを検出。6月28日：43万ベクレル／ℓ、7月1日：51万ベクレル／ℓ、7月5日：60万ベクレル／ℓと上昇傾向」と公表。
7月11日	【東京電力】「6月7日に原発建屋（一号機、二号機）海側（護岸から約25メートル）の観測井戸から検出した放射能物質はストロンチウム1200ベクレル」と発表。

7月12日	【東京電力】「一号機、二号機タービン建屋東側の護岸から4メートルの観測用井戸からトリチウム63万ベクレル／ℓが検出される」と公表。
7月16日	【東京電力】「三号機タービン建屋東側の取水口の海水からストロンチウムなどベータ線を出す放射性物質が1000ベクレル／ℓが検出された。降雨の影響で放射性物質が海水に入り込んだ可能性あり、地下水の汚染水が漏れたかどうかは判断できない」と公表。
7月21日	参議院選挙日、自由民主党圧勝。
7月22日	【東京電力】原子力規制委員会の指摘「地下水の汚染水が海に漏れている」を東電が認める。ただし、その影響は「限定的」とした。 【漁業界】地域漁業復興協議会が9月からのシラス網、いわき市漁協の沖合底曳網の試験操業を検討。直後、東電から「海洋流出の可能性」の伝達。
7月23日	【東京電力】汚染水の海洋流出の可能性について福島の漁業者に説明。 【漁業界】名古屋卸売市場で相馬原釜における試験操業（タコ籠）の出荷物（ミズダコ）が値段の折り合いがつかず取引停止。
7月25日	【漁業界】全漁連が東電に抗議。「汚染水の流出防止対策と海洋モニタリングの徹底」を要求。
7月27日	【東京電力】「福島第一原発の作業用地下道（トレンチ）に溜まった汚染水から23億5000万ベクレル／ℓのセシウムが検出」と公表。
8月7日	【政府】原子力災害対策本部が「汚染水の海への流出量が1日約300トン」と公表。安倍晋三首相は「東電にまかせるのではなく国としてしっかりと対策を講じる」と明言。
8月9日	【東京電力】一号機、二号機の海側の地中の汚染水を汲み上げ開始。1日処理量は100トン。
8月20日	【東京電力】「高濃度汚染水が貯蔵タンクから300トン漏れ」と公表。
8月23日	【漁業界】地域漁業復興協議会が9月1日からの試験操業を延期決定。9月1日から相馬双葉漁協の沖底曳網だけでなく、相馬双葉漁協のシラス網、いわき市漁協の沖合底曳網、シラス網も開始予定だった。
9月2日	【東京電力】「汚染水貯蔵タンクがある敷地内から高線量を確認」と公表。
9月5日	【東京電力】「高濃度汚染水が漏れた付近の地下水からストロンチウムなどベータ線を出す放射性物質が650ベクレル／ℓを検出」と公表
9月6日	韓国政府が「日本の八県（青森、岩手、宮城、福島、茨城、千葉、栃木、群馬）からの水産物輸入を禁止」と発表。 【漁業界】全漁連が「低濃度汚染水の海への放出容認案が政府内にあること」に抗議。
9月7日	【政府】安倍晋三首相がブエノスアイレスで開催されていたIOC総会でオリンピック開催地誘致演説中に「影響は港内の0.3平方キロの範囲内にコントロールされている。放射能は完全にブロックされている」と発言。
9月10日	【東京電力】「9月8日に高濃度汚染水が漏れた付近の北側の観測井戸から4200ベクレル／ℓ、トリチウム以外の核種が出すベータ線は3200ベクレルを検出」と公表。

9月11日	【東京電力】「9月10日、高濃度汚染水が漏れた付近から15m離れた観測井戸から6万4000ベクレル／ℓのトリチウムを検出。ベータ線は2000ベクレル」と公表。 【政府】定例記者会見で原子力規制委員会委員長が安倍晋三首相の発言を受けて、「心配しなければならないことではないことは、私もそう思っている」と発言。
9月13日	【東京電力】東京電力幹部が福島第一原発の汚染水について「コントロールできていない」と民主党会合で発言。
9月16日	【政府】水産庁が韓国の食品医薬品安全庁に対して「輸入禁止措置は科学的根拠の乏しい過剰なものだ」と撤回要求。
9月18日	【東京電力】「16日台風18号通過時、貯蔵タンク周辺の堰から汚染水を放出。ただし、放射能濃度はベータ線を出す放射性物質24ベクレル／ℓと法定濃度以下」と公表。「港湾内で捕獲されたムラソイからセシウム19万ベクレルが検出」。
9月19日	【政府】安倍首相が福島第一原発を現地視察。「影響は港内の0.3平方キロメートル内で完全にブロックされている」と発言。 【漁業界】地域漁業復興会議が試験操業再開を承認。
9月25日	【漁業界】相馬原釜沖合底曳網漁業が試験操業を再開。
10月2日	【東京電力】10月1日、作業員がホースを誤接続して、移送中の雨水5ℓがタンクから溢れる。タンク内、390ベクレル。 【漁業界】台風22号接近のため、10月3日に予定していたいわき市漁協の沖合底曳網漁業の試験操業を10月10日に順延を決定。
10月3日	【東京電力】「10月2日、タンクから汚染水漏水430ℓ、1ℓ当たり58万ベクレル（ストロンチウムなど）」と公表。
10月8日	【漁業界】台風24号接近のため、10月10日に予定していたいわき市漁協の沖合底曳網漁業の試験操業を10月17日に順延を決定。10月8日に予定していた相馬双葉漁協でシラス漁の試験操業を濃霧のため10月9日に順延。
10月9日	【漁業界】10月9日に予定していた相馬双葉漁協のシラス漁試験操業を台風24号の影響で10月11日に順延。
10月10日	【東京電力】「福島第一原発の港湾外の海水から放射性セシウムが1.4ベクレル／ℓ検出」と発表。
10月11日	【東京電力】「汚染水を貯蔵するタンク三基の周辺で、毎時69.9シーベルトを計測」と発表。 【漁業界】相馬双葉漁協でシラス漁の試験操業を実施。松川浦漁港の他、真野川漁港、釣師浜漁港からも出漁。
10月12日	【東京電力】「汚染水300トンが漏れた貯蔵タンクの観測用井戸（10月10日採取）からトリチウムが32万ベクトル／ℓが検出」と発表。
10月15日	【漁業界】台風26号接近のため、10月17日に予定していたいわき市漁協の沖合底曳網漁業の試験操業を10月18日に順延を決定。

10月17日	【東京電力】「福島第一原発の港湾外につながる排水溝の水から、ベータ線を出す最大2300ベクレル／ℓ検出」と公表。
10月18日	【東京電力】「10月17日、高濃度汚染水が300トン漏れたタンク付近の観測井戸から79万ベクレル／ℓのトリチウムを検出。ストロンチウム90などを含むベータ線を出す放射性物質40万ベクレルを検出」と発表。 【漁業界】いわき市漁協の沖合底曳網漁業が試験操業開始。
10月19日	【政府】安倍首相が相馬市松川浦漁港において漁民と面会、漁獲物を試食。
10月20日	【東京電力】東電公表が「台風26号（10月16日）の影響で汚染水タンク周辺堰（12か所）から高濃度汚染水が漏れた。検出されたストロンチウムが含まれる汚染水の最高値は710ベクレル／ℓ」と公表。
10月21日	【政府】衆議院予算委員会において安倍首相が「全体としてコントロールされている」と発言。
10月22日	【東京電力】「港湾外でセシウム137（1.6ベクレル／ℓ）を検出。これまでで最高値」と公表。 【政府】衆議院予算委員会で安倍首相が「汚染水の影響はブロックされている。健康への被害という意味でも完全にブロックされている。この考え方は変わっていない」と発言。 【漁業界】台風27号、28号接近のため10月24日に予定されていたいわき市漁協の沖合底曳網漁業の試験操業を中止。
10月23日	【東京電力】「高濃度汚染水の300トン漏れした貯蔵タンク周辺に設けた「堰」から10月20日に採取した水から、ストロンチウム90を含むベータ線を出す放射性物質が51万ベクレル／ℓ、22日に排水溝からベータ線が5万9000ベクレル／ℓ検出された」と公表。
11－12月	【東京電力】観測井戸や海側地下水から高濃度の汚染水が観測されたことなどが公表される。
2014年	
1－4月	【東京電力】汚染水漏れや作業ミスの他、観測井戸や海側地下水から高濃度汚染水が観測されたことなどが公表される。
2月4日	【政府】経済産業省が地下水バイパスの厳格な排水基準を全漁連に提示し、理解を求める。 【漁業界】全漁連は一定の理解。
3月18日	【漁業界】いわき市漁協が地下水バイパス計画を容認。
3月24日	【漁業界】相馬双葉漁協が地下水バイパス計画を容認。
4月4日	【漁業界】福島県漁連が地下水バイパス計画を容認。
5月21日	【東京電力】地下水バイパスから地下水（561トン）を海に放水。
6月－	【東京電力】観測井戸や海側地下水から高濃度の汚染水が観測されたことなどが公表される。
8月7日	【東京電力】サブドレンから抜き取った汚染水を浄化して海洋放出する計画案を公表。相馬双葉漁協で計画を説明。

8月8日	【東京電力】いわき市漁協で計画を説明。 【漁業界】いわき市漁協が計画を批判。
9月18日	【東京電力】いわき市漁協で計画を説明。 【漁業界】いわき市漁協が計画を認めない。
9月19日	【東京電力】相馬双葉漁協で計画を説明。 【漁業界】相馬双葉漁協が計画を認めない。
12月	【東京電力と政府】いわき市（10日）と相馬市（11日）で漁業者にサブドレンから汲み上げた地下水を浄化後に海に放出する計画内容の詳細を説明。
2015年	
1月	【東京電力と政府】いわき市（16日）と相馬市（23日）で漁業者にサブドレンから汲み上げた地下水を浄化後に海に放出する計画内容の詳細を説明。 【漁業界】計画内容を理解しつつも、風評を懸念。
2月	【漁業界】いわき市漁協が計画容認を見送る（17日）。相馬双葉漁協も見送る予定。

資料：福島民友、福島民報、河北新報、毎日新聞を参考に作成した

終章　とり戻すとは

1　農山漁村と都市の関係を変える

福島に農林漁業をとり戻す。われわれが本書執筆に注力したのはこの言葉に尽きる。そして福島の農林漁業の現状分析を踏まえてたどりついたところは、被災地に暮らす人びとの努力だけでは復興は不可能であり、国土構造を形成している農山漁村と都市との関係が変わらなければならないということである。

人間の身体と健康は「食」によって支えられている。「食」は「人」と「良」が一つであることを表している。その「食」は自然から産出されている。したがって、「食」を生み出す自然と人間の関係が良好でなければ、自然も人間も豊かになれないということになる。

ところが、現代は商品経済が発展し、「食」の利便性や簡便性が追求され、マスマーケットを抱える都市に隷属する食品流通が形成されてきた。同時にこれは自然のリズムに拘束されているなりわいを疎外して、国土と人間の関係を悪化させ、国土を蝕んでいる。

東日本大震災の被災地すべての地域において言えることだが、このことに国民みなが向き合わないかぎり、なりわいとしての農林漁業をとり戻すことはできない。このことをおろそかにすると、めぐりめぐって都市生活者も「食」の豊かさを失うことになる。つまり、国民も復興の当事者にならなければならないということである。とくに福島の農林漁業の復興において、この課題が求められている。

いまさらではあるが、福島の農林漁業者は原子力災害の加害者ではなく罹災者である。震災直後、食を通して消費者が被曝しないように、彼らのなりわいの場である農地、林野、漁場を封じ込めるべきだという言説があった。現在もそう考えている人がいると思う。

だが、この国ではすべての人に対して住む場所を選ぶ権利、幸福を追求する権利がある。[1] 幸福追求権は憲法にも定められている。それゆえ、福島の農林漁業者には地元にとどまって農林漁業を営み、生きていく権利がある。その権利履行の可能性を検証もせずに、彼らの存在を放置したり、切り捨てたりするのは「棄民」でしかない。「棄民」を生まないためにも、国民が復興を当事者として考えることが必要なのである。

振り返れば、原発事故の由来はたしかに東日本大震災であった。大地震、津波は想定外のことだったかもしれない。しかし、津波により電源を喪失する可能性などが想定されず、対策がおろそかになっていたというのなら、それはリスクを過少に見積もっていたということになる。

付け加えれば、対策にかけるべきコストをかけずに利益が電力会社に積み増しされてきたということである。その利益は事故が発生したことで瞬時にして事故収束と賠償のコストに置き換わったのだが、原子力災害がもたらした被害範囲とその責任が確定されないままに、リスクから生み出された「赤字」の多くを罹災者や被災地が背負わされているだけでなく、税金のかたちで社会全体が負っている。

さらにいえば、被害を受けたのは罹災者や人間社会だけではない。放射能汚染に関わる被害は生態系にも及んでいる。[2] しかも、生態系に内在する物質循環ルートのなかに原発事故由来の放射性物質が舞い込んできたことで、農地、林野、漁場が放射能によって汚染された。このことによって福島県の農林水産物のブランドは失墜し、その悲劇が農、林、漁で生きてきた人たちを直撃しているのである。なかには、農林漁業をあきらめて職業を転換した人もいれば、農から引きはがされ、その絶望感で生きていくことにさえ希望を失った人もいた。

いうまでもない、生態系は農林漁業者にとっての自然資本である。その自然資本に人間の五感に反応しない放射性染物質が混入して循環しているのだから、悲惨である。

農、林、漁で生きてきた人たちは、周辺の自然と一体化して仕事をして、暮らしてきた。つまり、なりわいは利潤追求を動機にしてそこの土地・自然で成り立っているのではない。その土地、その森林、その海に馴染んだ人間によってなりわいは成立してきたのであり、その結果として経済が生み出されてきたのである。なりわいは別の土地・自然のなかで簡単に再生できるものではない。矜持や希望を失わず生きていくためには、やはり福島の大地、森林、海と一緒に復興するしかない。このことは本書が立脚してきた大事な点である。

震災から今日まで、農地では除染作業がおこなわれている。だが、土壌の除染の進捗はまだまだであるし、除染をおこなったとしても農業用水に放射性物質が溶け込んでいれば、それは作物に移行する。

林野の汚染地帯ではきのこや山菜などの特用林産物に高い数値の放射性物質が検出されるものがあり、出荷制限や摂取制限が続く。森林生態系に取り込まれた放射性物質は系内に留まり内部循環することから、林野の非除染地帯は放射性物質を「封じ込め」る場とされ、長期間にわたる生態系への影響が懸念されている。

また、汚染水は今も増え続けている。海中では放射性物質は希釈されているものの、ときおり高濃度に汚染された土壌が溜まっているホットスポットが見つかっている。原発構内の港湾内の海水や土壌の汚染は外海ほど改善されていないため、生息する魚類からはいまだ高濃度の放射性物質が確認される。

2　科学的知見を生産現場に

とはいえ、震災・原発災害から五年目に入ろうとしている今日、土壌、森林、海そして農林水産物についてのモニタリングがかなり進み、環境汚染の状況が把握され、放射能に関連した科学的知見が積み上げられ、生産現場に応用されるようになった。

一方で食品の検査体制が確立して、農林漁業の再生の道筋は少しずつ見えてきた。実際に農林漁業の再開が拡大している。さまざまな課題はあれども、福島県の生産者や流通業者、あるいは農協、漁協、生協などの協同組合の陣営などによって、現状でできることはほぼおこなわれている。

しかも、農作物や魚にも及んだ放射能汚染の濃度は明らかに時間の経過とともに低減している。たとえば、二〇一四年度のコメ販売の全量全袋検査（一千万袋以上）では、すべてが基準値（一キログラム当たり一〇〇ベクレル）を下回った。漁業でも、試験操業における放射能検査では基準を上回る検体数の割合は二〇一四年七月以後一パーセントを割っている。あらたに放射性物質が東京電力福島第一原発から大量に飛散したり、漏れたりしないかぎり、検査結果からすると、数年先には放射能による食品汚染はかなり収束すると想定される。とくに、林業や漁業に較べて農業の復興の進捗は早い。

多くの生産者は、もう「安全だから安心してください」と言いたいであろう。福島県内の製材業界においては「検査は必要ない」というような意見が出ているという。「安全」なのだから農作物の検査をしない方がよいという識者の意見さえある。検査をおこなうこと自体が「危険」であると捉えられる可能性があり、風評の源になるからだという。コストをかけて検査するよりも、しない方が得策ということである。福島県以外の産地では福島県と比較して放射能検査におおむね消極的だが、理由は同じである。

たしかに、検査をしなければ放射能汚染に対する記憶の風化が進み、「風評は起こらなくなる」という可能性は考えられる。だが、現段階で検査をしないことが最良ということにはならない。「安全」ということが理解されても、福島の農地、林野、漁場から消費者へとつながる流通にかつて普通に存在した「安心」がとり戻せていない段階では、検査をしないということが「放射能隠し」ととられかねないからだ。

福島の生産者や関係者が現段階でできることは、「安心」を担保する検査体制の強化・継続しかない。たとえ、放射能がほとんど検出されなくても、「安全」の立証は「安心」の必要条件であるのだから。[3]

しかし、どれだけ「安全」をアピールしようとも、「安心」の回復は容易ではない。それは価格に表出している。少しでも供給量が多いと値崩れする。福島県産を買い控えする業者が多ければ多いほど競争価格が落ちこむからだ。

もちろん、「安全」だということをしっかりと受けとめて、福島産を適正価格で仕入れ販売をする業者はいる。しかし、平均価格を回復させるほどの存在にはなっていない。

安全であっても、一度、傷がついたブランドを回復させるには、今日の冷徹な経済原理が働くなかでは時間を要するようである。[4]しかも震災から今日までの間に福島県産以外の産品が出回り、顧客を奪われているからなおさらである。

3　すべての人が復興の当事者

では、今後の福島の農林漁業はどうなるのだろうか。時間経過のなかで放射能汚染の記憶が風化すると緩やかに価格は回復するとは思うのだが、それでは「とり戻す」にはならない。

本書で求めたいのは、まず農林漁業の現場がどのようになっているのかを知らずに見捨てないで欲しいということである。同時に福島に農林漁業をとり戻すためには、福島の農林漁業が置かれている状態を共有して欲しいということである。

原発災害がもたらした社会災害を放置していると、地域社会の分断、空間分断が招かれる。罹災者がいくら努力しようとも、罹災者と非罹災者との関係が変わらなければ、福島の再生はありえない。福島県内外で状況が的確に共有されることが重要なのである。

付け加えると、原発が廃炉になってから、かつて原発に依存してきた農山漁村がどうなるかという問題もある。福島に限らず原発などの迷惑施設は過疎の農山漁村の近隣に立地してきたが、地域経済へのその波及効果はかなり大きい。東京電力福島第一原発においては廃炉作業がもたらす経済効果があるが、それもいずれ目減りしていく。それがなくなったとき、地域はどう自立するのか。

こうした地域経済に関する問題への対応としては、拠点開発方式によって工業地帯を地方都市近郊に推し進め、またダムや原子力施設、基地などの迷惑施設の立地を過疎地に押しつけることで、都市から地方へ富を再分配するという国土開発の在り方を問い直さなければならない。もちろん、農林漁業関連の制度を岩盤規制と見立てて上からたたき壊せば、日本経済は成長するといった昨今の規制改革の話でなんとかなるというものでもなく、この局面でそのような議論をするのは不謹慎きわまりない。

本来、農、林、漁で働く人も、農作物、きのこや魚を食べる人も、どちらの立場に立っても豊かさを感じる国土利用を考える必要があった。農山漁村の豊かさと、都市の豊かさは明らかに違う。そこには優劣はないはず。だが、都市の「物的」豊かさの追求のために農山漁村の本来の豊かさが失われるという、地域経済の不均等発展が今日の悲劇を生んできた。発展のために犠牲を厭わなかった、これまでの日本経済の在り方は今後変わるのだろうか。

福島に農林漁業をとり戻すということは、この問いかけに答えを出すことである。すべての人が復興の当事者なのである。災害大国日本だからこそ、このことを言い続けなければならないのである。

1　平山洋介・斉藤浩『住まいを再生する　東北復興の政策・制度論』（岩波書店、二〇一三年）に学ぶところが多い。

2　平田剛士『非除染地帯　ルポ　3・11後の森と川と海』（緑風出版、二〇一三年）によって気づかされた。

3　「安心」と関係なく売れているものがある。丸太である。震災復興需要の拡大にともない合板用材の需給がひっ迫するなかで、宮城県内の大手合板業者が、原発事故以降、安全基準の不備を理由に取引を停止していた福島県産の丸太の受け入れを、国による安全基準の整備を待たず再開している。食材ではないということが関係している。

4　たとえば、チッソ水俣工場の排水によりメチル水銀で汚染された水俣湾は、一九五八年から「水俣湾安全宣言」が公表される一九九七年まで禁漁措置がとられた。その後、漁業は再開したが、相場と比較して魚価は振るわない。

補論

農林漁業の再生と放射能の基礎知識

石井秀樹（福島大学）

原子力災害からの再生を展望する

福島の原子力災害は、放射性物質の国土的拡散という環境的被害のみならず、被曝による健康リスク、コミュニティの崩壊や衰退、風評被害などの人的・社会的被害もあり、その被害は多様で複合的なものである。

その一方、放射能には色も臭いも音もなく、私たちは五感で直接感じることができない。目を凝らせば疲弊したコミュニティや放棄された山野から災害の一端が垣間見えるが、被災地が一見事故前と変わらぬように見えるのはそのためである。放射能汚染を直接認識できないことが、被害の過小評価や放射能の実態とはかけ離れた被害の理解につながり、原子力災害の現実に対する適切な対処を難しくしている。

しかしながら放射能には「実体」がある。決して「呪い」「幽霊」「穢れ」のように摑みどころのない存在ではない。放射能は原子の構造から理解でき、物理現象として科学的に捉えられる。然るべき器機を用いれば、放射能の有無や量、種類が客観的に把握できる。そして放射性物質の環境内の挙動、農林畜産物や水産物への吸収メカニズムが分かれば、被災地の汚染状況や環境の多様性に基づいて、食品への放射能の移行予測、低減対策、流通制限などの可能性がうまれる。

原子力災害がいかに人的・社会的被害をはじめ複合的被害をもたらすものだとしても、すべての被害は放射能汚染という物理的被害が根源にある。そして放射能には「実体」があることは、実体に即した対策の可能性があるということである。そのため放射能の科学的理解や対処なくして原子力災害からの復興は描けない。むろん「科学」や「技術」は決して万能ではないが、科学が明らかにした知見、現在の技術の到達点を踏まえれば、今の私たちに「何が制御可能」で「何が制御不能」であるのかを検討できるはずである。原子力災害からの再生は、まさにこの点に立脚すべきであり、原子力災害に対して然るべき対処をするためにも、放射能に対する適切な理解が不可欠なのである。

本稿では、I部で「放射能とは何か」、II部で「安全・安心な食品を確保するために」としてまとめる。

I　放射能とは何か

1　原子の構造と放射能の実体

「放射能」とは、「原子を電離させたり、物質の化学反応を起こしたりする「放射線」を出す能力」のことである。こうした性質をもつ原子を「放射性核種」、物質を「放射性物質」という。放射線にはα線、β線、γ線、X線、中性子線があるが、放射線が原子を電離(イオン化をはじめ電荷を帯びさせること)させたり、物質の化学反応を引き起こすのは、放射線が高いエネルギーを持つからである。

以下、放射線の発生メカニズムを原子の構造から整理しよう。私たちの身の回りに存在するあらゆる物質はすべて「原子」でできている。人体とて例外ではない。原子の中心には「原子核」があり、これは「陽子」や「中性子」という微細な素粒子でできている。原子核の周囲には複数の電子が衛星のように回っており、原子の大きさや化学的性質は、最も外側を回る電子の挙動で決まる。電子の数は陽子の数に規定されるため、陽子数を「原子番号」として原子を分類する。例えば原子番号1の水素では陽子は必ず1である。逆に陽子数が1の原子はすべて水素である。炭素の原子番号は6で、陽子数も6となる。

一方、同じ原子のなかでも中性子数が異なるものが存在し、これらを「同位体」と呼ぶ。たとえば水素では陽子は必ず一つだが、中性子が0、1、2のものがあり、それぞれ「軽水素」「重水素」「三重水素」と呼ぶ。陽子と中性子の質量はほぼ等しく、陽子と中性子の合計数を「質量数」と呼び、原子の重さの目安と考える。そしてこの質量数をもって原子の多様性を区別する。水素では軽水素は水素1、重水素は水素2、三重水素は水素3である。炭素は原子番号が6だが、中性子数が6、7、8のものがあり、それぞれ炭素12、炭素13、炭素14という。福島原発事故で主たる汚染源

図1　原子核の構造と核種の表記法

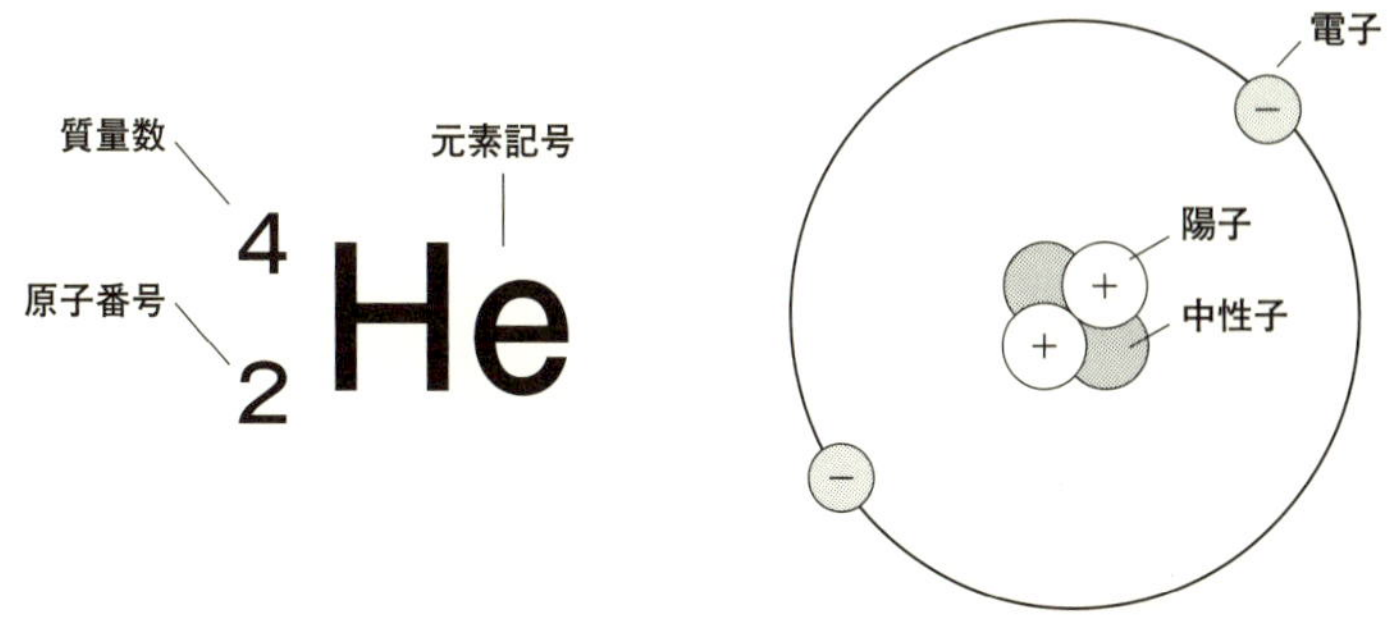

核種の表記法　　原子核の構造（例：ヘリウム原子）

となったセシウム134、セシウム137は、原子番号が55だが、中性子数が79、82である。

同位体の化学的性質は同じである。だが後述するように中性子数に応じて原子核の安定性が変わるため、放射能を示す「放射性同位体」と、示さない「安定同位体」とがある。こうした原子の多様性を表現するため、陽子数、質量数、電子のエネルギー状態で原子核の状態を区別するのが「核種」という概念である。そして「元素」とは、多様な核種を同じ陽子数をともなうもので区別させた概念である（**図1**）。

元素を原子番号の順に並べると、化学的性質が似た元素が周期的に現れる。化学的性質の似た元素を縦に並べて整理したものが「元素の周期表」である。天然に存在する元素は、現在一一三種類知られている。また核種は一二五〇種類ほどが知られており、そのうち天然に存在する「安定核種」は約二八〇種類である。

原子の構造を理解したところで、放射線の発生メカニズムに迫ろう。

放射線が発生するメカニズムは、「不安定な原子核がより安定な別の原子核へと変化してゆく過程で、原子核を構成していた余分な素粒子やエネルギーを放射線として出す現象」である。こうした現象を「原子の自然崩壊」、あるいは「放射性壊変」という。原子の安定性は、原子核の安定性で決まり、それは陽子数と中性子数のバランスで決まる。

放射線には、α線、β線、γ線、X線、中性子線がある。α線は、陽子二個、中性子二個からなるヘリウム4の原子核に相当する粒子の流れである。β線は、高速な電子の流れである。γ線やX線は高いエネルギーをもった電磁波である。私たちが視覚で捉えられる可視光、赤外線や紫外線、ラジオに利用するAM波やFM波はいずれも電磁波である。γ線やX線は、可視光やAM波、FM波より波長が短く（周波数が高く）、エネルギーが高い。

α線は他の放射線に比べてエネルギーが高いが、ヘリウム原子核と同等の大きさをもった粒子であるため、透過力が低く、紙一枚で遮蔽できる。大気中では数センチメートルしか飛ばない。α線はラドン222やプルトニウム239、アメリシウム241などが発する。β線は紙を透過するが、電子であるため、薄い金属板やアルミホイル一枚で遮蔽できる。β線は、大気中では数メートルほどしか飛ばない。β線はカリウム40、セシウム134、セシウム137、ストロンチウム90などを発する。γ線は他の放射線に比べてエネルギーは低いが、透過力が高く、紙や薄い金属板では遮蔽できない。遮蔽するには一定の厚みを持ったコンクリートや水槽、あるいは鉛などで遮蔽する必要がある。大気中では波長にもよるが、減衰しながら数百メートル程度飛ぶ（**図2**）。

「放射能」という用語は、放射性物質の意味でも慣用的に使われる。あらためて「放射性物質」（放射能）と「放射線」の違いを整理してみよう。たとえばガラス容器に放射性物質が封入され、これが放射線を出し、ガラスを透過していたとする。その場合、ガラス容器の外に放射線は届くが、放射性物質（放射能）それ自体は漏洩していない。ランプにたとえれば、炎が放射性物質（放射能）であり、光が放射線である。

レントゲンはX線の透過作用を利用し、人体を透過したX線をフィルムで感光することで人体内部を把握する。放射線治療は、放射線をがん細胞に局所的に照射することで、その増殖を防ぎ、治療を目指す。またジャガイモの芽に放射線を当てて発芽防止に使われる。放射線にはこうした実用的側面があるが、その際、放射性物質（放射能）それ自体が残るわけではない。ランプにたとえれば、一時的に光を浴びたとしても、炎が燃え移るわけではないのと同じである。

一方、こうした放射線が人体を構成する細胞や遺伝

図2　放射線の透過力と遮蔽

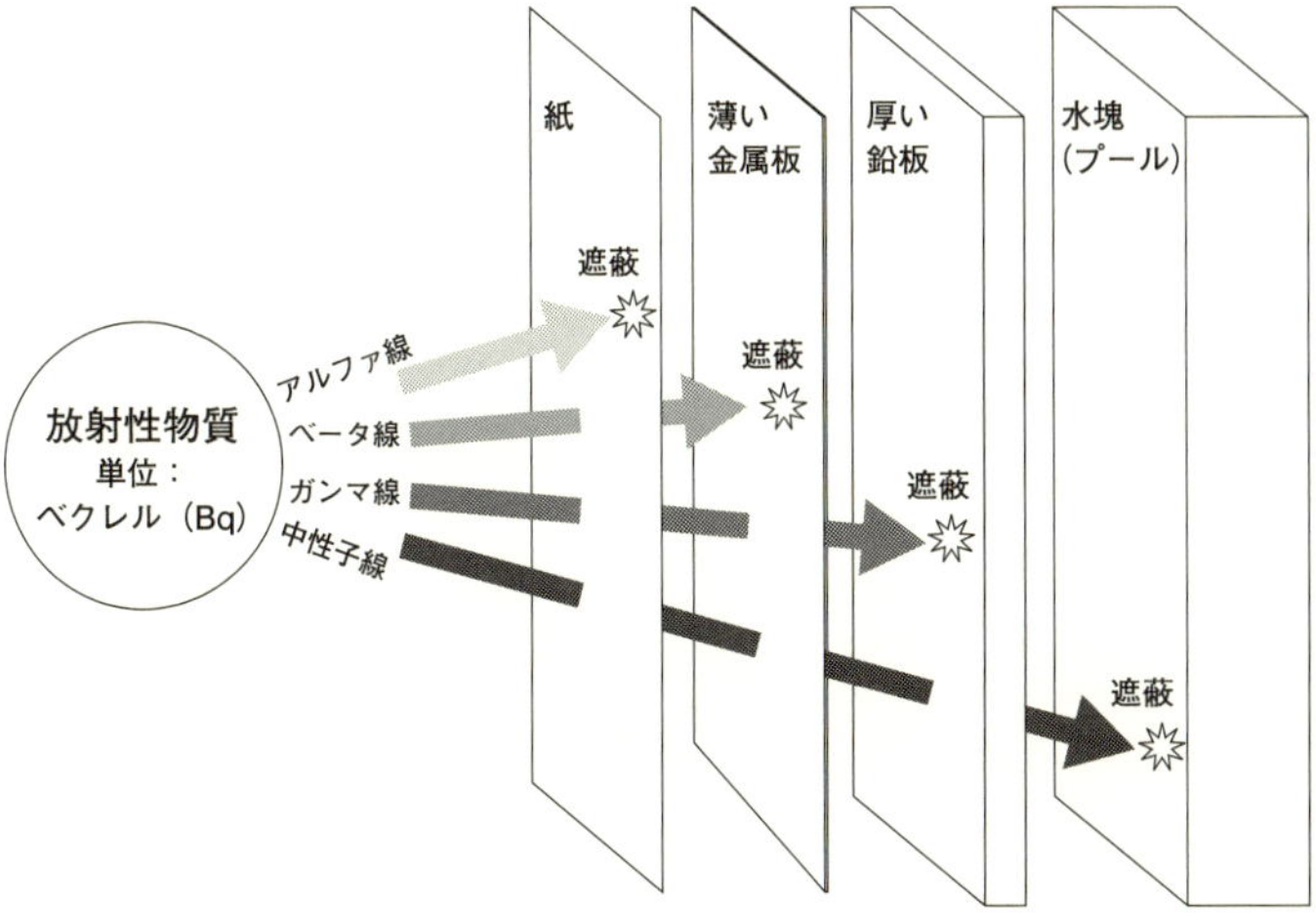

子（DNA）に当たれば、ダメージを与える。細胞の適正な増殖が阻害され、細胞の機能が失われれば、疾病が顕在化することもある。放射性物質が人体の外部にあり、それが発する放射線を浴びることを「外部被曝」という。一方、放射性物質が人体の内部にあり、人体の内部で発する放射線で被曝することを「内部被曝」という。内部被曝は、飲食や呼吸、あるいは皮膚吸収などで放射性物質が人体に吸収されることで生じる。

2　放射能の単位

以下、放射能に関わる単位を整理しよう。放射能を示す単位には、ベクレル（Bq）、グレイ（Gy）、シーベルト（Sv）がある。

ベクレル

1ベクレルとは、「放射性物質が一秒間に崩壊する原子の個数を示す単位」である。一秒間という単位時間でどれだけの放射性核種が崩壊するかを示す量であり、放射性核種の自然減衰を関数で表したときの微分に相当する。ベクレルは放射性核種の存在量それ自体ではないが、ベクレルは放射能の強さや存在量と比例

表1　代表的な放射性核種の特性

放射性核種	放出される放射線	半減期
水素3（トリチウム）	β	12.32年
炭素14	β	5700年
カリウム40	β、γ	12.5億年
ストロンチウム90	β	28.8年
ヨウ素131	β、γ	8日
セシウム134	β、γ	2.06年
セシウム137	β、γ	30.2年
ラドン222	α	3.8日
ウラン238	α、β、γ	45億年
プルトニウム239	α	24000年
アメリシウム241	α	432年

日本アイソトープ協会『アイソトープ手帳』より筆者が作成

するため、放射能の強さや存在量を示す単位として使われる。なお放射能を発見したキュリー夫人にちなんで、「キュリー（Ci）」という単位もあるが、1キュリー（Ci）＝3.7×10^{10}ベクレル（Bq）である。ベクレルとキュリーが一〇桁も異なるのは、放射能が発見されたキュリー夫人の時代は、微量な放射能の計測ができず、大量の放射性物質を扱っていた現実を反映している。

一つ一つの放射性核種が放射性壊変するタイミングはまったくランダムで、一度、放射性壊変したら二度と同じ崩壊はしない。だが計測できるほどの放射性核種が集まれば、そこには無数の核種があり、つねに一定の割合で放射性壊変をし続けている。この時、放射性壊変により、核種の量が半分になるのにかかる時間を「半減期」という。代表的な放射性核種の半減期は**表1**のとおりである。

放射性核種の存在量（＝N）は、初めの存在量（＝N_0）、半減期（＝T）、経過時間（＝t）としたとき、一般に以下の計算式で求めることができる。

$$N=N_0\left(\frac{1}{2}\right)^{\frac{t}{T}}$$

二〇一五年三月一一日は東日本大震災から四年目

（一四六〇日目）に当たる。ヨウ素131は半減期が八日であり、事故時から半減期はおよそ一八二回経過している（1460÷8＝182.5）。事故時のヨウ素131の総量を1とすれば、一四六〇日目のヨウ素131の存在量は、1.6×10のマイナス五三乗個である。事実上、完全に消えている。半減期二・〇六年のセシウム134は、半減期を約二回経過した。そのため当初から二六・一パーセントまで減っている。半減期三〇・二年のセシウム137は、半減期の一三パーセントが経過したため、当時に比べて九一・二パーセントほどとなっている。

グレイ

一グレイ（Gy）とは、「吸収線量」と呼ばれ、「一キログラム当たり平均一ジュール（J）のエネルギーを吸収する被曝線量」として定義される。物体に放射線が当たるとき、透過する放射線は物体にエネルギーを与えないが、吸収される場合は物体が放射線からエネルギーが吸収される。その度合いを示す単位がグレイである。一ジュールは〇・二四カロリーだから、一グレイの放射線照射は一キログラムの物体に〇・二四カロリーのエネルギーが加わることを意味し、一キログラムの水をわずか〇・〇〇〇二四℃上昇させることに相当する。かりにコップ一杯の水に数グレイの放射線を照射しても、その温度変化を検出することすら難しい。しかしながら人間が数グレイもの外部被曝を受ければ、急性放射線障害はおろか生死に関わる。その理由は放射線のエネルギーの総体はわずかでも、放射線は細胞やＤＮＡを構成する分子に直接作用し、これを電離させたり、化学反応を引き起こしたりするからである。正常な機能や細胞分裂が阻害されれば、疾病として顕在化することもある。

一九九九年の東海村の臨界事故では二名の方が急性放射線障害で亡くなった。彼らに火傷のような症状が現れたのは、熱で火傷の症状が出たのではなく、放射線により細胞分裂が阻害され、細胞が壊死したことによる。

シーベルト

一シーベルト（Sv）とは、「実行線量」と呼ばれ、「人体に対して生物学的影響がどのくらいもたらされるか」を示す単位である。生物学的影響は放射線の種類や曝露される部位によって変わるため、物理学的に定義されたグレイをベースに、生体への影響を加味して重み付けした単位がシーベルトである。

空間線量に関する誤解

ガイガーカウンターなどで空間線量を計測すると、0.23μSv/h などと表示される。これはガイガーカウンターのある空間に届く放射線量を反映しているのであり、空間中を漂う放射性物質の量を示すわけではない。大気中の放射性物質を測定するには、大気中の空気を吸引し、フィルターで粉塵を集めて、これを放射能計測する必要がある。

また天候により空間線量が変わることがある。雪や雨が降れば空間線量が低下し、土ぼこりが舞うほど乾燥した日には空間線量が上がる。福島の生活者の素朴な実感では、雨が放射性物質を洗い流したのではないか、土ぼこりに放射性物質がたくさん含まれていて、空間線量を上昇させているのではないかと考える人もいる。実は水の放射線を遮蔽する効果は高く、雨や雪が降れば土壌中の水分や雪で放射線が遮蔽されるのである。

一方、土ぼこりが舞うほど乾燥した場合は、一つの要因として、土壌中や大気中の水分含有量の減少により、土壌中の放射性物質が発する放射線が遮蔽されず、その分だけ空間線量が高くなることも考えられる。雨で放射性物質が洗い流されたり、空間線量を高めるほど大気中の放射性物質が上昇したりするわけではない。いずれにしろ放射能には実体があり、理にかなった放射線防護をするためにも、観察される現象が何に起因するのか、よくよく検討する必要がある。

単位時間当たり、どのくらい被曝するのかを示す単位が「毎時シーベルト(Sv/h)」で、「空間線量」と呼ばれる。シーベルトとの違いは、距離と速度の関係と同じである。毎時シーベルトが高くても被曝時間が短ければ被曝量は少なくて済む。逆に毎時シーベルトが低くても被曝時間が長ければ被曝量が高くなる。なお日常的な空間線量の表記は、μSv/h が使われる。

福島県内のモニタリングポストの多くが、今日では1μSv/h 以下で、事故直後に比べてだいぶ低下した。なおμ(マイクロ)は、百万分の一、m(ミリ)は千分の一である。

3　放射性物質から身を守るには

世の中には、青酸カリなどの化合物、病気を発症させる細菌やウイルスなどの有害物が数多くある。たとえば青酸カリ(シアン化カリウム:KCN)はカリウム、炭素、窒素というありふれた元素でできている。青酸カリは化学反応により他の化合物に転換すれば無毒化できる。細菌類も加熱やアルコールなどで殺菌できれば無効化しうる。ウイルスなどもこれを不活性にする処置をすれば無効化しうる。これらは有害物の有害性を根本からなくすことができる例である。一方、水俣病ではメチル水銀が、イタイイタイ病ではカドミウムが、ヒ素中毒ではヒ素が問題だが、その有害性は原子の存在に由来し、原子は人為的に消滅できないことから、根本的原因をなくすことができない。

同様に放射性物質は人為的に消滅させることができない。放射性物質をなくすには、その根源である放射性核種の消滅が不可欠だが、原子核レベルでの反応は、原子核にMeV（メガ・エレクトロン・ボルト）レベルのエネルギーを加える必要がある。化学反応は分子に対してKeV（キロ・エレクトロン・ボルト）レベルの反応を加えるものであり、いかなる化学反応も放射性核種の消滅には無力だからである。そのため放射性物質の消滅は、放射性壊変により自然消滅するのを待つしかない、のである。

それは、私たち人類は放射性物質との共存を余儀なくされるということである。私たちにできる対策は、放射性物質からの人体への影響を避けることであり、具体的には、①放射性物質との接触時間を減らすこと、②遮蔽により放射線を減衰させること、③放射線源から距離をとること、の三点である。この三つは「放射線防護の三原則」と呼ばれる。

一方、内部被曝の抑制は、食品や空気を介した経口

防護服で何が防護できるのか

福島第一原発での復旧作業に携わる人たちが、真っ白な衣装とマスクを身に纏っている。「防護服」と「防塵マスク」である。彼らはいったい何を防護しようとしているのか。

これは「内部被曝」の抑制を目的としている。人体に放射性物質が付着すれば、外部被曝の原因や、皮膚からの吸収につながる。また手に放射性物質が付着すれば、食事時に取り込む可能性が出る。だが防護服を着れば皮膚からの吸収を防いだり、手に放射性物質が付着しない。当然、防護服は使い捨てであって、脱ぐ時は防護服表面に付着した放射性物質が生身の手や体に付着しないように、周到に脱がねばならない。一方、防護服では外部被曝を抑制できない。γ線の透過力が高く、遮蔽できないからである。

農家の方々には猛暑の時にも被曝を恐れて、長袖やレインコートなどを着込む人がいる。こうした対処では外部被曝を防ぐことはできない。むしろ放熱、放湿ができず、熱中症になる可能性すらある。かりに屋外作業時の放射線防護を考えるならば、粉塵吸引を防ぐためにタオルなどを口に当てたり、帰宅時に衣服に付着したほこりを屋内に持ち込まないようにするといった対処であろう。いずれにしろ放射能の実体に即した対策をすべきである。

摂取、放射性物質の付着による皮膚吸収を極力減らすことである。放射性物質の体外排出は、一つの考え方だが、放射性物質の体内での挙動は核種の化学的性質に由来し、多様である。体内に取り込まれた放射性核種が半分になる時間を「生物学的半減期」というが、セシウム134やセシウム137では約百日である。一方、ストロンチウム90は一度体内に取り込まれると骨に吸着され、生物学的半減期は約三〇年と長く、体外に排出されにくい。

4　除染とは何か

放射性物質を根本から消滅させることができない以上、「除染」とは「放射性物質をどこか別の場所へ移動すること」にすぎない。理想的には放射性核種だけを抽出し、これを集めて隔離できればよいが、福島第一原発から漏洩した放射性核種は多様で、かつそれぞれが広く環境中にちらばっている。また土壌をはじめ住居や森林を汚染しており、これらに放射性核種が強固に付着している。放射性核種だけを集めることは困難なため、放射性核種が付着した物体自体を取り除く必要がある。

福島では、住宅では建材表層から放射性セシウムを高圧洗浄機で洗い流す。農地では、耕運されていない場所であれば、セシウムが土壌表層にとどまっているため、表土剝ぎ取りをおこなう。森林では剪定や間伐、あるいは草地では刈払いによって、セシウムが付着した植物性の汚染物を除去する。福島では、こうした汚染物を入れたフレコンバッグが、「仮置き場」と呼ばれる場所に保管されている。

そして放射性物質に汚染されたものの除去物は膨大な体積となる。除染で生じた廃棄物を持ちこむ中間貯蔵施設の受け入れ量にも、また阿武隈山地の谷間の狭小な道路の輸送量にも限界があり、これらの負荷を減らすための「減容化」が求められる。土壌の減容化は、土壌を構成する鉱物群から粘土を取り除くことが重要となる。粘土は四ミクロン以下の微細な鉱物の総称だが、これを構成する粘土鉱物はセシウム吸着能が高く、土壌中の放射性セシウムの大半がここに吸着されているため、粘土の除去が土壌除染の鍵となる。植物性廃棄物の減容化は、これを燃やすことで、水分を蒸発させ、炭素を二酸化炭素として放出し、セシウムを焼却灰の中に濃縮させるものである。燃焼過程でセシウムを含んだ塵の飛散を懸念する声は根強く、放射性セシウムを大気中に拡散させない精度の高いバグフィルタの開発と、燃焼炉の運用が課題である。

原子炉建屋から放出される汚染水は、メルトダウンした燃料棒などに直接付着した可能性が否めず、放射性セシウムのみならず、ストロンチウム90やトリチウムをはじめとした多様な放射性核種に汚染されている。これらの除染は、それぞれの放射性核種の化学的特性を利用し、水中からこれを抽出するものであり、フランスのアレバ社が開発した「サリー」や、日立が開発した多核種除去施設「アルプス」が現在稼働している。「アルプス」では、放射性セシウム以外に、トリチウムを除く六二種類の放射性核種の除去が見込まれている。膨大な汚染水から放射性核種を除去し、汚染を低レベルにすることで、作業員の安全性の確保を目指すとともに、汚染水を扱いやすくする。

一方、トリチウムの除去は原理的に困難である。トリチウムは三重水素と呼ばれる水素の一種である。トリチウムは多くの放射性核種を溶かし込んでいる水分子（H_2O）を構成している。水中からトリチウムが含まれる水分子だけを効率的に取り去ることが現状では困難なため、処理後の汚染水にはトリチウムが残る。

なお除染の本来の意味は、「放射性核種に汚染された物体を環境内から取り除き、どこか安全な場所へと移動すること」だが、より広義には空間線量を下げること、あるいは（筆者には不適切な表現に感じられるが）農作物への放射性物質の汚染を抑制すること、の意味で慣用的に使われることがある。

空間線量を下げる意味での除染は、土壌表層に蓄積した放射性セシウムを反転耕などにより、地中一〇―二〇センチメートルほどに拡散させて、土壌の遮蔽効果により、地表の空間線量を低下させることである。地中へ放射性セシウムを拡散させれば表土除去による除染はできなくなるが、除染廃棄物を出さず、また土壌の劣化を最小限にとどめて空間線量が下がるため、汚染が比較的軽微な場所では、反転耕を中心とした対策も検討すべきであろう。

Ⅱ　安全・安心な食品を確保するために

福島第一原発事故により、福島県をはじめ東日本各地は放射能汚染を被った。事故から四年経った今日でも福島県内には避難指示された地域が残り、そこでは農作物が生産できない。居住できる地域でも基準値を超えれば出荷停止となる。また山菜・きのこ等の林産物や、イノシシやクマなどの野生動物の放射能汚染は、福島県外でも深刻である。水産物も試験操業を続けるなかで放射能汚染の経過観察が続いている。そして汚染が軽微な地域でも風評被害が深刻である。そのようななか、農業者は逆境に立たされており、安全・安心な農作物が生産できるか、外部被曝は大丈夫か、という不安のなかで農業をやめる人もいる。

その一方、この四年間で放射能汚染の実態把握、環境内での放射性セシウムの循環、栽培学や土壌学に基づいて放射性セシウムの移行を抑制する技術の解明が進んだ。未解明の研究課題も数多く残るが、それでもなお短期間で数多くの知見が蓄積され、成果を上げつつあるのは特記すべきことである。その結果、多くの農産物が基準値を超えることがなくなり、放射能検査をおこなえば大半が「不検出」(N.D.)となっている。総体としては安全性が確保されつつあると言えよう。

とはいえ、生産条件次第ではリスクが高まるケース、突発的な汚染が進むケースもあり、注意が必要である。きわめて少数だが、高リスクな事例があれば、生産者にも消費者にも不安が残る。放射能の低減対策や食品の放射能検査はいつまで続けるべきなのか、それに対する社会的合意も得られていない。それが今日の現状である。こうしたなかで、私たちが放射能から安全・安心な食物を手にするにはどうしたらよいのかをⅡ部では考究する。

1　安全と安心の違い

「安全」や「安心」の違いを考えよう。安全は「安全性」が問われ「安全感」とは言わない。安心は「安心感」が問われ「安心性」とは言わない。つまり安全は基準に従って客観的評価ができる概念である一方、安心は個人が主観的に判断する概念である。「安全なのに不安を感じる場合」もあれば、「危険なのに安心を抱く場合」もある。安全と安心の概念の違いがわかる。

客観的評価は確たる基準に基づいて、信頼できる第三者がおこなう必要があり、然るべき評価ができる「専門家」の存在が不可欠である。ところが政府や専門家の信頼が失墜して久しい。これは安全と安心をめぐり政府や専門家が果たすべき役割が混同された帰結である。政府や専門家は、市民一人ひとりに安全を確保したうえで、現実的な放射線防護ができるよう、市民が主体的に行動を決定できる情報を提供する役割がある。ところがそれを差し置いて、不安の解消や、安心の醸成に踏み込んだ点が不審につながり、それが風評被害を助長する要因ともなった。

図3　放射能汚染対策における「食物循環系」の三過程

物質循環過程	食物形成過程	流通消費過程
農地・森林・海洋などの食物形成環境における放射性物質や各種元素、これを媒介する土壌・水・大気の挙動に関する過程	農地・森林・海洋などの自然の摂理を踏まえて、栽培行為や養殖などの人為的行為も交えて、食物が形成される過程	生成された食物が市場、自家採取、贈与などで、消費者へと届く過程 食物中の放射能検査もこの過程に含まれる
【研究例】 ・放射性物質モニタリング ・土壌中や陸水中での放射性セシウムの挙動 ・大気拡散モデル	【研究例】 ・農作物の移行係数 ・水産物の濃縮係数 ・交換性セシウムと農作物の放射性セシウム吸収 ・ゼオライトや塩化カリウムなどの低減機能評価 ・汚染堆肥の影響評価	【研究例】 ・風評被害の実態把握 ・市場流通構造の評価 ・地産地消の実態把握 ・地域共同体と贈与 ・消費者心理の評価 ・放射能検査の体制構築

食品の生産・検査・流通の段階で、放射性物質が食物にいかに取り込まれるかを「食物循環系」の概念から捉えたのが**図3**である。食物循環系は、「物質循環過程」「食物形成過程」「流通消費過程」の三つの過程からなる。これらの定義は図に記した。安全・安心な食品を生産し、流通するためには、まず汚染実態の把握をおこない、食物の形成過程や放射性物質の吸収メカニズムに基づいた対策を講じ、続いてリスクの性質や、その低減効果や実績を示して、食品を手にする人が消費するかを判断するための信頼できる情報を提供することが不可欠である。そのためには、自然科学と社会科学双方からの学際的アプローチを交えて、食物循環系の諸過程が相互連動的に体系立った対策を実現していくことが必要である。

2　植物の放射性セシウム吸収のメカニズム

農産物の放射性セシウム吸収は、作物の種類と、土壌の物理的性質・化学的性質などで決まる。水田の場合は、水中の放射性セシウムや無機イオン濃度の影響も受ける。土壌中の放射性セシウムがどれだけ移行するかは、「移行係数」が一つの目安となる。その値は、作物の部位ごとに求められ、一般に生産条件に左右さ

$$移行係数=\frac{作物中の放射能濃度\ (Bq/kg)}{栽培土壌中の放射能濃度\ (Bq/kg)}$$

れる。日本の土壌の多くは、粘土鉱物に富んでおり、土壌のセシウム吸着能力が比較的高く、ベラルーシやウクライナの土壌に比べて、日本の土壌は作物への吸収が抑止される傾向にある。土壌中の放射性セシウム濃度が分かれば、移行係数から作物への移行がある程度予測できる。汚染度の高い場所では、移行係数の少ない作物を栽培すれば汚染の少ない農産物が生産でき、栽培計画を立てるうえで参考になる。福島県の土壌における代表的な野菜の移行係数を**表2**に掲げる。

二〇一一年に暫定基準値一キログラム当たり五〇〇ベクレルを超える農作物が確認された要因は、事故直後は土壌中の放射性セシウムが粘土鉱物などに吸着される途上にあり、根から吸収される放射性セシウムが、今日よりも相対的に多かったことによる。

二〇一二年度からは、食品衛生法により一般食品の基準値が一キログラム当たり一〇〇ベクレルとなった。二〇一五年二月時点でも、野生の山菜・きのこ類に加えて、ユズ（福島市、伊達市、南相馬市、桑折町）、クリ（伊達市、南相馬市、二本松市）、ウメ（南相馬市）などは、出荷停止が続いているが、その他の果樹や野菜などは基準値を下回り、大半が不検出となるなど、汚染は低下してきている。

3　なぜ稲はセシウムを吸収したのか

稲の移行係数は〇・〇〇一前後と低い。そのため二〇一一年度は、一キログラム当たり五〇〇〇ベクレル以下の地域では、暫定基準値一キログラム当たり五〇〇ベクレルを超えるコメは生産されないと見積もられ、避難指示が出なかった地域では作付けが認められた。ところが二〇一一年秋に、伊達市や福島市などで一〇〇ベクレルを超えるコメが確認され、生産者と消費者は大きなショックを受けた。

稲のセシウム吸収が顕著だった水田を調べると、土壌汚染とコメのセシウム吸収量には相関関係が認められず、「見かけ」の移行係数も〇・一から〇・四ときわめて高かった。また土壌中の交換性カリウムが低い水田でコメのセシウム吸収が顕著になる傾向が見られた。また暫定基準値を超えるような水田がある場所は、

表 2　代表的野菜の移行係数

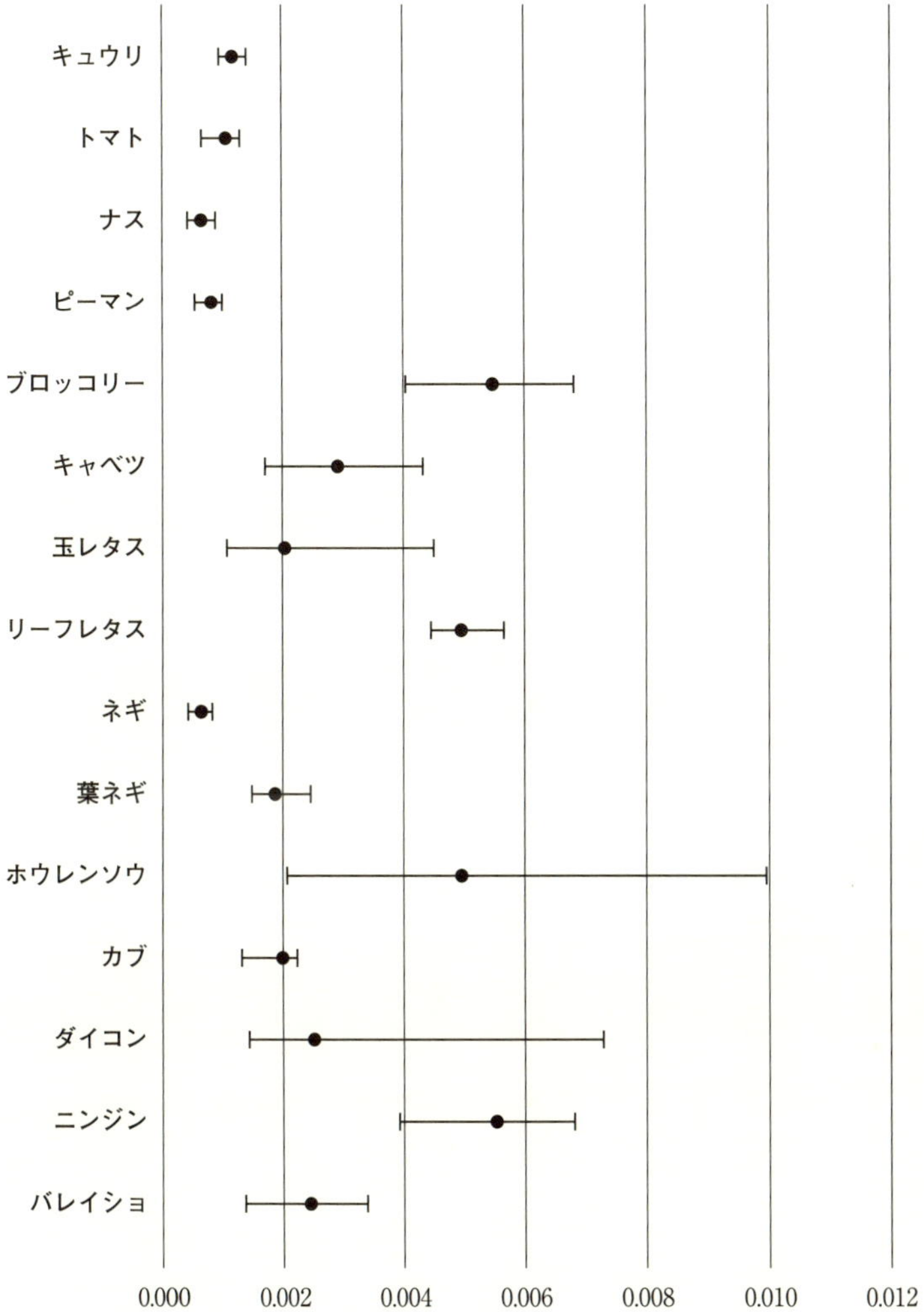

農研機構「各種夏作野菜への土壌中の放射性セシウムの移行係数」のデータを踏まえて、筆者が作成
http://www.naro.affrc.go.jp/org/tarc/seika/jyouhou/H23/tohoku/H23tohoku001.html

周囲が起伏に富んだ森林に囲まれた山深い地域であることが多く、水田の立地に特徴があった。

植物は一般に、セシウムを含んだ状態で水耕栽培をした場合、セシウム吸収が顕著に起こる。東京大学の栽培学研究者の実験では、一リットル当たり〇・一ベクレルの水で水耕栽培をすれば一キログラム当たり七六ベクレル、一ベクレルの水では五六〇ベクレル、一〇ベクレルの水では五六〇〇ベクレルの稲わらが栽培された。[1]

汚染米が生産される環境の状況証拠や、水耕栽培の実験を踏まえて、土壌以外のセシウム吸収が存在することが推察され、「森林に囲まれた山深い水田では、水源のセシウム汚染が顕著で、稲にセシウムが移行する場合がある」という仮説が構築された。

表3は、横軸に「土壌中の交換性カリウム濃度」、縦軸に「玄米の放射性セシウム濃度」をとって、汚染コメが確認された地域のコメのデータをプロットしたものである。土壌中の交換性カリウムが欠乏すると、コメはセシウムを顕著に吸収する一方、交換性カリウムが保持されればセシウム吸収が抑制される傾向にある。そのため塩化カリウムや珪酸カリウムなどの肥料を用いて、土壌中の交換性カリウムが一〇〇グラム当たり二五ミリグラムを超えるようにすれば、玄米のセシウム吸収はかなり抑制できると結論された。[2] 二〇一二年以降に稲を生産する際は、この知見がベースとなって、土壌中の交換性カリウムを高める施肥が福島県内で広く推奨されるようになった。

その一方、交換性カリウムが一〇〇グラム当たり一五ミリグラム前後と比較的保持されているにもかかわらず、セシウム吸収が高くなる「外れ値水田」も確認された。こうした「外れ値水田」がなぜ生じるのか、二〇一一年度には分からず、その解明は二〇一二年度以降の試験栽培に引き継がれた。

4　水稲試験栽培

二〇一二年度の稲作は、二〇一一年度に暫定基準値を超えた地区では「作付制限」となった。また暫定基準値は超えなくとも、一キログラム当たり一〇〇ベクレル以上の玄米が確認された地域では、①生産者ごとに管理台帳をつけること、②深耕により空間線量を下げること、③各自治体が定めた分量のカリウム肥料やゼオライトを圃場《ほじょう》に投入すること、④すべてのコメの放射能検査をすること、を条件に栽培が認められた。

そうしたなか、作付制限地域で試験栽培が実施され

表3　土壌中の交換性カリウムとコメのセシウム吸収

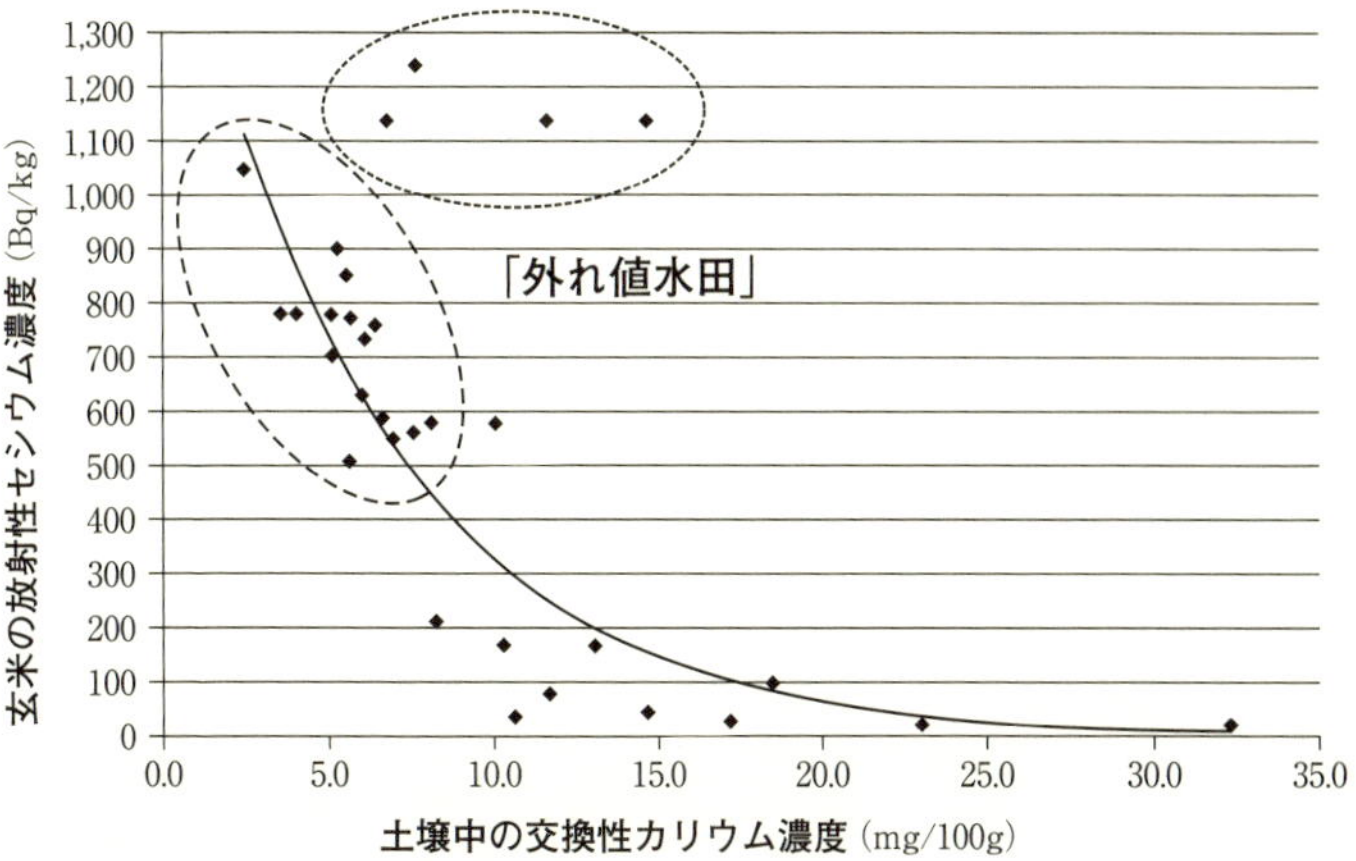

出典：福島県、農林水産省「暫定規制値を超過した放射性セシウムを含む米が生産された要因の解析（中間報告）」

た。試験栽培の第一の目的は、作付制限の解除を判断することであり、塩化カリウムなどのセシウム低減資材を投じた際に、基準値を下回る玄米が生産できるかを見極めるものである。国や福島県による試験栽培の主眼は、ここに置かれていた。福島県内の作付制限地域三九六か所で試験栽培をした結果、基準値一〇〇ベクレルを超えたのは一例だけで、残り三九五か所では一キログラム当たり一〇〇ベクレル以下のコメが生産できることが確認された。そのため二〇一三年度は、作付制限されていた地域の多くは作付制限が解除された。

一方、東京大学、福島大学、東京農業大学の研究者が参画した伊達市の水稲試験栽培では、第一の目的に加えて、第二に土質や土壌の化学組成の違いによる影響を調べること、第三に地形や立地の違いで生じる水の影響を調べること、も目指した。そのため当該試験栽培では、伊達市小国地区で五五か所の水田を用いて、カリウム肥料やゼオライトなどの資材を用いず、まずは「ありのままの水田生態系」で慣行的に栽培し、一部区画で珪酸カリウムを散布してその効果を検証する実験をおこなった。

福島県と農林水産省は、稲の試験栽培の結果を以下のように論じている。[3]

①土壌の放射性セシウム濃度と玄米中の放射性セシウム濃度のあいだには相関関係はみられない。
②土壌中のカリウムは、作物が吸収する際に競合してセシウム吸収を抑える働きがある。土壌中の交換性カリウムの含有量が一〇〇グラム当たり二五ミリグラムを目標としてカリウム肥料を施用した場合、玄米中の放射性セシウム濃度が大きく低減できる。

また同報告書は水田の水源に含まれる放射性セシウムの影響について、「溶存態のセシウムは作物が直接吸収できるのに対して、懸濁態のセシウムは作物が直接吸収し難く、作物への移行は基本的に小さいと考えられる」と記されている。そして「福島県下における水路や溜池などの水質検査の実測結果を踏まえると、一般的に水からの影響は限定的である」と論じている。

一方、伊達市小国地区の試験栽培では、土壌中の交換性カリウムが一〇〇グラム当たり一二―一五ミリグラムと決して低い値ではないのに、玄米に高いセシウム吸収が見られる「外れ値水田」が二〇一一年と同様に確認された。本試験栽培では「外れ値水田」について、とくに水源のセシウム汚染から考察された。[4]

①外れ値水田が引く水の中には、一部で一リットル当たり四ベクレルもの放射性セシウム（大半が懸濁態）を含んだ水源が存在すること。
②葉茎の放射性セシウム濃度を七月中旬と八月中旬で比較したとき、一般的な水田では七月の値の方が高い傾向があるのに対して、「外れ値水田」の場合は八月に吸収が顕著に伸びるケースがあること。

放射性セシウムの稲の吸収メカニズムは、十分に解明されていない部分もあるが、その概要をまとめると、土壌中の放射性セシウムの移行は基本的に少ないが、①土壌中の交換性カリウムの不足によりセシウム吸収が促進される可能性、②水源の放射性セシウム汚染による可能性、の二つが存在し、現場の圃場ではこれらの条件が複合している。また水源の放射性セシウム濃度が高くなる原因の究明は今も続いているが、たとえば溜池などでは、放射性セシウムが付着した落ち葉が堆積している。それが分解して溶存態や懸濁態のセシウムになれば水源を汚染し、稲にセシウムが移行する要因となりうる。このように稲の汚染の問題は、農地や森林内での水を介したセシウム循環の視点からも検討しなければならない。

事故から四年が経過した今日、溜池の除染なども進展して、森林から水田へ流入するセシウムも減少しつつある。今後も継続的なモニタリングが必須だが、稲へのセシウムの移行が減少しているのも事実である。

5　農地の放射能計測とマップ化

JA新ふくしまでは、ベラルーシのATOMTEX社が開発したNaIスペクトロメーター（AT6101DR）を用いて、JAが把握する福島市内のすべての水田と果樹園で一枚ずつ放射能計測を進めてきた。二〇一四年一月末時点で、水田で約六万三千地点、果樹園で約二万七千地点の計測が完了した（達成率一〇〇パーセント）。農地のこうした放射能計測は、農協職員と、全国からボランティアとして集った生協職員とが、協同組合間連携で進めるものであり、生産者と消費者という利害の異なる主体が協働することにより、調査の客観性も担保している。

本機は、土壌が発するガンマ線を検知し、土壌中のセシウム134・137、カリウム40などの濃度（Bq/kg）や沈着量（Bq/m²）が定量できる。またGPSが搭載され、緯度・経度・標高を特定し、Google Earth の航空写真上で簡易的に可視化できる。本機の最大の特徴は、土壌採取と検体処理を必要とせず、現場でおよそ二分という短時間で計測することができ、膨大なエリアの放射性物質の分布実態が把握可能な点である。

福島大学では、この膨大な測定結果を一同にコンパイルし、必要な情報を抽出・一覧化するソフトを開発し、GIS（地理情報システム）やデータベースへの移行ができるようにした。それによりGoogle Earth上での可視化にとどまらず、①圃場一筆ごとのデータ（地権者情報、耕作履歴、土壌の化学組成など）と放射能計測結果とのデータベース上での統合、②GISや統計解析ソフトによる多様な分析、③測定結果の多様な地図表現、④地権者個人への情報還元、などが可能となった。放射能計測の結果を地権者に周知した後は、米の全量全袋検査の結果と連動させて、生産工程を管理する運用を検討しており、生産者への営農指導にも活かしていく。

6　米の全量全袋検査

福島県は、二〇一二年度より県内で生産されたコメの全量全袋検査を開始した。これは三〇キログラムの米袋をベルトコンベアー上に載せて約一五秒間（測定下限値は二五 Bq/kg）で計測するものである。

二〇一二年度は基準値一〇〇ベクレルを超える事例が七一袋確認された。二〇一三年、二〇一四年と事故から時間が経つにつれて、放射能が検出されるコメの割合が減少し、二〇一四年度は基準値一〇〇ベクレルを超えるコメは確認されていない。

二〇一二年度は、五〇 Bq/kg を超えるコメは、福島市や二本松市、伊達市など土壌汚染が顕著なエリアだけでなく、比較的軽いエリアでも発見された。セシウムの吸収が顕著なコメが生産された理由は、セシウムを吸収しやすい条件の水田であるにもかかわらず、自治体が定めるカリウム施肥対策を実施しなかったからである。

一方、二〇一一年に基準値五〇〇ベクレルを超えるコメが確認された伊達市では、基準値を超えるコメは確認されなかった。地元農協が、生産者と連携しながら、一〇〇〇㎡あたり二〇〇キログラムずつ塩化カリウムを一枚一枚の水田に確実に散布したからである。これは低減対策の有用性と、その確実な実施の重要性を示しており、低減対策を確実に実施するための「仕組み」がいかに大事であるかが分かる。

7　持続可能な放射能対策の構築

原発事故から四年が経過した今日、これからの課題は、試行錯誤のなかで実施してきた緊急時対応を見直し、真に必要な対策を見極め、持続可能な恒常的対策への転換を図ることである。

「生産段階での対策」と「食品中の放射能検査」は、《車の両輪》である。これまで水稲試験栽培、放射性物質の分布マップ、コメの全量全袋検査の動向と成果を紹介してきたが、これらはそれぞれ別個に進めるのではなく、《相互連動的》に体系立てて実施してこそ、より大きな効果が発揮できる。

たとえば全量全袋検査からセシウム吸収リスクの高い圃場が判明すれば、そこに注力し、対策漏れをなくすことができる。さらに圃場の土壌分析をすることで、土壌中の交換性カリウムの欠乏によってセシウム吸収が生じたのか、あるいは水源のセシウム汚染が想定されるのかが検討できる。そして圃場ごとに個別の「カルテ」を作成すれば、生産者ごとに生産環境に即した

福島米の全量全袋検査の様子。提供：食タクん

ごく細かな営農指導の展望が開ける。さらに、こうした知見を丹念に積み重ねれば、森林と農地のセシウム循環をはじめ、稲のセシウム吸収のメカニズムの解明につながる。このように、全量全袋検査の結果が生産段階からの対策に重要な知見を与えるのである。

逆に放射性物質の分布マップが作成され、米のセシウム吸収メカニズムの知見が蓄積すれば、全量全袋検査の確度や妥当性が検証され、食品検査の信頼性が高まる。またある水田で数年間、「不検出」が続き、かつ生産条件からセシウムが移行する要因がないと検討されれば、社会的コンセンサスを得たうえで将来的に全量全袋検査の対象から外すことも視野に入る。そもそも全量全袋検査をする必要に迫られたのは、どこで基準値一〇〇Bq/kgを超えるコメが生産されるかが分からなかったからである。

検査が必要な対象圃場を絞ることができれば、検査に要する労力や費用の抑制につながり、対策の持続可能性が高まる。すでに全量全袋検査に資する計器は配備されており、リスクの高い圃場の検査に時間をかければ、測定下限値を下げた分析への方向性が開ける。

昨今、カリウム肥料による低減対策や全量全袋検査をいつまで続けるべきなのかという議論が出ている。

二〇一四年度のコメが、基準値を超えるものがなくなったとはいえ、低減対策や検査を根拠なく停止すれば、リスクの高い圃場で基準値を超えるコメが発生する可能性や、対策を停止したことによる不安増大や風評被害につながるおそれがある。低減対策や放射能検査に莫大な労力や費用がかかるからといって、安易に対策を停止してはならない。対策を緩和・停止するには、その確たる根拠が必要なのであり、その知見の集積もまた進めてゆかねばならない。

　このように安全・安心な食料を得るためには、環境や作物内での放射性物質の移行メカニズムの解明を科学的に進めたうえで、これらの知見を現場に応用するための仕組みづくりが不可欠なのである。

　そのためには**図3**で掲げたように、食物循環系における「物質循環過程」「食物形成過程」「流通消費過程」の諸過程での対策を体系立てて、相互連動的に機能させる必要があり、自然科学と社会科学の双方からの学際的かつ継続的なアプローチが求められる。

1　Keisuke Nemoto and Jun Abe (2013), Radiocesium Absorption by Rice in Paddy Field Ecosystems, Tomoko M. Nakanishi, Keitaro Tanoi Editors, *Agricultural Implications of the Fukushima Nuclear Accident*. pp.19-28, Springer Open

2　農研機構「玄米の放射性セシウム低減のためのカリ施用」(二〇一二年)

3　福島県、農林水産省「放射性セシウム濃度の高い米が発生する要因とその対策について――要因解析調査と試験栽培等の結果の取りまとめ(概要)」(二〇一三年)から筆者が抜粋・要約。http://www.maff.go.jp/j/kanbo/joho/saigai/pdf/youin_kome2.pdf

4　以下は小国地区試験栽培支援グループ「小国地区における稲の試験栽培について(平成二四年一二月八日)」(二〇一二年)から筆者が抜粋・要約。http://www.a.u-tokyo.ac.jp/rpjt/event/2012120805-2.pdf

あとがき

わたしは漁業経済学を専門にしている。福島へは漁業の調査や大学の実習で震災前にも何度か訪問していた。相馬原釜、久之浜、四倉、小名浜などである。相馬原釜、久之浜、四倉では漁協を通して漁民からヒアリングをした。必ず市場での出荷を見学するのだが、とくに相馬原釜は賑やかで活気があったのを今でも覚えている。

東日本大震災の日、東京も大混乱していて職場で一夜を過ごし、後にニュースを見ると、津波や炎上で、三陸や常磐の沿岸が大変な状況になっていた。津波被害だけではない。数日後に原発が水素爆発していた。放射性物質の飛散やその範囲が人々に知らされたのは、爆発直後ではなかった。時間を置いて福島県の内陸部も大混乱を起こしていた。原発周辺地域だけでなく、原発から遠く離れた飯舘村や葛尾村までもほとんどの村民が避難する大惨事となったのである。あまりの悲惨さに、福島がどう復興していくのかということについては、一年間は想像できなかった。

あれから四年が過ぎ、五年目に入ろうとしている。二〇一二年七月からは試験操業策定のための福島県地域漁業復興協議会にこれまでほぼ毎月出席してきた。一方、震災直後から現地調査のために、青森県から千葉県まで東日本大震災の被災地のほとんどに足を運んできたが、四年目に最も訪問する機会が多かったのは福島県であった。世間一般では被災地の記憶の「風化」が進んでいるが、そうさせてはならないと思う一年になった。とくに、東京電力福島第一原発の危機が収束していないだけに、原発の状況と併せて福島の現状をより深めて考えていかねばならないと感じた一年であった。

本書の出版企画の話を始めたのが、二〇一三年の一一月頃だったと思う。拙著『漁業と震災』の編集でお世話になったみすず書房の川崎万里さんからの持ちかけであった。「福島の農業はこれからどうなるの」という話から始まったのを今でも覚えている。農林漁業の復興についてまとめてみませんかという話になった。福島の農業といえば、福島大学の小山良太である。また二〇一三年春から福島で林業の調査を始めていた山形大学の早尻正宏ならば、わたしも含めて農林漁業が出そろう。すぐに連絡をとりあった。

小山は農業経済学、早尻は林業経済学というように、それぞれ専門が違う。わたしが彼らと知り合ったのは、一〇年以上前、両氏が大学院生の頃で、母校の教員をはさんでである。三人とも幼少時代から都市部でしか暮らした経験がないが、大学・大学院生時に農林漁業の生産現場に赴いて調査研究をおこなってきたという共通項がある。しかも年代と学部の違いはあれども、在籍していたのは同じ北海道大学であった。早尻とは二〇〇五年に宮崎県飫肥《おび》地方の特産物である弁甲材という造船用材の歴史調査に同行して手伝ってもらい、小山とは二〇〇八年に福島大学と東京海洋大学の学生を連れて葛尾村で農業体験学習を実施したことがある。

小山は震災の前年二〇一〇年四月に福島大学協同組合ネットワーク研究所を立ち上げて、協同組合間の「協同」の力で地産地消経済を構築する実践と研究を始めていた。二〇〇八年福島市内で開催された日本協同組合学会秋季大会でも、その実践と構想を話していた。農協、漁協、生協だけでなく食品製造業者も巻き込んだプロジェクトを実践していた。その取り組みが始まって一年後に東日本大震災が発生するのだが、その後の復興過程では、いち早く放射能に関する知見を深めるだけでなく、各協同組合との連携を強めて、さまざまな復興事業に尽力している。もはや大学教員の範囲を超えた猛烈な仕事ぶりである。国、県、日本学術会議などいろいろな委員会で、またマスコミに対しても、正当な発言を繰り返してきた。さらには福島県内の農地をめぐり、土壌スクリーニング・プロジェクト（農地などの汚染状況を計測）の関係者らと一緒になって農家にデータを還元している。大車輪となって福島の復興に力を注ぎ、今や福島の農業界におよばず、福島という地域に欠かせない研究者になった。

一方のわたしは、小山からの紹介によって福島においてずいぶんたくさんの人々と交流できた。福島に生きる、いろいろな方の顔が頭に焼きついている。さまざまな思いが輻輳していると思う。内心はしんどいかもしれないが、みなさんは笑顔で接してくれた。執筆時、その顔を思い浮かべて、筆に力を込めた。

福島の復興も、東京電力福島第一原発の廃炉作業も、これから何十年も続く。廃炉作業で重要なのは、まずは原発建屋に入る地下水の止水である。二〇一四年一二月二四日には地域漁業復興協議会の有志とともに原発構内に入り、工事の現場を視察した。その原発構内には高線量という環境のなかで働く原発作業員が数千人いる。彼らのためにも止水、廃炉作業が円滑に進むことを願うばかりである。東京電力には総力を振り絞ってほしい。

福島に在住し大活躍する小山良太とは異なり、わたしや早尻正宏ができることはこれからも福島に通い、現場を直視し、福島や日本の今後の在り方について理解を深めて、復興を妨げる「患部」を的確に探し当てることではないかと思う。

調査では福島県内においてたくさんの方々にお世話になった。名前を連ねたいのだが、紙幅が足りない。割愛するのをお許しいただきたい。また、福島大学の石井秀樹特任准教授は、突然の補論執筆を快く引き受けてくれた。チェルノブイリ原発の調査に参加し、そこで小山と出会うも紆余曲折、福島大学に着任された。震災復興に寄与するための研究を続けている真摯な姿に、福島の農業関係者も感謝しているだろう。そして最後に、父方の家系が福島出身という縁があって、「福島で復興するしかない人がいる」との思いを何度も伝え、執筆にあたり忌憚なく意見や感想をいただき、最後まであきらめない編集を続けてくださったみすず書房の川崎万里さんに執筆者を代表して心より御礼申し上げます。

濱田武士

二〇一五年　立春

著者略歴

濱田武士【はじめに，序章，第4章，終章】

1969年大阪府吹田市生まれ．東京海洋大学海洋科学部准教授．北海道大学水産学部卒，北海道大学大学院水産学研究科博士後期課程修了．博士（水産学）．専門は漁業経済学，地域経済論，協同組合論．漁業・漁村で培った視点を経済と人間の問題に拡げ，なりわいの復興を考究する．福島県地域漁業復興協議会委員，水産政策審議会特別委員，釜石市復興まちづくり委員会アドバイザー，読売新聞読書委員などを務める．著書に『伝統的和船の経済——地域漁業を支えた「技」と「商」の歴史的考察』(2010年，農林統計出版，漁業経済学会奨励賞受賞)『漁業と震災』(2013年，みすず書房，漁業経済学会賞・日本協同組合学会学術賞受賞)『日本漁業の真実』(ちくま新書) など．

小山良太【第1章，第2章】

1974年東京都板橋区生まれ．福島大学経済経営学類教授，同大学うつくしまふくしま未来支援センター副センター長．北海道大学大学院農学研究科博士後期課程修了．博士（農学）．専門は農業経済学，協同組合学，地域政策論．地産地消，六次産業化の研究を通して協同組合間協同（地産地消ふくしまネット）や地域づくり（街なかマルシェ）の実践をすすめる．東日本大震災後は農地の汚染マップ，水稲試験栽培など復興事業に尽力．日本学術会議連携会員，福島県地域漁業復興協議会委員など．著書に『競走馬産業の形成と協同組合』(2004年，日本経済評論社)，共著に『協同組合としての農協』(2009年，筑波書房)『放射能汚染から食と農の再生を』(2012年，家の光協会)『農の再生と食の安全——原発事故と福島の2年』(2013年，新日本出版社) など．

早尻正宏【第3章】

1979年広島県呉市生まれ．山形大学農学部准教授．北海道大学教育学部卒，北海道大学大学院農学研究科博士後期課程修了．博士（農学）．専門は林業経済学，地域経済学，協同組合学．東日本大震災後の福島で森林・林業・山村問題を調査するほとんど唯一の研究者．全国各地でフィールドワークを重ね，環境政策と雇用政策を統合した地域開発のあり方を構想する．福島大学非常勤講師，ふくしま中央森林組合「21世紀の森プロジェクト委員会」委員，「緑の雇用」評価委員会委員などを務める．共著に『雇用連帯社会——脱土建国家の公共事業』(2011年，岩波書店) など．

濱田武士・小山良太・早尻正宏
福島に農林漁業をとり戻す

2015年 3月 1日 印刷
2015年 3月 11日 発行

発行所 株式会社 みすず書房
〒113-0033 東京都文京区本郷5丁目 32-21
電話 03-3814-0131(営業) 03-3815-9181(編集)
http://www.msz.co.jp

本文組版 キャップス
本文印刷・製本所 中央精版印刷
扉・表紙・カバー印刷所 リヒトプランニング

Printed in Japan
ISBN 978-4-622-07888-3
[ふくしまにのうりんぎょぎょうをとりもどす]

漁業と震災	濱田武士	3000
福島の原発事故をめぐって いくつか学び考えたこと	山本義隆	1000
科学・技術と現代社会 上・下	池内　了	各 4200
数値と客観性 科学と社会における信頼の獲得	T. M. ポーター 藤垣裕子訳	6000
被災地を歩きながら考えたこと	五十嵐太郎	2400
災害がほんとうに襲った時 阪神淡路大震災 50 日間の記録	中井久夫	1200
復興の道なかばで 阪神淡路大震災一年の記録	中井久夫	1600
夕凪《ゆーどぅりぃ》の島 八重山歴史文化誌	大田静男	3600

（価格は税別です）

みすず書房